土木与建筑类专业新工科系列教材

总主编　晏致涛

城市雨水管理与海绵城市建设

CHENGSHI YUSHUI GUANLI YU HAIMIAN CHENGSHI JIANSHE

主　编　曾国明　唐恒军
副主编　唐　建　王　俊
主　审　司马卫平

重庆大学出版社

内 容 提 要

本书按海绵城市"渗、滞、蓄、净、用、排"措施的主线,介绍了海绵城市的概念、工程措施、设计要点、管理维护、评价标准以及典型案例等内容。本书可以作为给排水科学与工程、景观工程、道路工程等专业的专业选修课用书。

图书在版编目(CIP)数据

城市雨水管理与海绵城市建设/曾国明,唐恒军主编. —重庆:重庆大学出版社,2023.6
土木与建筑类专业新工科系列教材
ISBN 978-7-5689-3697-2

Ⅰ.①城… Ⅱ.①曾…②唐… Ⅲ.①城市—雨水资源—水资源管理—高等学校—教材 Ⅳ.①TV213.4

中国版本图书馆 CIP 数据核字(2022)第 255534 号

土木与建筑类专业新工科系列教材
城市雨水管理与海绵城市建设
主 编 曾国明 唐恒军
副主编 唐 建 王 俊
主 审 司马卫平
责任编辑:王 婷 版式设计:王 婷
责任校对:刘志刚 责任印制:赵 晟
*
重庆大学出版社出版发行
出版人:饶帮华
社址:重庆市沙坪坝区大学城西路 21 号
邮编:401331
电话:(023) 88617190 88617185(中小学)
传真:(023) 88617186 88617166
网址:http://www.cqup.com.cn
邮箱:fxk@ cqup.com.cn(营销中心)
全国新华书店经销
重庆五洲海斯特印务有限公司印刷
*
开本:787mm×1092mm 1/16 印张:19.75 字数:507千
2023 年 6 月第 1 版 2023 年 6 月第 1 次印刷
印数:1—2000
ISBN 978-7-5689-3697-2 定价:49.00元

编委会名单

前　言

在全球城镇化进程中,水是制约一个城市发展的重要因素,缺水干旱和暴雨内涝常常并存。怎样有效地对城市雨水进行管理,同时解决城市"缺水"与"内涝"的难题,中国给出的答案是建设"海绵城市"。

2013年12月召开的中央城镇化工作会议提出,在推进城镇化时要优先考虑把有限的雨水留下来,优先考虑更多利用自然力量排水,建设自然积存、自然渗透、自然净化的"海绵城市"。从此,"海绵城市"走入了人们的视野,"海绵城市"一度成为网络热词。2014年10月,住房和城乡建设部发布了《海绵城市建设技术指南——低影响开发雨水系统构建(试行)》,着手培训建设领域的管理者及设计人员,指导新型城镇化建设。2015年9月29日,国务院常务会议指出,要按照生态文明建设要求,建设雨水自然积存、渗透、净化的海绵城市,以修复城市水生态、涵养水资源、增强城市防涝能力,扩大公共产品有效投资,提高新型城镇化质量。显然,建设海绵城市是城市规划、设计、建设领域的一次思维创新。2015年10月,国务院办公厅印发《关于推进海绵城市建设的指导意见》,部署推进海绵城市建设工作。指导意见明确,通过海绵城市建设,最大限度地减少城市开发建设对生态环境的影响,将70%的降雨就地消纳和利用。到2020年,城市建成区20%以上的面积达到目标要求;到2030年,城市建成区80%以上的面积达到目标要求。2018年12月26日,住房和城乡建设部发布公告批准《海绵城市建设评价标准》(GB/T 51345—2018),自2019年8月1日起实施。标准对海绵城市建设的评价内容、评价方法等作了规定,要求海绵城市的建设要保护自然生态格局,按照"源头减排、过程控制、系统治理"的理念系统谋划,采用"渗、滞、蓄、净、用、排"等方法实现海绵城市建设的综合目标。至此,海绵城市建设完成了国家政策顶层设计,技术指南、技术导则、规划编制大纲、标准图集及验收评价标准,形成了完整体系。

党的二十大报告提出要推动绿色发展,促进人与自然和谐共生;指出尊重自然、顺应自然、保护自然是全面建设社会主义现代化国家的内在要求,而海绵城市建设正是实现这一目标的措施之一。在城市建设过程中,雨水的利用已得到社会的广泛认同并付诸实践。特别是近年来,海绵城市的提出,使工程领域对城市雨水的管理提上了一个新台阶。建设"海绵城市",不仅是净化、美化城市的"面子"工程,更是改善城市品质、提升群众获得感、幸福感的"里子"工程。本书详细介绍了城市雨水管理的概念、海绵城市的概念、工程措施、设计要点、管理维护、评价标准以及典型案例等内容。其中,海绵城市"渗、滞、蓄、净、用、排"措施为核心内容,并辅以案例进行说明。书中除介绍海绵城市基本理论和技术措施外,增加了很多工程实践内容,以加强对海绵措施的认识;同时,在相应位置也插入与之对应的实景照片作为参考。海绵城市建设对校园里的同学们来说,还比较陌生,本书重在概念和基本措施的引入,主要用于市政工程相关专业,如给排水科学与工程、景观工程、道路工程等专业的专业选修课学习。

本书由曾国明、唐恒军担任主编,唐建、王俊担任副主编,司马卫平担任主审。具体编写分工如下:曾国明编写第1章、第3章,唐恒军编写第2章,曾国明、唐恒军编写第4章、第5章、第6章,唐恒军编写第7章、第8章,唐建编写第9章,唐恒军、曾国明编写第10章,王俊编写第11章。

在编写过程中,上海市政工程设计研究总院(集团)有限公司研究院海绵生态研究中心李建宁,重庆市重设怡信工程技术顾问有限公司吴金亮,重庆城市职业学院韩永光、周斌,重庆市政设计研究院有限公司王海提供了大量资料和建议,书中制图得到了云南人防建筑设计院有限公司罗荃文的大力帮助,书中的部分插图和表格得到了研究生邱彪、梁栋、王飞、贺肆杰、何宇、范轩豪、黄欣等同学的帮助,自贡市合力建材有限公司潘聪也提供了帮助,还要感谢肖天舟、陶媛媛提供的资料。另外,书中引用了全景网、视觉中国等网站的一些图片,在此一并表示感谢。

限于编者知识水平,书中难免存在不足之处,敬请广大读者批评指正。

编　者

2022 年 9 月

目　录

第1章

绪　论

1.1　城市雨水管理的概念

1.1.1　城市雨水管理的定义

城市雨水管理有狭义和广义之分。狭义上的城市雨水管理,仅表示保障雨水排放畅通,并对雨水管道进行日常维护管理,包括内涝防治、运行管理、行政管理等内容。

20世纪80年代以前,国际上主流的雨水管理目标是城市防洪排涝,即通过修建市政排水管网,快速、高效地排除雨水径流,要求在降雨的同时,及时地把产生的径流排走,降低内涝发生的概率。

快速的城市化改变了城市所在地原有的自然环境、气候条件,湿地、耕地、林地被越来越多的建筑物和各种硬化铺装所替代,导致不透水下垫面急剧增加;同时也改变了自然水文过程,削弱了雨水的自然渗透,干扰自然水文过程中的蒸散过程,使城市下垫面不透水比例的大幅增加,引起城区径流系数的明显增大和汇流时间的显著减小。因此,在相同的降水条件下,导致城区洪峰出现提前和洪峰流量增加。根据美国USEPA的研究,城市化会导致城市区域发生暴雨时出现较之这一区域城市化前更强的洪峰与更大的径流量,这将使城市出现严重的内涝问题。现有的城市排水机制是对雨水进行末端治理,要求雨水排得越快越好。根据这个理论,提高城市排水标准是增强城市应对内涝的主要解决方案。但是这样的解决方案存在以下诸多问题:

①大幅提高排水标准造价巨大,并且对已建成排水系统进行改造会对城市居民的生活造成不便。同时,随着城市化进程的深入,现有排水机制下的排水系统也不可能无限地增大,现有的排水机制难以解决越发严重的城市内涝问题,这种排水方式是不可持续的。

②大量宝贵的城市水资源未经利用就排放,不能实现本地水资源的可持续利用。传统的直排方式加剧了城市水资源的匮乏;同时,由于城市雨水经管道快速排走,城市的地下水位得不到有效补给,造成许多城市地下水位下降,甚至形成地陷,严重影响到城市安全。

③城市雨水虽然是一种城市资源,但同时也具备污染物的双重属性。由于城市污染问题严重,城市雨水也不是一种清洁的资源,需要进行适当的处理。将初期雨水直排自然水体,会造成水环境的污染。

传统快排模式对城市生态环境造成了极大影响,集中体现在:破坏场地自然水循环,增加了地表水量及径流量;影响地表水水质;影响地下水水质和水量;影响河流的自然形态;破坏水生栖息地;改变地方的能量平衡与微气候。为了解决这些问题,人们探索并创新了一些新型雨水管理理念,希望将雨水作为资源进行管理和利用,以解决雨水问题。其中美国、德国和日本等基础条件优异、城市化程度较高的国家,得到了一些较为显著的研究成果。

广义上的城市雨水管理,是综合考虑雨水径流污染控制、城市防洪以及生态环境的改善等要求,有目的地采用各种措施对雨水资源进行保护和利用,包括收集、调蓄和净化后直接利用;也包括利用各种人工或自然水体、池塘、湿地或洼地来使雨水渗透补充地下水资源的间接利用;还包括利用与渗透相结合,利用与洪涝控制、污染控制、生态环境改善相结合的综合利用。广义上的城市雨水管理就等同于海绵城市建设理念。

1.1.2　城市雨水利用的目的

我国是一个缺水的国家。2020年全国水资源总量为31 605.2 m³,居世界第6位,但是人均水资源量不足2 300 m³,居世界一百多位,因此我国被列为世界上13个贫水国之一。近年来,随着城市化进程的推进,水资源短缺的状况更为明显。城市人口剧增,生态环境恶化,工农业用水技术落后、浪费严重,水源污染等因素造成了我国多个城市水质性缺水或资源型缺水。现在我国已经有400多个城市供水不足,110个城市严重缺水。为解决城市缺水问题,不少城市过度开发地下水。而且目前由于地面硬化雨水难以渗入地下补充地下水,导致城市水环境的进一步恶化,我国已有46个城市出现地面下沉。

城市化进程的推进不可避免地伴随着道路、建筑群等不透水面积的增大。大雨时径流迅速汇集造成地面积水,导致城市局部内涝,给城市居民的生活带来了不便,也增加了城市排水压力。雨水收集利用工程使城市建立起自己的备用水源成为可能,在一定程度上可缓解城市缺水状况。雨水收集利用是解决城市地面沉降的有效途径之一。

广义上的城市雨水利用还将达到以下3个目的:

(1)减缓洪涝灾害

通过建立完整的雨水利用系统(由河流水系、坑塘、湿地、绿色水道和下渗系统共同构成),可以有效调节雨水径流的高峰流量,待最大流量下降后,再将雨水慢慢排出,保障国土免受洪涝灾害。

(2)减少污染物排放

雨水冲刷屋顶、路面等硬质铺装后,其污染比较严重,通过坑塘、湿地和绿化通道等沉淀和净化,再排到雨水管网或河流,会起到拦截雨水径流和沉淀悬浮物的作用。

(3)实现雨水资源化

一方面通过保护河流水系的自然形态、增加坑塘湿地等下渗系统,保障地表水和地下水的健康循环和交换,可以间接地补充城市水资源;另一方面,通过净化之后的雨水,可以直接补充水资源用于非饮用水。

1.1.3　城市雨水利用的途径

1)利用集中的大面积下垫面集雨

城市的建筑屋顶、大型广场、小区庭院、城市的不透水地面都可大面积地汇集雨水,是良好的雨水收集面。降雨产生的地面径流,只要修建一些简单的雨水收集和贮存工程,就可将城市雨水资源化,用于城市清洁、绿地灌溉、维持城市水体景观等,也可经过简单的处理后用于生活洗涤用水、工业用水等。

2)利用渗透设施集雨

利用各种人工设施强化雨水渗透是城市雨水利用的重要途径。雨水渗透设施主要有渗透集水井、透水性铺装、渗透管、渗透沟、渗透塘等。对必须改造和新建的下水道工程,一次性采用渗透设施,通常更能达到节省投资的目的。

3)对收集的雨水和降雨就地利用

蓄水池是将收集的雨水积蓄起来的重要设施。蓄水池的面积要根据当地集雨面积、降雨量以及用水方式来进行设计和建造。对于降雨利用,在德国,雨水屋顶花园利用系统就是削减城市雨水径流量的重要途径之一。该系统在屋顶铺盖土壤,种植植物,配套防水和排水措施,可使屋面系统径流系数减少到 0.3,有效地削减了雨水数量,同时美化了环境,净化了城市空气,降低了城市的热岛效应,逐步改善了城市环境。

4)雨水是城市生态环境用水的理想水源

城市绿地、园林、花坛和一些湿地、河道、湖泊都是现代化城市基础设施的重要组成部分。随着居民生活水平的提高和环保意识的加强,城市绿化建设不仅可为居民提供娱乐、休闲、游览和观光的场所,而且是改善和美化城市环境的重要措施。目前,河道的景观建设也已提上日程,其中水的利用是不可缺少的,雨水对河道水量的补充也是十分重要的。

1.2　海绵城市建设理念

1.2.1　海绵城市的概念

截至 2020 年,我国城市数量达 687 个,城镇化率达 63.89%,城市已成为人们生产生活的主要组成部分。近年来,许多城市都面临内涝频发、径流污染、雨水资源大量流失、生态环境破坏等诸多雨水问题,在城市建设中构建完善雨洪管理系统刻不容缓。据统计,有 300 多个城市发生过城市暴雨内涝灾害,其中暴雨内涝灾害发生超过 3 次的城市有 137 个,57 个城市的最长积水时间超过 12 h。"城市看海"屡见不鲜,其中相当一部分是严重内涝,人员伤亡的现象时有发生,财产损失重大。与此同时,城市也面临资源约束趋紧、环境污染加重、生态系统退化等一系列问题,其中又以城市水问题表现最为突出。

1)水安全问题

一方面,受"重地上、轻地下"等习惯思维的影响,城市排水设施建设不足,"逢雨必涝"成为城市顽疾。据统计,全国62%的城市发生过水涝。另一方面,传统城市到处都是水泥硬地面,城市绿地等"软地面"在竖向设计上又高于硬地面,雨水下渗量很小,且未考虑"滞"和"蓄"的空间,容易造成积水内涝。更严重的是,这样会影响地下水补给,造成地下水水位下降,形成漏斗区。

2)水生态问题

传统城市建设造成大量湖河水系、湿地等城市蓝线受到侵蚀。据调查,我国湿地面积比10年前减少3.4万 km²,土壤、气候等生态环境质量下降。另外,城市河、湖等水岸被大量处理成水泥硬化,这种城市化水岸修筑模式甚已向乡村田园蔓延。这种方式人为割裂了水与土壤、水与水之间的自然联系,导致水的自然循环规律被干扰、水生物多样性减少、水生态系统被破坏。

3)水污染问题

降雨挟带空气中的尘埃降落到地面,同时冲刷地面,形成地表径流,造成初期雨水污染,排放至水体也会对城镇水体造成一定的污染。

4)水短缺问题

降雨量在时间、空间上分布不均衡,传统的雨水排水模式水来得急、去得也快,而位于城市的自然调蓄空间大量被挤占,人工蓄水设施又不足,导致大量雨水白白流走。据调查,我国有300多个属于联合国人居环境署评价标准的"严重缺水"和"缺水"城市,在缺水的城市发生内涝显得格外突出。

因此,要解决城市雨水问题,不能局限在建筑本身,一定要看成整个城市建设的一个系统工程,才能解决城市水环境的生态问题。2013年12月,中央城镇化工作会议指出:城市要优先考虑把有限的雨水保留下来、优先考虑更多地利用自然力量排水,建设自然积存、自然渗透、自然净化的海绵城市。海绵城市,是新一代城市雨水管理概念。建设海绵城市,就是系统地解决城市水安全、水资源、水环境问题,减少城市洪涝灾害,缓解城市水资源短缺问题,改善城市水质量和水环境,调节小气候,恢复生物多样性,使城市再现"鸟语、蝉鸣、鱼跃、蛙叫"等生态景象,形成人与自然和谐相处的生态环境。

所谓海绵城市,就是通过城市规划、建设的管控,从"源头减排、过程控制、系统治理"着手,综合采用"渗、滞、蓄、净、用、排"等技术措施,统筹协调水量与水质、生态与安全、分布与集中、绿色与灰色、景观与功能、岸上与岸下、地上与地下等关系,有效控制城市降雨径流,最大限度地减少城市开发建设行为对原有自然水文特征和水生态环境造成的破坏,使城市能够像"海绵"一样,在适应环境变化、抵御自然灾害等方面具有良好的"弹性",通过下雨时吸水、蓄水、渗水,净水,需要时将蓄存的水"释放"并加以利用,实现自然积存、自然渗透、自然净化的城市发展方式。建设海绵城市,有利于达到修复城市水生态,涵养城市水资源,改善城市水环境,保障城市水安全,复兴城市水文化的多重目标,从而有效地解决城市水安全、水污染、水短缺、生态退化等问题。

建设海绵城市的宗旨是处理好城市建设与水资源生态环境保护的关系。首先,这是对城市概念和城市对水的需求理解的升级。要建设宜居、舒适、安全,让生活更美好的城市,必须解决水安全和水生态环境问题。大规模且快速的城市化进程,改变了原有的蒸发、下渗、坡面产生汇流等自然水文特征,使城市滞留能力锐减,导致雨水资源流失、径流污染增加、内涝频发等一系列问题的发生。

其次,这是城市水管理理念的升华,是城市水环境和自然资源从以往的治理及不计后果地无序开发,向有序管理协调方式转变,是从粗犷式的工程规划建设,向集约式的、精细化的工程思维和工程建设模式转变;通过集成管理、有序协调,实现智慧管理模式,从可持续发展理念的引入、务水一体化管理,到最严格的水资源管理实践、水生态文明的创建,这一切为城市水管理理念的升级奠定了很好的基础,然后将理念转变为成功的工程实践。由于城市空间密集、土地资源紧缺、城市的发展与环境保护要相协调、建设用地与绿色低影响雨水源头处理工程之间要合理平衡,所以需要好的规划、好的技术来分析各种复杂因素。我国城市面临的水环境问题非常复杂,要根本性地解决这些问题,必须反思我们城市开发建设的模式,真正理解一系列因素之间的相互关系,从而做到把控关键环节。

任何的水环境问题,都是由于人类活动改变了原来自然的水文条件。城市开发使地面径流的增加从而导致洪涝风险加大,非雨季水量的减少从而导致水污染严重,水资源的大量开发利用从而导致下游水量不足或环境改变。我们必须改变以工程解决工程问题的习惯性思维,以可持续发展理念作为指导,在城市开发过程中充分认识到水环境资源的承载力,认识和尊重自然生态的本质价值,识别工程与环境、周边和上下游之间的影响关系,既考虑当代需求,也兼顾子孙后代的需求,才能做到合理利用自然资源,采用补偿工程和管理手段,实现开发与保护的平衡。

海绵城市建设实际上是工程理念的转变,需要技术和管理体系的更新和集成,是以可持续发展理念支撑下的城市流域水资源环境开发保护和利用的综合管理。因此,在城市开发建设中,既要考虑极端暴雨导致的洪涝风险控制,又要兼顾流域的水资源利用和本底水生态、水环境的保护。实践表明,这一理念的实现需要可以量化、可控目标的定义,需要一些好的技术手段和工程手段对城市空间资源、水和环境影响作评估。这一系列从理论到目标之间的复杂过程的实现,使得专业边界逐渐模糊,技术集成已成必然。

1.2.2　海绵城市建设的关键技术

海绵城市的核心实质上就是合理地控制城市下垫面上的雨水径流,使雨水就地消纳和吸收利用,遵循"渗、滞、蓄、净、用、排"的六字方针。

●渗。加强自然的渗透,通过土壤来渗透雨水。这样可以避免地表径流,减少雨水从水泥地面、不透水路面汇集到管网里,可以涵养地下水,补充地下水的不足,从而既能通过土壤净化水质,又可以改善城市微气候。

●滞。主要作用是延缓短时间内形成的雨水径流量。例如,通过微地形调节,让雨水慢慢地汇集到一个地方,用时间换空间。城市内的降雨,是按分钟计、按小时计的,这跟大江大河不一样。城市短历时强降雨,对下垫面产生冲击,形成快速径流,积水汇集起来就导致内涝。

● 蓄。就是把雨水留下来,要尊重自然地形地貌,使降雨得到自然散落。现在的人工建设破坏了自然地形地貌,降雨就只能汇集到一起,形成积水,所以要把降雨蓄起来。蓄也是为了利用,为了调蓄和错峰,不然短时间内雨水汇集到一个出口,就容易形成内涝。

● 净。通过土壤的渗透,通过植被、绿地系统、水体等对水质产生净化作用。现在城市里的初期雨水是非常脏的,应该蓄起来,经过净化处理后再回用到城市中。

● 用。尽可能利用天上降下来的雨水。不管是丰水地区还是缺水地区,都应该加强雨水资源的利用。例如停车场地面的雨水,传统的方式是快排,但我们可以进行收集净化以后,直接用于洗车。又如,现在绿地浇洒要用自来水,既消耗能源、又消耗水资源,其实可以通过渗透涵养,利用"蓄"把水留在原地,再通过净化把水用在原地。

● 排。在城市建设中,综合运用"渗、滞、蓄、净、用"等工程措施,科学合理地就地消纳雨水后,将超标的径流雨水通过城市雨水管渠系统(排涝系统),排放至自然水体,避免发生城市内涝。城市雨水管渠系统应与超标雨水径流排放系统同步规划设计。

这六字方针又包含若干不同形式的技术措施,这些关键技术主要有:透水铺装、绿色屋顶、下凹式绿地、生物滞留措施、渗透塘、渗井、湿塘、雨水湿地、蓄水池、雨水罐、调节塘、调节池、植草沟、渗管(渠)、植被缓冲带、初期雨水弃流设施、人工渗滤等。各项技术措施的特点及其功能对比详见表1.1。

(1)透水铺装

透水铺装按照面层材料不同可分为透水砖铺装、透水水泥混凝土路面和透水沥青混凝土路面,嵌草砖、园林铺装中的鹅卵石、碎石铺装等。当透水铺装设置在地下室板上时,顶板覆土厚度不应小于600 mm,并应设置排水层,具体内容详见第3.2.1节内容。

(2)绿色屋顶

绿色屋顶也称种植屋面、屋顶绿化等,根据种植基质的深度和景观复杂程度,又分为简单式和花园式,其基质深度根据种植植物需求和屋面荷载确定。简单式绿化屋顶的基质深度一般不大于150 mm,花园式的基质深度一般不大于600 mm,具体内容详见第3.2.6节。

(3)下凹式绿地

下凹式绿地具有狭义和广义之分,狭义的下凹式绿地指低于周边铺砌地面或道路在200 mm以内的绿地;广义的下凹式绿地泛指具有一定的调蓄容积(在以径流总量控制为目标进行目标分解或设计计算时,不包括调节容积),且可用于调蓄和净化径流雨水的绿地,包括生物滞留措施、渗透塘、湿塘、雨水湿地、调节塘等。狭义的下凹式绿地应满足以下要求:①下凹式绿地的下凹深度应根据植物耐淹性能和土壤渗透性能确定,为100~200 mm。②下凹式绿地内一般应设置溢流口(如雨水口),保证暴雨时径流的溢流排放,溢流口顶部标高一般应高于绿地50~100 mm。具体内容详见第3.2.3节。

(4)生物滞留措施

生物滞留措施是指在地势较低的区域,通过植物、土壤和微生物系统蓄渗、净化径流雨水的措施。生物滞留设施分为简易型生物滞留设施和复杂型生物滞留设施,按应用位置不同又称为雨水花园、生物滞留带、高位花坛、生态树池等。生物滞留设施内应设置溢流设施,可采用溢流竖管、盖篦溢流井或雨水口等,溢流设施顶部一般应低于汇水面100 mm。生物滞留设施的蓄水层深度应根据植物耐淹性能和土壤渗透性能来确定,一般为200~300 mm,并应设

100 mm的超高;换土层介质类型及深度应满足出水水质要求,还应符合植物种植及园林绿化养护管理技术要求;为防止换土层介质流失,换土层底部一般设置透水土工布隔离层,也可采用厚度不小于 100 mm 的砂层(细砂和粗砂)代替;砾石层起到排水作用,厚度一般为250~300 mm,可在其底部埋置管径为 100~150 mm 的穿孔排水管,砾石应洗净且粒径不小于穿孔管的开孔孔径;为提高生物滞留设施的调蓄作用,在穿孔管底部可增设一定厚度的砾石调蓄层。具体内容详见第 4 章。

(5)渗透塘

渗透塘是一种用于雨水下渗补充地下水的洼地,具有一定净化雨水和削减峰值流量的作用。渗透塘边坡坡度(垂直:水平)一般不大于 1∶3,塘底至溢流水位一般不小于 0.6 m,渗透塘底部构造一般为 200~500 mm 的过滤介质层。具体内容详见第 3.2.5 节。

(6)渗井

渗井是指通过井壁和井底进行雨水下渗的设施,为增大渗透效果,可在渗井周围设置水平渗排管,并在渗排管周围铺设砾(碎)石。渗井应满足下列要求:雨水通过渗井下渗前应通过植草沟、植被缓冲带等设施对雨水进行预处理。渗井出水管的内底高程应高于进水管管内顶高程,但不应高于上游相邻井的出水管管内底高程。渗井调蓄容积不足时,也可在渗井周围连接水平渗排管,形成辐射渗井。具体内容详见第 3.2.8 节。

(7)湿塘

湿塘是指具有雨水调蓄和净化功能的景观水体,雨水同时作为其主要的补水水源。湿塘有时可结合绿地、开放空间等场地条件设计为多功能调蓄水体,即平时发挥正常的景观及休闲、娱乐功能,暴雨发生时发挥调蓄功能,实现土地资源的多功能利用,湿塘一般由进水口、前置塘、主塘、溢流出水口、护坡及生态护岸、维护通道等构成。主塘一般包括常水位以下的永久容积和储存容积,永久容积水深一般为 0.8~2.5 m。具体内容详见第 5.2.2 节。

(8)雨水湿地

利用物理、水生植物及微生物等作用净化雨水,是一种高效的径流污染控制设施,雨水湿地分为雨水表流湿地和雨水潜流湿地,一般设计成防渗型以便维持雨水湿地植物所需要的水量,雨水湿地常与湿塘合建并设计一定的调蓄容积。雨水湿地与湿塘的构造相似,一般由进水口、前置塘、沼泽区、出水池、溢流出水口、护坡及维护通道等构成。具体内容详见第 6.2.6 节。

(9)蓄水池

蓄水池是指具有雨水贮存功能的集蓄利用设施,同时也具有削减峰值流量的作用,主要包括钢筋混凝土蓄水池,砖、石砌筑蓄水池及塑料雨水模块拼装式蓄水池。用地紧张的城市大多采用地下封闭式蓄水池,适用于有雨水回用需求的建筑与小区、城市绿地等,根据雨水回用用途(绿化、道路喷洒及冲厕等)不同,配建相应的雨水净化设施;不适用于无雨水回用需求和径流污染严重的地区。具体内容详见第 5.2.4 节。

(10)雨水罐

雨水罐也称雨水桶,为地上或地下封闭式的简易雨水集蓄利用设施,可用塑料、玻璃钢或金属等材料制成。适用于单体建筑屋面雨水的收集利用。具体内容详见第 5.2.1 节。

(11)调节塘

调节塘也称干塘,以削减峰值流量功能为主,一般由进水口、调节区、出口设施、护坡及堤岸构成,应设置前置塘对径流雨水进行预处理。调节区深度一般为0.6~3 m,也可通过合理设计使其具有渗透功能,起到一定的补充地下水和净化雨水的作用。它适用于建筑与小区、城市绿地等具有一定空间条件的区域。具体内容详见第5.2.3节。

（12）调节池

调节池是调节设施的一种,主要用于削减雨水管渠峰值流量,一般常用溢流堰式或底部流槽式。它可以是地上敞口式调节池或地下封闭式调节池,适用于城市雨水管渠系统,可削减管渠峰值流量。具体内容详见第5.2.4节及第5.3节。

（13）植草沟

植草沟是指种有植被的地表沟渠,可收集、输送和排放径流雨水,并具有一定的雨水净化作用,可用于衔接其他各单项设施、城市雨水管渠系统和超标雨水径流排放系统。浅沟断面形式宜采用倒抛物线形、三角形或梯形。植草沟的边坡坡度（垂直：水平）不宜大于1:3,纵坡不应大于4%。纵坡较大时宜设置为阶梯形植草沟或在中途设置消能台坎。植草沟最大流速应小于0.8 m/s,曼宁系数宜为0.2~0.3,转输型植草沟内植被高度宜控制在100~200 mm。具体内容详见第3.2.4节。

（14）渗管/渠

渗管/渠是指具有渗透功能的雨水管/渠,可采用穿孔塑料管、无砂混凝土管和砾（碎）石等材料组合而成。渗管/渠应满足以下要求:渗管/渠应设置植草沟、（砂）池等预处理设施;渗管/渠开孔率应控制在1%~3%,无砂混凝土管的孔隙率应大于20%。具体内容详见第3.2.7节。

（15）植被缓冲带

植被缓冲带为坡度较缓植被区,经植被拦截及土壤下渗作用减缓地表径流流速,并去除径流中部分污染物,植被缓冲带坡度一般为4.2%~6%,宽度不宜小于2 m。具体内容详见第4.2.2节。

（16）初期雨水弃流设施

初期雨水弃流设施是指通过一定方法或装置将存在初期冲刷效应、污染物浓度较高的降雨初期径流予以弃除,以降低雨水的后续处理难度。弃流雨水应进行处理,如排入市政污水管网（或雨污合流管网）由污水处理厂进行集中处理等。常见的初期弃流方法包括容积法弃流、小管弃流等,弃流形式包括自控弃流、渗透弃流、弃流池、雨落管弃流等。具体内容详见第6.2.1节。

（17）人工土壤渗滤

人工土壤渗滤主要作为蓄水池等雨水储存设施的配套雨水设施,以达到回用水水质指标。其典型构造可参照复杂型生物滞留设施,具体内容详见第6.2.5节。

表1.1　低影响开发技术设施功能对比一览表

单项设施	功能					控制目标			处置方式		经济性		污染物去除率（以SS计,%）	景观效果
	集蓄利用雨水	补充地下水	削减峰值流量	净化雨水	转输	径流总量	径流峰值	径流污染	分散	相对集中	建造费用	维护费用		
透水砖铺装	○	●	◎	◎	○	●	◎	◎	√	—	低	低	80~90	—
透水水泥混凝土	○	○	◎	◎	○	◎	◎	◎	√	—	高	中	80~90	—

续表

单项设施	功能					控制目标			处置方式		经济性		污染物去除率(以SS计,%)	景观效果
	集蓄利用雨水	补充地下水	削减峰值流量	净化雨水	转输	径流总量	径流峰值	径流污染	分散	相对集中	建造费用	维护费用		
透水沥青混凝土	○	○	◎	◎	○	◎	◎	◎	√	—	高	中	80~90	—
绿色屋顶	○	○	◎	◎	○	●	◎	◎	√	—	高	中	70~80	好
下凹式绿地	○	●	◎	◎	○	●	◎	◎	√	—	低	低	—	一般
简易型生物滞留设施	○	●	◎	◎	○	●	◎	◎	√	—	低	低	—	好
复杂型生物滞留设施	○	●	◎	●	○	●	◎	●	√	—	中	低	70~95	好
渗透塘	○	●	◎	◎	○	●	◎	◎	—	√	中	中	70~80	一般
渗井	○	●	○	○	○	●	◎	◎	√	√	低	低	—	—
湿塘	●	○	●	◎	○	●	●	◎	—	√	高	中	50~80	好
雨水湿地	●	○	●	●	○	●	●	●	√	√	高	中	50~80	好
蓄水池	●	○	◎	○	—	●	◎	○	—	√	高	中	80~90	—
雨水罐	●	○	○	○	—	●	◎	○	√	—	低	低	80~90	—
调节塘	○	○	●	◎	○	○	●	○	—	√	高	中	—	一般
调节池	○	○	●	○	—	○	●	○	—	√	高	中	—	—
转输型植草沟	◎	○	○	○	●	◎	○	◎	√	—	低	低	35~90	一般
干式植草沟	○	●	○	◎	●	●	◎	◎	√	—	低	低	35~90	好
湿式植草沟	○	○	◎	◎	●	○	◎	●	√	—	中	低	—	好
渗管/渠	○	◎	○	○	●	◎	◎	◎	√	—	中	中	35~70	—
植被缓冲带	○	○	○	●	—	○	○	●	√	—	低	低	50~75	一般
初期雨水弃流设施	◎	○	○	●	○	○	○	●	√	—	低	中	40~60	—
人工土壤渗滤	●	○	○	●	—	○	○	◎	—	√	高	中	75~95	好

注:①●——强 ◎——较强 ○——弱或很小;

②SS 去除率数据来自美国流域保护中心(Center For Watershed Protection,CWP)的研究数据。

各类用地中低影响开发设施的选用应根据不同类型用地的功能、用地构成、土地利用布局、水文地质等特点进行,可参照表1.2选用。

表 1.2　各类用地中低影响开发设施选用一览表

技术类型（按主要功能）	单项设施	用地类型			
		建筑与小区	城市道路	绿地与广场	城市水系
渗透技术	透水砖铺装	●	●	●	◎
	透水水泥混凝土	◎	◎	◎	◎
	透水沥青混凝土	◎	◎	◎	◎
	绿色屋顶	●	○	○	○
	下凹式绿地	●	●	●	◎
	简易型生物滞留设施	●	●	●	◎
	复杂型生物滞留设施	●	●	◎	◎
	渗透塘	●	◎	●	○
	渗井	●	◎	●	○
储存技术	湿塘	●	◎	●	●
	雨水湿地	●	●	●	●
	蓄水池	◎	○	◎	○
	雨水罐	●	○	○	○
调节技术	调节塘	●	◎	●	◎
	调节池	◎	◎	○	○
转输技术	转输型植草沟	●	●	●	◎
	干式植草沟	●	●	●	◎
	湿式植草沟	●	●	●	◎
	渗管/渠	●	●	●	○
截污净化技术	植被缓冲带	●	●	●	●
	初期雨水弃流设施	●	◎	◎	○
	人工土壤渗滤	◎	○	◎	◎

注:●——宜选用　◎——可选用　○——不宜选用。

1.2.3　海绵城市建设的意义

1)社会效益

①增强城市防洪排涝能力,保障城市居民安全。通过海绵城市的建设,可减少降雨外排流量,削减洪峰,延迟洪峰出现时间,提高建筑乃至城市防洪能力,避免或减轻本区域居民的水灾损失。此外,海绵城市建设不仅可减少城市降雨积水现象,方便居民生活,改善社区环境,还可减少交通拥堵和交通事故发生,有利于保障人民生命财产的安全。

②提升城市生态环境品质。海绵城市通过屋顶绿化、打造雨水花园、生态蓄水池等低影响

开发措施不仅能够起到防洪排涝保护城市安全的作用,还能美化城市环境,提升生态环境的品质,给居民提供一个身心愉悦的休憩场所。

③实现可持续发展。打造雨水回用工程是解决城市供水压力、河流水体污染以及河道外部水源不足的有效途径之一,也是保护沿岸居民身体健康的民心工程,是积极探索建设资源节约型环境友好型社会新路的有益尝试,是贯彻实施"可持续发展"方针的有力保障,既有利于根治河流水体污染状况,也有利于保护好区域水环境。

2)经济效益

(1)减少环境资源损失

海绵城市建设可削减雨水径流量,净化去除雨水中的污染物,降低径流污染,同时通过雨水湿地等措施净化雨水。通过海绵城市核心区湖泊水库水环境整治、中小河流治理工程以及山洪沟治理等重点示范工程的打造,将大大消除污染,改善城市水环境。根据相关资料,每投入1元消除污染的费用,可减少的环境资源损失是3元,即投入产出比为1:3。可见,海绵城市建设可大大减少环境资源损失。

(2)节约调蓄设施净增成本

以往建造绿地的高程是高于路面或者与路面等高,既浪费灌溉用水又不利于汇集路面径流。下凹式绿地将调蓄设施和绿地结合起来,在一定程度上可弥补降水和渗透的不均衡,减缓了径流洪峰,起到调蓄作用,同时也间接节约了调蓄设施的净增成本。在建造调蓄设施时充分利用了景观水体(诸如溪流、河道、人工湖等水景),配以适当的引水设施,能够很好地蓄存雨水径流,同样节约了调蓄设施的净增成本。

(3)减少水环境污染治理费用

海绵城市建设中的工程方案应用了大量源头涵养水资源、调蓄和储存屋面雨水并回用的储水供水设施,这些工程不但节约水资源,而且减轻了城市供水系统的负荷,降低了生产和输运成本,同时也降低城市排水设施的投资和运行费用。

(4)发挥雨水回用带来的效益

海绵城市建设鼓励雨水回用与中水回用。与自来水生产远距离取水相比,雨水回用既不需要引水的巨额工程投资,也无须支付大笔的水资源费,省却了大笔输水管道建设费用和输水电费。此外,由于中水生产系统设于污水处理厂内,可有效利用城市污水处理厂现有工程和管理人员,减轻中水生产系统的经营成本。扩建的中水厂可供给市政浇洒道路广场、浇洒绿地、市政消防、车辆冲洗及管网漏失水、湿地公园保水活水及其他用水。

(5)降低内涝和山洪造成的损失

建设海绵城市,能够对城市内涝和山洪起到缓解作用,可减少因城市内涝和山洪造成的巨额损失。

(6)减少建设的工程量

雨水可以通过海绵体进行下渗,减少了在排水管道上投资。同时,海绵城市拟建设若干下凹式植草沟、雨水塘等设施,减少了钢筋混凝水池的工程量。

(7)撬动民间资本,促进经济良性循环

市政公用事业是为城镇居民生产生活提供必需的普遍服务的行业,是城市重要的基础设施,是有限的公共资源,直接关系社会公众利益和人民群众生活质量,关系城市经济和社会的可持续发展。海绵城市建设可通过 PPP 模式(公私合作模式)引导民间资本进入市政公用事业,是适应城镇化快速发展的需要,是加快民间资本和完善市政公用设施建设、推进市政公用事业健康持续发展的需要。同时,民间资本的进入将推动本地产业链的培育和发展,增加就业机会,促进经济和生态的良性循环。

3) 生态效益

(1)有利于区域水环境保护和生态修复

水环境的巨大变化使得区域生态系统日渐脆弱,海绵城市的建设涉及大量植被的栽种,有利于区域生态系统的保护。

(2)缓解城市热岛效应

海绵城市增加了城市水面面积,因为水的比热较大,在升高相同的温度时可以吸收更多的热量,在降低相同温度时可以放出更多的热量,所以可以减小城市的温差,缓解城市"热岛"效应。

(3)削减暴雨径流和雨水径流中的污染物

根据软件模拟结果显示,绿色屋顶、透水铺装和下凹式绿地等低影响开发措施的组合对不同频率的暴雨形成的径流,无论在洪峰还是在洪量上均有一定的削减效果。暴雨径流的削减,也将在雨水径流污染物削减方面产生显著效益。

(4)修复社会水循环

①增加降雨向土壤水的转化量。采用下凹式绿地和透水铺装能够大量增加降雨渗入土壤的水量,增加地下水补给量。通常绿地的径流系数为 0.15,小区内传统的混凝土硬化铺装地面的径流系数为 0.9。实施海绵措施后,对于设计标准内降雨,绿地和透水地面的外排径流系数可降为零。一般情况下,小区内绿地占 30%、硬化铺装地面占 35%,若绿地的截留量按 10% 计,仅此两部分采取海绵措施后,就可将降雨向土壤水的转化量增加至 160%。

②增加蒸发量。下凹式绿地能够使土壤含水量增加 2%~5%,使植物生长旺盛,从而增加绿地的蒸发量 0.02~0.32 mm。通过透水地面渗入土壤的雨水、铺装层吸收和滞蓄的雨水,在降雨过后会逐渐通过铺装层的孔隙蒸发到空气中。

③有效减少径流外排量。实施雨水利用措施能够使外排径流量大大削减,甚至能够实现对于一定标准的降雨无径流外排。

④有利于城市河道"清水常流"。调控排放形式的雨水利用措施,可使滞蓄在小区管道调蓄池内的雨水在降雨结束后 5~10 h 内缓慢排走,再考虑 5~10 h 的汇流时间,则可使城市河道的径流时间延长 10~20 h。使城市河道呈现出类似天然河道的流动状态,趋向于"清水常流"。

(5)有利于增加生物多样性

海绵城市建设森林公园、生态公园、社区公园、防护绿地、雨水湿地(人工湿地)等,这些都是保护和提高城市生物多样性的重要场所,可提高物种潜在共存性,促进城市多样性的保护和恢复,给公众提供自然的、生态健全的开敞空间。海绵城市的建设减缓了对水体的污染,同样有利于促进城市水生生物的多样性发展。

1.2.4　海绵城市建设的控制目标

海绵城市以构建低影响开发雨水系统为目的,其规划控制目标一般包括径流总量控制、径流峰值控制、径流污染控制、雨水资源化利用等。各地应结合水环境现状、水文地质条件等特点,合理选择其中一项或多项目标作为规划控制目标。

鉴于径流污染控制目标、雨水资源化利用目标太多,可通过径流总量控制实现,各地低影响开发雨水系统构建可选择径流总量控制作为首要的规划控制目标。

1)径流总量控制目标

低影响开发雨水系统的径流总量控制一般采用年径流总量控制率作为控制目标。年径流总量控制率与设计降雨量为一一对应关系,及部分城市年径流总量控制率及其对应的设计降雨量,参见《海绵城市建设技术指南》。理想状态下,径流总量控制目标应以开发建设后径流排放量接近开发建设前自然地貌时的径流排放量为标准。自然地貌往往按照绿地考虑,一般情况下,绿地的年径流总量外排率为15%~20%(相当于年降雨量径流系数为0.15~0.20)。因此,借鉴发达国家实践经验,年径流总量控制率最佳为80%~85%,这一目标主要通过控制频率较高的中、小降雨事件来实现。以北京市为例,当年径流总量控制率为80%和85%时,对应的设计降雨量为27.3 mm 和33.6 mm,分别对应约0.5 年一遇和1 年一遇的1 h 降雨量。

实践中,在确定年径流总量控制率时,需要综合考虑多方面因素。一方面,开发建设前的径流排放量与地表类型、土壤性质、地形地貌、植被覆盖率等因素有关,应通过分析综合确定开发前的径流排放量,并据此确定适宜的年径流总量控制率。另一方面,要考虑当地水资源禀赋情况、降雨规律、开发强度、低影响开发设施的利用效率以及经济发展水平等因素。具体到某个地块或建设项目的开发,要结合本区域建筑密度、绿地率及土地利用布局等因素确定。因此,综合考虑以上因素,当不具备径流控制的空间条件或者经济成本过高时,可选择较低的年径流总量控制目标。同时,从维持区域水环境良性循环及经济合理性角度出发,径流总量控制目标也不是越高越好,雨水的过量收集、减排会导致原有水体的萎缩或影响水系统的良性循环;从经济性角度出发,当年径流总量控制率超过一定值时,投资效益会急剧下降,造成设施规模过大、投资浪费的问题。

我国地域辽阔,气候特征、土壤地质等天然条件和经济条件差异较大,城市径流总量控制目标也不同。有特殊排水防涝要求的区域,可根据经济发展条件适当提高径流总量控制目标;对于广西、广东及海南等部分沿海地区,由于极端暴雨较多导致设计降雨量统计值偏差较大,造成投资效益极低且开发设施利用效率不高,可适当降低径流总量控制目标。住房和城乡建设部出台的《海绵城市建设技术指南》对我国近200 个城市1983—2012 年日降雨量统计分析,将我国大陆地区大致分为5 个区,即年径流总量控制率分区,并给出了各区年径流总量控制率的最低和最高限值。

如《厦门海绵城市建设方案》,根据低影响开发理念,最佳雨水控制量应以雨水量接近自然地貌为标准,不宜过大。在自然地貌或绿地的情况下,径流系数为0.15,径流总量控制率不宜大于85%。根据试点区当地水文站的降雨资料,统计得出降雨量比例,综合考虑厦门市具体情况,结合《海绵城市建设技术指南》,确定径流总量控制目标为70%,对应的设计降雨量为26.8 mm。

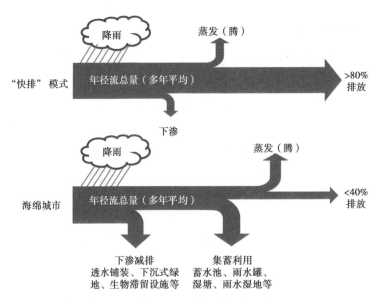

图 1.1　年径流总量控制率概念示意图

2)径流峰值控制目标

径流峰值流量控制是低影响开发的控制目标之一,低影响开发设施受降雨频率与雨型、低影响开发设施建设与维护管理条件等因素的影响,一般对中小降雨事件的峰值削减效果较好。对特大暴雨事件,虽仍可起到一定的错峰、延峰作用,但其峰值削减幅度往往较低。因此,为保障城市安全,在低影响开发设施的建设区,城市雨水管渠和泵站的设计重现期、径流系数等设计参数仍然应当按照《室外排水设计标准》(GB 50014—2021)中的相关标准执行。同时,低影响开发的雨水系统是城市内涝防治系统的重要组成,应与城市雨水管渠系统及超标雨水径流排放系统相衔接,应建立从源头到末端的全过程雨水控制与管理体系,共同达到内涝防治要求。城市内涝防治设计重现期应按《室外排水设计标准》中内涝防治设计重现期的标准执行。

3)径流污染控制目标

径流污染控制是低影响开发雨水系统的控制目标之一,既要控制分流制径流污染物总量,也要控制合流制溢流的频次或污染物总量。各地应结合城市水环境质量要求、径流污染特征等确定径流污染综合控制目标和污染物指标,污染物指标可采用悬浮物(SS)、化学需氧量COD、总氮(TN)、总磷(TP)等。

城市径流污染物中,SS 往往与其他污染物指标具有一定的相关性,故通常可采用 SS 作为径流污染物控制指标。低影响开发雨水系统的年 SS 总量去除率一般可达到 10% ~ 60%。年 SS 总量去除率可用下述方法进行计算:

年 SS 总量去除率 = 年径流总量控制率 × 低影响开发设施对 SS 的平均去除率

城市或开发区域年 SS 总量去除率,可通过不同区域、地块的年 SS 总量去除率经年径流总量(年均降雨量×综合雨量径流系数×汇水面积)加权平均计算得出。考虑径流污染物变化的随机性和复杂性,径流污染控制目标一般也通过径流总量控制来实现,并结合径流雨水中污染物的平均浓度和低影响开发设施的污染物去除率确定。

4）控制目标的选择

各地应根据当地降雨特征、水文地质条件、径流污染状况、内涝风险控制要求和雨水资源化利用需求等,并结合当地水环境突出问题、经济合理性等因素,有所侧重地确定低影响开发径流控制目标。

①水资源缺乏的城市或地区,可采用水量平衡分析等方法确定雨水资源化利用的目标,雨水资源化利用一般应作为径流总量控制目标的一部分。

②对于水资源丰沛的城市或地区,可侧重径流污染及径流峰值控制目标。

③径流污染问题较严重的城市或地区,可结合当地水环境容量及径流污染控制要求,确定年 SS 总量去除率等径流污染物控制目标。实践中,一般转换为年径流总量控制率目标。

④对于水土流失严重和水生态敏感地区,宜选取年径流总量控制率作为规划控制目标,尽量减小地块开发对水文循环的破坏。

⑤易涝城市或地区可侧重径流峰值控制,并达到《室外排水设计标准》中内涝防治设计重现期标准。

⑥面临内涝与径流污染防治、雨水资源化利用等多种需求的城市或地区,可根据当地经济情况、空间条件等,选取年径流总量控制率作为首要规划控制目标,综合实现径流污染和峰值控制及雨水资源化利用目标。

1.3　国外城市雨水管理与利用

很大程度上,海绵城市与国际上流行的城市雨水管理理念与方法非常契合,如低影响开发(LID)、绿色雨水基础设施(GSI)及水敏感性城市设计(WSUD)等,都是将水资源可持续利用、水良性循环、内涝防治、水污染防治、生态友好等作为综合目标。

德国、美国、日本和澳大利亚等国是较早开展雨水资源利用和管理的国家,经过几十年的发展,已取得了较为丰富的实践经验。现将国外城市雨水管理与利用的建设典型经验简介如下:

1）德国

德国是最早对城市雨水采用政府管制制度的国家之一,目前已经形成针对低影响开发的雨水管理较为系统的法律法规、技术指引和经济激励政策。在政府的引导下,目前德国的雨水利用技术已经进入标准化。

（1）通过制定各级法律法规引导水资源保护与雨水综合运用

德国的联邦水法、建设法规和地区法规以法律条文或规定的形式,对自然环境的保护和水的可持续利用提出明晰的要求。联邦水法以优化生态环境、保持生态平衡为政策导向,成为各州制定相关法规的基本依据。1986 年的水法将供水技术的可靠性和卫生安全性列为重点,并在第一章中提出"每一用户有义务节约用水,以保证水供应的总量平衡",以约束公民行为。

1995 年,德国颁布了欧洲首个标准《室外排水沟和排水管道标准》,提出通过雨水收集系统尽可能地减少公共地区建筑物底层发生洪水的危险性。1996 年,在水法的补充条款中增加了"水的可持续利用"理念,强调"为了保证水的利用效率,要避免排水量增加",实现"排水量零增长"。在此背景下,德国建设规划导则规定:"在建设项目的用地规划中,要确保雨水下渗用地,并通过法规进一步落实。"虽然各州的具体落实方式不同,但都规定:除了特定情况外,降水不能排放到公共管网中;新建项目的业主必须对雨水进行处置和利用。

(2)积极推广雨水利用的三种方式

德国的雨水利用技术经过多年发展已经日渐成熟。目前德国的城市雨水利用方式之一是屋面雨水集蓄系统,收集的雨水经简单处理后,达到杂用水水质标准,主要用于家庭、公共场所和企业的非饮用水,如街区公寓的厕所冲洗和庭院浇洒。如法兰克福一个苹果榨汁厂,把屋顶收集下来的雨水作为工业冷却循环用水,成为工业项目雨水利用的典范。其二是雨水截污与渗透系统。道路雨水通过下水道排入沿途大型蓄水池或通过渗透补充地下水。德国城市街道雨洪管道口均设有截污挂篮,以拦截雨水径流携带的污染物;城市地面使用可渗透地砖,以减小径流;行道树周围以疏松的树皮、木屑、碎石、镂空金属盖板覆盖。其三是生态小区雨水利用系统。小区沿着排水道修建可渗透浅沟,表面植有草皮,供雨水径流时下渗;超过渗透能力的雨水则进入雨水池或雨水湿地,作为水景或继续下渗。

(3)采用经济手段控制排污量

为了实现排入管网的径流量零增长的目标,在国家法律法规和技术导则的指引下,各城市根据生态法、水法、地方行政费用管理等相关法规,制定了各自的雨水费用(也称为管道使用费)征收标准,并结合各地降水状况、业主所拥有的不透水地面面积,由地方行政主管部门核算并收取业主应缴纳的雨水费。此项资金主要用于雨水项目的投资补贴,以鼓励雨水利用项目的建设。雨水费用的征收有力地促进了雨水处置和利用方式的转变,对雨水管理理念的贯彻具有重要意义。

(4)建立统一的水资源管理机制

德国对水资源实施统一的管理制度,即由水务局统一管理与水务有关的全部事项,包括雨水,地表水、地下水、供水和污水处理等水循环的各个环节,并以市场模式运作,接受社会的监督。这种管理模式保证了水务管理者对水资源的统一调配,有利于管理好水循环的每个环节,同时又促使用水者合理、有效地用好每一滴水,使水资源和水务管理始终处在良性发展中。

2)美国

美国的城市雨水管理总体上经历了排放、水量控制、水质控制、生态保护等阶段,雨水管理理念和技术重点逐渐向低影响开发(LID)源头控制转变,逐步构建污染防治与总量削减相结合的多目标控制和管理体系。

(1)立法严控雨水下泄量

美国国会积极立法保障雨水的调蓄及利用,1987 年的《水质法案》(WQA)和 1997 年的《清洁水法》(CWA)均强调了对雨水径流及其污染控制系统的识别和管理利用。联邦法律要求对所有新开发区强制实行"就地滞洪蓄水",即改建或新建开发区的雨水下泄量不得超过开发前的水平。在联邦法律的基础上,各州相继制定了《雨水利用条例》,保证雨水的资源化利用。同时,美国联邦和各州还通过总税收控制、发行义务债券、联邦和州给予补贴与贷款等一系列的经济手段来鼓励雨水的合理处理及资源化利用。

（2）强调非工程的生态技术开发与综合应用

美国的雨水资源管理以提高天然入渗能力为宗旨,最为显著的特色是对城市雨水资源管理和雨水径流污染控制实施"最佳管理方案（Best Management Practices,BMP）",通过工程和非工程措施相结合的方法,进行雨水的控制和处理,强调源头控制,强调自然与生态措施,强调非工程方法。

在城市雨水利用处理技术应用上,强调非工程的生态技术开发与综合运用。在城市雨水资源管理和雨水径流污染控制第二代"最佳管理方案（BMP）"中强调与植物、绿地,水体等自然条件和景观结合的生态设计,如植被缓冲带、植物浅沟、湿地等,大量应用由屋顶蓄水或人工渗池、井、草地、透水地面组成的地表回灌系统,以获得环境、生态、景观等多重效益。20 世纪90 年代,美国东部马里兰州及西北地区的西雅图和波特兰市共同提出的基于微观尺度景观控制措施发展而来的"低影响开发"雨水管理技术,通过分散的、均匀分布的、小规模的雨水源头控制机制,用渗透、过滤、存贮、蒸发以及在接近源头的地方截取径流等设计技术,来实现对暴雨所产生的径流和污染的控制,以缓解或修复开发造成的难以避免的水文扰动,减少开发行为活动对场地水文状况的冲击。

3）日本

日本是个水资源较缺乏的国家,政府十分重视对雨水的收集和利用。早在 1980 年,日本建设省就开始推行雨水贮留渗透计划。近年来,随着雨水渗透设施的推广和应用,带动了相关领域内的雨水资源化利用的法律、技术和管理体系逐渐完善。

（1）发挥规划和社会组织作用

日本建设省在 1980 年通过推广雨水贮留渗透计划推进雨水资源的综合利用,1992 年颁布的"第二代城市下水总体规划"正式将雨水渗沟、渗塘及透水地面作为城市总体规划的组成部分,要求新建和改建的大型公共建筑群必须设置雨水就地下渗设施,要求在城市中的新开发土地每公顷土地应附设 500 m^3 的雨水调蓄池。1988 年还成立了民间组织"日本雨水贮留渗透技术协会"。这些计划、规划和非政府性的组织为日本城市雨水资源的控制及利用奠定了基础,保障了雨水资源化的实施。

（2）注重雨水调蓄设施的多功能应用

日本的雨水利用的具体技术措施包括:降低操场、绿地、公园、花坛、楼间空地的地面高程;在停车场、广场铺设透水路面或碎石路面,并建设渗水井,加速雨水渗流;在运动场下修建大型地下水库,并利用高层建筑的地下室作为水库调蓄雨洪;在东京、大阪等特大城市建设地下河将低洼地区雨水导入地下河;在城市上游侧修建分洪水路;在城市河道狭窄处修筑旁通水道;在低洼处建设大型泵站排水等。其中,最具特色的技术手段是建设雨水调节池,在传统的、功能单一的雨水调节池的基础上发展了多功能调蓄设施,其具有设计标准高、规模大、效益投资高的特点。在非雨季或没有大暴雨时,多功能调蓄设施还可以全部或部分地发挥城市景观、公园、绿地、停车场、运动场、市民休闲集会和娱乐场所等多种功能。

（3）加大雨水利用的政府补助

日本对雨水利用实行补助金制度，各个地区和城市的补助政策不一。例如东京都墨田区1996 年开始建立促进雨水利用补助金制度，对地下储雨装置、中型储雨装置和小型储雨装置给予一定的补助，水池每立方米补贴 40 ~ 120 美元，雨水净化器补贴 1/3 ~ 2/3 的设备价，以此促进雨水利用技术的应用以及雨水资源化。

日本雨水管理围绕多功能调蓄设施推广应用经历了以下阶段：准备期（20 世纪 70 年代），政府对多功能调蓄设施进行了一些研究和示范性的应用；发展期（20 世纪 80 年代），政府对多功能调蓄设施开展广泛的应用并进行经验总结；飞跃期（20 世纪 90 年代），多功能调蓄设施得以广泛应用，在多方面取得了显著成效。

4）澳大利亚

澳大利亚传统城市发展模式忽视了对水体环境的影响，导致在 20 世纪 80 年代出现了城市水问题综合征：雨水径流污染严重，洪峰流量增加，河道形态和稳定性发生改变，水质恶化加剧，生物多样性大幅降低，水资源浪费严重，回用效率低下，水资源短缺问题日益突出。在此背景下，为应对人口增长、城市化发展以及以排放为主的传统城市排水方式产生的城市内涝频发、径流污染、地下水污染以及城市供水不足等城市问题，澳大利亚学者 Whelans 等最先提出水敏性城市设计（Water Sensitive Urban Design, WSUD）的理念，后经 Wong 等的不断丰富，现已发展成为一种雨水管理和处理方法。Lloyd 等将 WSUD 描述为"以减小城市开发对周边环境的水文影响为目标的城市规划与设计的哲学方法，而雨水管理是 WSUD 的一部分，用于雨洪控制、流量管理、水质改善，并提高雨水收集作为非常规用途的主要水源可能性"。而澳大利亚水资源委员会则将 WSUD 定义为将土地和水资源规划和管理与城市设计相结合的一种城市规划和设计新途径，并以城市开发和再开发必须解决水资源可持续问题为前提。

WSUD 的根本出发点是生态可持续发展，是整合水循环管理和城市规划与设计的框架；根本要素是社会可持续发展和城市水环境可持续管理，将城市相互联系的供水、雨水和污水系统作为一个水循环整体进行综合管理，并通过 WSUD 措施实现自然水循环的保护；其根本目的是保护水源，同时提供城市生态环境的恢复力，最终实现城市建设形态和城市水循环的协同发展。WSUD 包含了一系列的设计措施，旨在尽可能减少不透水表面，并将雨水管理整合至城市规划与设计中，通过雨水收集利用等技术来减少城市地表径流、处理径流污染、回收利用雨水、增加雨水的下渗和蒸发，进而恢复城市的自然水循环过程，从而形成一个完善的城市水循环管理模式，同时将水管理技术整合进城市景观中，提升城市在环境、游憩、文化、美学方面的价值。因此，WSUD 是一种规划和设计的哲学，旨在克服传统发展中的一些不足，从城市战略规划到设计和建设的各个阶段，它将整体水文循环与城市发展和再开发相结合。

WSUD 主要通过以下措施来避免或减小城市开发对自然水循环和环境价值的影响：

①通过减少对自然用地性质，如湿地、河道和河岸带的干扰来保护和强化自然水循环的内涵价值。

②保护地表水和地下水水质以维持和强化水生态系统并使其重新被利用成为可能。

③通过对雨水径流和峰值流量的管理降低下游洪水和排水对水生态系统的影响。

④通过减少饮水水源的需水量促进水资源的高效利用，倡导非常规水源的供给。

⑤减少污水产生并确保污水处理能满足出水回用或排放至受纳水体的标准。

⑥控制土地开发建设和运行(建设后)阶段土壤侵蚀。

⑦在景观中使用雨水提高美学和娱乐吸引力,并促进城市环境中对水的理解。

Wong 将 WSUD 定义为主要关注城市建设形态和景观,以及城市水循环内部之间的协同效应,认为社会价值和愿景对城市设计决策和水文管理实践起关键作用。其设计目标主要包括水资源保护、雨水管理。

维多利亚州首府墨尔本是澳大利亚的文化,商业,教育,娱乐、体育及旅游中心,在 2011 年,2012 年和 2013 年连续 3 年的世界宜居城市评比中均摘得桂冠。墨尔本地区人口约 400 万人,面积 8 800 km²,城市绿化面积比率高达 40%,以花园城市而闻名。和世界其他大城市一样,在城市发展中,墨尔本也面临城市防洪,水资源短缺和水环境保护等方面的挑战。作为城市水环境管理尤其现代雨水管理领域的新锐,墨尔本倡导的水敏性城市设计和相关持续的前沿研究,使其逐渐成为城市雨水管理领域的世界领军城市。目前澳大利亚要求,2 hm² 以上的城市开发必须采用 WSUD 技术进行雨水管理设计,其主要设计内容包括:控制径流量——开发后防洪排涝系统(河道、排水管网等)上、下游的设计洪峰流量、洪水位和流速不超过现状;保护受纳水体水质——项目建成后的场地初期雨水需收集处理,通过雨水水质处理设施使污染物含量达到一定百分比的消减,比如一般要求总磷量消减 45%,总氮量消减 45% 和总悬浮颗粒(泥沙颗粒及附着其上的重金属和有机物物质等)消减 80%,方可排入下游河道或水体,水质处理目标要根据下游水体的敏感性程度来确定。

5)英国

在英国,雨水管理方法的转变始于 20 世纪 80 年代,1992 年出版的《城市径流控制视角》中给出了一系列技术控制方案的指导性措施。20 世纪 90 年代期间,雨水管理在苏格兰被广泛接受,特别是苏格兰环保局出台了对新开发区实施雨水的有效监管措施。

2000 年,一些主要的指导性文件分别在苏格兰、北爱尔兰、英格兰和威尔士出台,标志着可持续排水系统(Sustainable Urban Drainage Systems,SUDS)的雨水管理理念被正式提出,并成为近二十年英国为可持续城市发展探索出的一种新方法以及城市规划中雨水管理的主流。它旨在从排水系统上减少城市内涝发生的可能性,同时提高雨水等地表水的利用率,兼顾减少河流污染。2010 年 4 月,英国议会通过《洪水与水管理法案》,在该法案中正式以官方形式采用 SUDS 这一术语,规定凡新建设项目都必须使用 SUDS,并由环境、食品和农村事务部负责制定关于系统设计、建造、运行和维护的《全国标准》。

SUDS 在实践过程中,主要通过设计对城市排水系统统筹考虑,同时引入可持续发展的概念和措施,采用可持续排水三角形理念,将传统的地表水处理和排放过程中综合考虑水的流量、质量和环境舒适性,强调利用可持续的自然方式排除雨水而不是仅仅依靠传统的管渠来排除。其中新思想主要通过相关措施平缓时间雨量曲线,降低流量峰值或延缓流量峰值的到来,从而尽可能模仿场地开发前自然排水状况,并对径流进行处理以去除污染物,这与 LID 的思想是一致的。SUDS 在实施过程中采用一系列可持续管理技术,并遵循三大原则:排水渠道多样化,避免传统下水管道是唯一排水出口。排水设施兼顾过滤,减少污染物排入河道,尽可能重复利用降雨等地表水。SUDS 包含了不同层面的技术方法:

①预防:采用良好的场地设计以及家庭和社区管理措施,防止径流的产生和污染物的排放(例如最大限度地减少不透水地面铺装,经常清扫停车场的地表灰尘)。

②源头控制:在源头或接近源头的地方控制径流(例如利用雨水收集、透水路面、屋顶绿化、渗水坑等)。

③场地控制:对来自不同源头的径流进行统一的管理(包括将整个小区的屋顶和停车场的雨水引入到一个大的渗水坑或渗水池)。

④区域控制:管理来自几个不同场地的径流,典型的方法是使用湿地和滞留塘。

6)新加坡

新加坡是个水资源短缺的国家,至今50%的淡水资源是从马来西亚进口。目前,新加坡正通过四大淡水资源的供给来实现水资源的最大可能自给自足。在城市发展初期,基础设施的发展主要以满足经济需求和洪水缓减为目标。新加坡从2006年开始推出了一项"活力、美观和洁净水计划(Active,Beautiful and Clean Waters Programme,简称为ABC)计划",旨在拉近人与水之间的关系,运用一个更好的雨水管理方式,尽可能把每滴雨水留住,将下水道、沟渠、水库改造成为富有活力的、美丽的、清洁的小溪、河流与湖泊,与邻近的土地成为一体,以创造出充满活力的社区公共空间。除了建立生态稳固的河岸、安全排洪的作用,ABC计划更出色的一点就是营造出有效的水循环系统。该计划不仅改造国家的水体排放功能,缓解城市供水和防洪保护需求,复原美丽、干净的溪流、河流和湖泊,同时还为市民提供了新的休闲娱乐空间,让人们在亲水活动中对水更加珍视,充分发挥雨水在改善生活品质中的潜力。

ABC计划的主要目标是实现环境(绿色)水走廊(蓝色)以及社区(橙色)间的无缝结合,将沟渠和水道改造成美丽的滨水环境,鼓励社区也加入保持水道清洁的工作,通过创建近水的社区空间,鼓励人们爱惜水源,保持水源清洁,使新加坡成为一个充满活力的城市花园。为实现这一目标,在城市总体规划中,采用涵盖工程、科学、景观设计、城市设计行为框架以及满足社区连接需求的综合城市规划法,并实施相关策略。

ABC计划主要涉及三个关键策略:

(1)制订ABC总体规划与项目实施计划

该计划于2007年启动,其中总体规划指导将城市使用的下水道、运河和水库转变为充满活力、风景如画和洁净的流动小溪、河流和湖库项目的总体实施。2030年前,确定了超过100个岛内实施项目,并有23个ABC计划于2014年6月前实施。其中,最著名的是3 km长的加冷河改造项目。改造前,加冷河是一座混凝土排水沟,主要是为防洪并提高雨水排水效率而修建的人工河道。实施ABC计划后,运用生物土壤工程技术并形成动植物群落栖息场所,该计划不仅使城市恢复了生态多样的天然水系统,也给城市社区和环境带来了惊人变化。

(2)促进ABC理念的使用

ABC理念涵盖了新加坡防治所有水体的理念,并将其整合至新加坡环境和生活方式中。同时在该理念发展过程中,新加坡公用事业局逐渐将这一理念所产生的效益,作为公共机构和私营企业开始采用ABC理念进行水域设计所追求的目标。这些效益包括在雨水径流进入河流和湖库前,在场地尺度上采用自然系统进行截留并清洁,同时加强生物多样性和生活环境的多样性。如把公园上游区域的池塘作为生态水源,自上而下地栽种乡土湿地植物,用以过滤及净化雨水。池塘的水被净化处理后,重复利用于公园内的儿童游乐场,达到水资源可持续利用的目的。

2009年制订的《ABC水设计指南》,目前已经修订为第三版,并提出鼓励公私合营的合作模式,以探索实施ABC计划设计理念并综合河流防治来加强环境改善的新途径。

总体来说,这些雨水管理方法的目标是类似的,即以可持续发展模式来管理城市水循环,同时考虑地表水和地下水,以及洪水对河流侵蚀的影响。维持或恢复水文情势接近自然水平,保护并尽可能恢复地表水和地下水体的水质;保护并尽可能恢复受纳水体的健康;保护水资源,认为雨水是一种资源而非一种灾害。通过雨水综合管理措施为景观提供多重效益,强化城市景观的舒适性。但它们之间略有不同,其中,LID、SUDS及ABC均是通过设计合理的排水系统和污水处理系统实现城市化过程中的水环境影响最小化,而WSUD是基于LID而提出的综合可持续城市水生态管理框架,目的是实现城市建成形态与城市水循环协同发展,保护水生态资源,同时提供城市生态环境的恢复力。面临气候变化、城市人口激增、水环境污染等挑战,WSUD理论为同时实现城市发展、保护水源、城市生态系统恢复、应对气候变化等提供了可能。WSUD理论在澳大利亚、美国、法国、新加坡等国家被视为未来城市发展与城市水环境管理的关键理论。

1.4 国内城市雨水管理与利用——海绵城市建设的发展历程

雨水利用在我国已有久远的历史,近年来也做了不少工作。自20世纪80年代末,甘肃省实施的"121雨水集流工程",内蒙古实施的"集雨节水灌溉工程",宁夏实施的"小水窖工程"、陕西实施的"甘露工程"等都促进了雨水集蓄利用的研究和推广应用,产生了明显的经济效益、社会效益和生态效益。总体看,雨水利用主要是在缺水地区的农业和乡村。

现代意义上的城市雨水利用在我国发展较晚。以前,城市水资源主要着眼于地表水资源和地下水资源的开发(严格说也是来自雨水资源),不重视对城市汇集径流雨水的利用,而任其排放,造成大量宝贵雨水资源的流失,随着城市的扩张,雨水流失量也越来越大。因此,出现一方面严重缺水,花巨资长距离甚至跨流域调水,另一方面又大量地排放雨水并带来城市水涝、地下水位逐年下降、城市水体的污染和生态环境恶化等一系列严重的环境问题。因此,如何改善并形成城市或区域水的良性、健康循环系统成为一个战略性迫切课题,已引起学术界和国家的高度重视,"雨水"在整个循环系统中担负着极为重要的作用。

1998年,北京建筑工程学院和北京市城市节约用水办公室联合开展城市雨水利用的研究,以车伍、李俊奇教授为代表的学术带头人,开始中国本土化的雨水利用研究。从城市雨水水质、雨水收集利用方案及与中水系统的关系、雨水的渗透方案及渗透装置、雨水的污染控制及净化措施、雨水利用与小区生态环境等诸多方面进行系统研究,并获得2001年北京市科技进步奖。自此,我国开启了城市雨水管理与利用的技术研究。

我国海绵城市的发展历程可以大致分为4个阶段。

1) 雨水综合利用阶段

从 2001 年起,住房和城乡建设部、发展改革委等部门相继组织开展节水型城市建设工作,水利部组织评估了全国范围内大江大河的洪水风险,以指导地区防洪规划和城市建设。地方层面也陆续启动建立各类蓄水池、人工湖和下凹式绿地等集水工程。

2003 年 3 月,北京市规划委员会和北京市水利局联合发布了《关于加强建设工程用地内雨水资源利用的暂行规定》,明确指出:"凡在本行政区内,新建、改建、扩建工程(含各类建筑物、广场、停车场、道路、桥梁和其他构筑物等建设工程设施)均应进行雨水利用工程设计和建设。"2005 年 3 月,北京市政府出台了《北京市节约用水办法》(155 号令)并于 2005 年 5 月 1 日起实施,其中对雨水利用做了严格的规定:"住宅小区、单位内部的景观环境用水应当使用雨水或再生水,不得使用自来水,违者将处以最高 3 万元的罚款。"2005 年 12 月北京市规划委、建委、水务局三部门联合公布的《关于加强建设项目节约用水设施管理的通知》指出:"各类建设项目均应采取雨水利用措施,工程一般采用就地渗入和储存利用等方式。其中建筑物屋顶的雨水,应集中引入地面透水区域或收集利用;人行道、步行街、广场、庭院等地面的铺装,应设计、建设透水路面或雨水收集利用措施。"

这一阶段的工作以雨水资源综合利用、城市防洪排涝为主,兼顾水污染处理。但是各部门各自为政,在组织管理和实施过程中尚未形成统一的体系,因此出现雨水工程散乱的现象,防涝和雨水回用效果不明显。

2) 生态城市建设阶段

2010 年以后,生态城市建设在全国大范围展开,住房和城乡建设部批准了 8 个项目成为全国首批绿色生态示范地区,授予每个项目 5 000 万的补贴资金。它们分别是:中新天津生态城、唐山市唐山湾生态城、无锡市太湖新城、长沙市梅溪湖新城、深圳市光明新区、重庆市悦来绿色生态城区、贵阳市中天未来方舟生态新区、昆明市呈贡新区。生态城市采用生态化建设开发方法,包括区域生态安全格局维护、城市水体保护、雨水收集利用等技术,从整体上推动建设与自然相融合的新型城市。

3) 海绵城市试点阶段

在提出"海绵城市"理念后,海绵城市的理论内涵、建设途径、目标体系等都在不断拓展深化。住房和城乡建设部原副部长仇保兴指出,海绵城市的本质是解决城镇化与自然环境的协调矛盾,海绵城市的建设应当从区域、城市、建筑三个层面出发,强调区域水生态系统的保护与修复、城市规划区海绵城市的设计与改造、建筑雨水利用与中水回用等。2014 年,住房和城乡建设部相继出台《海绵城市建设技术指南》《海绵城市建设绩效评价与考核办法》等标准。同年,财政部、住房和城乡建设部、水利部联合组织开展海绵城市建设试点申报工作,2015 年确定了首批海绵试点:迁安、白城、镇江、嘉兴、池州、厦门、萍乡、济南、鹤壁、武汉、常德、南宁、重庆、遂宁、贵安新区和西咸新区等 16 个城市及新区。同年,池州、常德、宿迁、厦门、遂宁、武汉等地也相继出台海绵城市建设管理办法,规范了各地海绵城市建设运营全过程的管理。

但在此阶段的海绵城市建设存在很多误区和陷阱,第一批试点的意义就是先试先行,要在实践中寻求经验。例如,很多地方将海绵城市与低影响开发(LID)完全等同。低影响开发旨在通过分散的、小规模的源头控制来达到对暴雨所产生的径流和污染的控制,使开发地区尽量接近于自然的水文循环,也就是所谓的源头径流控制系统。而这样的误区往往会在建设中忽略了原有的雨水管渠系统。2016 年 1 月住房和城乡建设部印发了《海绵城市建设国家建筑标准设计体系》,明确提出海绵城市建设要统筹低影响开发雨水系统、城市雨水管渠系统及超标雨水径流排放系统,为各地的海绵城市建设指引了方向。

4)百花齐放阶段

2016 年中央财政支持的第二批海绵城市建设试点城市有:北京市、天津市、大连市、上海市、宁波市、福州市、青岛市、珠海市、深圳市、三亚市、玉溪市、庆阳市、西宁市和固原市等 14 个城市。全国已有 30 个城市被选定为海绵城市建设的试点城市。

2016 年以来,经过多年的海绵城市试点建设,各地都有了不同的经验。海绵城市建设出现了百花齐放的新局面。

首先,从建设目的来说,不同的城市存在不同的问题。库区城市以治理径流污染为主要目的、盆地城市以内涝防治为主要目的、干旱城市以补给地下水为主要目的……到底是解决"小雨不内涝""大雨不积水"还是"水体不黑臭",不同的建设目的,将指引不同的建设思路和手段。

其次,从综合规划管理的角度来说,随着海绵城市内涵的不断丰富,海绵城市不是源头控制的 LID,而是涉及源头削减、过程控制和末端治理等全过程的管理。海绵城市正是通过"渗透、滞留、蓄存、净化、利用、排放"等多种手段和措施,源头削减、过程控制、末端治理,全过程地管理雨水,实现综合、生态排水,实现城市的可持续发展。

再次,不同行业的专家对海绵城市也有不同的理解。有些人主张建立绿色海绵系统,将硬化河道变为生态廊道系统,砸掉防洪堤这样的钢筋水泥。这是一种超前的思路,是对目前治水思路的批判,但同时也遭到了不少水利界人士的质疑。反对观点认为,修建堤防是在保证河道过流能力的情况下,尽可能多地利用宝贵的土地,是最符合国情的廉价有效的防洪手段。

我国在经过多年的海绵城市建设试点后,不断总结经验,现已进入系统化推广阶段。

2021 年,第一批系统化全域推进海绵城市建设 20 个城市:唐山市、长治市、四平市、无锡市、宿迁市、杭州市、马鞍山市、龙岩市、南平市、鹰潭市、潍坊市、信阳市、孝感市、岳阳市、广州市、汕头市、泸州市、铜川市、天水市、乌鲁木齐市。

2022 年,第二批系统化全域推进海绵城市建设 25 个城市:秦皇岛市、晋城市、呼和浩特市、沈阳市、松原市、大庆市、昆山市、金华市、芜湖市、漳州市、南昌市、烟台市、开封市、宜昌市、株洲市、中山市、桂林市、广元市、广安市、安顺市、昆明市、渭南市、平凉市、格尔木市、银川市。

第2章
海绵城市的实现途径

2.1 指导思想

2.1.1 规划原则

①保护性开发。城市建设过程中应保护河流、湖泊、湿地、坑塘、沟渠等水生态敏感区,并结合这些区域及周边条件(如坡地、洼地、水体、绿地等)进行低影响开发雨水系统规划设计。

②水文干扰最小化。优先通过分散、生态的低影响开发设施实现径流总量控制、径流峰值控制、径流污染控制、雨水资源化利用等目标,防止城镇化区域的河道侵蚀、水土流失、水体污染等。

③统筹协调。低影响开发雨水系统建设内容应纳入城市总体规划、水系规划、绿地系统规划、排水防涝规划、道路交通规划等相关规划中,各规划中有关低影响开发的建设内容应相互协调与衔接。

④海绵城市的建设,首先是原始城市生态的保护,尤其是河流、湖泊、湿地、坑塘、沟渠等水敏感地区的保护,"山水林田湖"的保护是最重要的。

⑤海绵城市的建设是对原有高生态附加值的"山水林田湖"的恢复或修复。

⑥海绵城市的建设是城市开发建设过程中的生态型开发,合理控制开发强度,在城市中保留足够的生态用地,控制城市不透水面积比例,最大限度地减少对城市原有水生态环境的破坏。同时,根据需求适当开挖河湖沟渠、增加水域面积,促进雨水的积存、渗透和净化。

2.1.2 政策文件

为了大力推进海绵城市建设,节约水资源,保护和改善城市生态环境,促进生态文明建设,国家颁布了一系列的政策文件,如《城镇排水与污水处理条例》《国务院办公厅关于做好城市排水防涝设施建设工作的通知》《国务院关于加强城市基础设施建设的意见》等,并修订了《城市排水工程规划规范》(GB 50318—2017)、《绿色建筑评价标准》(GB/T 50378—2019)、《室外排水设计标准》(GB 50014—2021)等国家标准规范,使政策与技术规范有效衔接。2014 年 10 月,住房和城乡建设部发布了《海绵城市建设技术指南》,以指导海绵城市的规划和建设。

2013 年 11 月 15 日,《中共中央关于全面深化改革若干重大问题的决定》指出,山水林田湖是一个生命共同体,人的命脉在田,田的命脉在水,水的命脉在山,山的命脉在土,土的命脉在树。用途管制和生态修复必须遵循自然规律,由一个部门负责领土范围内所有国土空间用途管制职责,对山水林田湖进行统一保护、统一修复是十分必要的。

2013 年 12 月 12 日,中央城镇化工作会议指出,城市规划建设的每个细节都要考虑对自然的影响,更不要打破自然系统。为什么这么多城市缺水? 一个重要原因是水泥地太多,把能够涵养水源的林地、草地、湖泊、湿地给占用了,切断了自然的水循环,雨水来了,只能当作污水排走,地下水越抽越少。解决城市缺水问题,必须顺应自然。比如,在提升城市排水系统时要优先考虑把有限的雨水留下来,优先考虑更多利用自然力量排水,建设自然积存、自然渗透、自然净化的"海绵城市"。许多城市提出生态城市口号,但思路却是大树进城、开山造地、人造景观、填湖填海等。这不是建设生态文明,而是破坏自然生态。

2014 年 2 月,住房和城乡建设部城建司印发了《住房和城乡建设部城市建设司 2014 年工作要点》的通知,提出建设海绵型城市的新概念,要求编制《全国城市排水防涝设施建设规划》。

2014 年 8 月,住房和城乡建设部、发改委发布了《关于进一步加强城市节水工作的通知》,指出新建城区硬化地面中,可渗透地面面积不低于 40%。

2014 年 9 月,国务院发布国家应对气候变化规划(2014—2020 年),指出重点城市城区及其他重点地区防洪排涝抗旱能力显著增强。

2014 年 10 月,住房和城乡建设部发布《海绵城市建设技术指南——低影响开发雨水系统构建(试行)》,归纳了海绵城市的规划目标、技术要求、建设要点、维护管理等内容。

2014 年 12 月,财政部、住房和城乡建设部、水利部发布《关于开展中央财政支持海绵城市建设试点工作的通知》,中央财政对海绵城市建设试点给予专项资金补助,一定三年,直辖市、省会城市和其他城市每年分别补助 6.5 亿元和 4 亿元。对采用 PPP 模式达到一定比例的,将按上述补助基数奖励 10%。

2015 年 4 月,水利部、财政部发布《海绵城市试点城市名单》,公布第一批 16 座海绵城市试点名单。

2015 年 7 月,财政部、住房和城乡建设部、水利部发布《关于印发海绵城市建设绩效评价与考核办法(试行)》的通知,从水生态、水环境、水资源、水安全、制度建设及执行情况、显示度六个方面进行考核。

2015 年 8 月,水利部印发了《关于推进海绵城市建设水利工作的指导意见》的通知,提出遵循"节水优先、空间均衡、系统治理、两手发力"的新时期水利工作方针,以提升城市防洪排涝、供水保障能力和改善水生态环境为目标,以城市河湖水系和水利工程体系为依托,以加强城市水管理为保障,协同海绵城市建设其他措施,共同构建自净自渗、蓄泄得当、排用结合的城市良性水循环系统,为促进城市水生态文明建设和城镇化健康发展提供基础支撑。

2015 年 8 月,为贯彻落实《国务院关于印发水污染防治行动计划的通知》要求,加快城市黑臭水体整治,住房和城乡建设部会同环境保护部、水利部、农业部组织制定了《城市黑臭水体整治工作指南》,督促各地区全面开展城市建成区黑臭水体排查工作,指导各城市编制黑臭水体整治计划,制订具体整治方案,并抓紧组织实施。

2015年9月,国务院常务会议指出,按照生态文明建设要求,建设雨水自然积存、渗透、净化的海绵城市,可以修复城市水生态、涵养水资源,增强城市防涝能力,扩大公共产品有效投资,提高新型城镇化质量。会议确定,一是海绵城市建设要与棚户区、危房改造和老旧小区更新相结合,加强排水、调蓄等设施建设,努力消除因给排水设施不足而一雨就涝、污水横流的"顽疾",加快解决城市内涝、雨水收集利用和黑臭水体治理等问题。二是从当年起在城市新区、各类园区、成片开发区全面推进海绵城市建设,在基础设施规划、施工、竣工等环节都要突出相关要求。增强建筑小区、公园绿地、道路绿化带等的雨水消纳功能,在非机动车道、人行道等扩大使用透水铺装,并和地下管廊建设结合起来。三是总结推广试点经验,采取PPP、政府采购、财政补贴等方式,创新商业模式,吸引社会资本参与项目建设运营。将符合条件的项目纳入专项建设基金支持范围,鼓励金融机构创新信贷业务,多渠道支持海绵城市建设,使雨水变弃为用,促进人与自然和谐发展。

2015年10月,国务院办公厅发布《关于推进海绵城市建设的指导意见》,明确推进海绵城市建设的原则是坚持生态为本、自然循环;坚持规划引领、统筹推进;坚持政府引导、社会参与。在工作目标中提出,通过海绵城市建设,综合采取"渗、滞、蓄、净、用、排"等措施,最大限度地减少城市开发建设对生态环境的影响,将70%的降雨就地消纳和利用。到2020年,城市建成区20%以上的面积达到目标要求;到2030年,城市建成区80%以上的面积达到目标要求。

2016年2月,中共中央、国务院《关于进一步加强城市规划建设管理工作的若干意见》中提出,推进海绵城市建设,充分利用自然山体、河湖湿地、耕地、林地、草地等生态空间,建设海绵城市,提升水源涵养能力,缓解雨洪内涝压力,促进水资源循环利用。鼓励单位、社区和居民家庭安装雨水收集装置。大幅度减少城市硬覆盖地面,推广透水建材铺装,大力建设雨水花园、储水池塘、湿地公园、下沉式绿地等雨水滞留设施,让雨水自然积存、自然渗透、自然净化,不断提高城市雨水就地蓄积、渗透比例。

2016年2月,国务院《关于深入推进新型城镇化建设的若干意见》中提出,在城市新区、各类园区、成片开发区全面推进海绵城市建设。在老城区结合棚户区、危房改造和老旧小区实施有机更新,妥善解决城市防洪安全、雨水收集利用、黑臭水体治理等问题。加强海绵型建筑与小区、海绵型道路与广场、海绵型公园与绿地、绿地蓄排与净化利用设施等建设。加强自然水系保护与生态修复,切实保护良好水体和饮用水源。

2016年3月,住房和城乡建设部印发了《海绵城市专项规划编制暂行规定》(建规〔2016〕50号),以指导各地做好海绵城市专项规划编制工作。

2016年,中央财政支持海绵城市建设第二批试点城市揭晓,至此,全国已有30个城市被选定为海绵城市建设的试点城市。

2021年11月,住房和城乡建设部城市建设司、水利部规划计划司、财政部经济建设司发布了《关于进一步做好系统化全域推进海绵城市建设示范工作的通知》,对切实做好系统化全域推进海绵城市建设示范工作提出具体要求。第一批系统化全域推进海绵城市建设20个城市:唐山市、长治市、四平市、无锡市、宿迁市、杭州市、马鞍山市、龙岩市、南平市、鹰潭市、潍坊市、信阳市、孝感市、岳阳市、广州市、汕头市、泸州市、铜川市、天水市、乌鲁木齐。

2022 年 4 月,财政部办公厅、住房和城乡建设部办公厅、水利部办公厅发布了《关于开展"十四五"第二批系统化全域推进海绵城市建设示范工作的通知》,为落实《中华人民共和国国民经济和社会发展第十四个五年规划和 2035 年远景目标纲要》关于建设海绵城市的要求,"十四五"期间,财政部、住房和城乡建设部、水利部组织开展系统化全域推进海绵城市建设示范工作。第二批系统化全域推进海绵城市建设 25 个城市:秦皇岛市、晋城市、呼和浩特市、沈阳市、松原市、大庆市、昆山市、金华市、芜湖市、漳州市、南昌市、烟台市、开封市、宜昌市、株洲市、中山市、桂林市、广元市、广安市、安顺市、昆明市、渭南市、平凉市、格尔木市、银川市。

2022 年 4 月,住房和城乡建设部办公厅在《关于进一步明确海绵城市建设工作有关要求的通知》中指出,近年来,各地采取多种措施推进海绵城市建设,对缓解城市内涝发挥了重要作用。但一些城市存在对海绵城市建设认识不到位、理解有偏差、实施不系统等问题,影响海绵城市建设成效。为落实"十四五"规划纲要有关要求,扎实推动海绵城市建设,增强城市防洪排涝能力,再次要求各地城市建设部门要深刻理解海绵城市建设理念,明确实施路径,科学编制海绵城市建设规划,因地制宜开展项目设计,严格项目建设和运行维护管理,并建立健全长效机制。

与此同时,各地陆续出台了海绵城市建设相关的指导文件,发布了海绵城市建设指南、技术导则、设计标准及标准图集等,推动海绵城市建设。

2.2　海绵城市相关规划

2.2.1　城市总体规划

城市总体规划(含分区规划)应结合所在地区的实际情况,开展低影响开发的相关专题研究,在绿地率、水域面积率等相关指标基础上,增加年径流总量控制率等指标,纳入城市总体规划。具体要点如下:

①保护水生态敏感区。应将河流、湖泊、湿地、坑塘、沟渠等水生态敏感区纳入城市规划区中的非建设用地(禁建区、限建区)范围,划定城市蓝线,并与低影响开发雨水系统、城市雨水管渠系统及超标雨水径流排放系统相衔接。

②集约开发利用土地。合理确定城市空间增长边界和城市规模,防止城市无序化蔓延,提倡集约型开发模式,保障城市生态空间。

③合理控制不透水面积。合理设定不同性质用地的绿地率、透水铺装率等指标,防止土地大面积硬化。

④合理控制地表径流。根据地形和汇水分区特点,合理确定雨水排水分区和排水出路,保护和修复自然径流通道,延长汇流路径,优先采用雨水花园、湿塘、雨水湿地等低影响开发设施控制径流雨水。

⑤明确低影响开发策略和重点建设区域。应根据城市的水文地质条件、用地性质、功能布局及近远期发展目标、综合经济发展水平等其他因素,提出城市低影响开发策略及重点建设区

域,并明确重点建设区域的年径流总量控制率目标(参见第1.2.4节)。

2.2.2　专项规划——城市水系规划

城市水系是城市生态环境的重要组成部分,也是城市径流雨水自然排放的重要通道、受纳体及调蓄空间,与低影响开发雨水系统联系紧密。其具体要点如下:

①依据城市总体规划划定城市水域、水岸线、滨水区,明确水系保护范围。城市开发建设过程中应落实城市总体规划明确的水生态敏感区保护要求,划定水生态敏感区范围并加强保护,确保开发建设后的水域面积应不小于开发前,已破坏的水系应逐步恢复。

②保持城市水系结构的完整性,优化城市河湖水系布局,实现自然、有序排放与调蓄。城市水系规划应尽量保护与强化其对径流雨水的自然渗透、净化与调蓄功能,优化城市河道(自然排放通道)、湿地(自然净化区域)、湖泊(调蓄空间)布局与衔接,并与城市总体规划、排水防涝规划同步协调。

③优化水域、水岸线、滨水区及周边绿地布局,明确低影响开发控制指标。

城市水系规划应根据河湖水系汇水范围,同步优化、调整蓝线周边绿地系统布局及空间规模,并衔接控制性详细规划,明确水系及周边地块低影响开发控制指标。

2.2.3　专项规划——城市绿地系统专项规划

城市绿地是建设海绵城市、构建低影响开发雨水系统的重要场地。城市绿地系统规划应明确低影响开发控制目标,在满足绿地生态、景观、游憩和其他基本功能的前提下,合理地预留或创造空间条件,对绿地自身及周边硬化区域的径流进行渗透、调蓄、净化,并与城市雨水管渠系统、超标雨水径流排放系统相衔接。其要点如下:

①提出不同类型绿地的低影响开发控制目标和指标。根据绿地的类型和特点,明确公园绿地、附属绿地、生产绿地、防护绿地等各类绿地低影响开发规划建设目标、控制指标(如下凹式绿地率及其下沉深度等)和适用的低影响开发设施类型。

②合理确定城市绿地系统低影响开发设施的规模和布局。应统筹水生态敏感区、生态空间和绿地空间布局,落实低影响开发设施的规模和布局,充分发挥绿地的渗透、调蓄和净化功能。

③城市绿地应与周边汇水区域有效衔接。在明确周边汇水区域汇入水量,提出预处理、溢流衔接等保障措施的基础上,可通过平面布局、地形控制、土壤改良等多种方式,将低影响开发设施融入绿地规划设计中,尽量满足周边雨水汇入绿地进行调蓄的要求。

④应符合园林植物种植及园林绿化养护管理技术要求。可通过合理设置绿地下沉深度和溢流口、局部换土或改良增强土壤渗透性能、选择适宜乡土植物和耐淹植物等方法,避免植物受到长时间浸泡而影响正常生长,影响景观效果。

⑤合理设置预处理设施。径流污染较为严重的地区,可采用初期雨水弃流、沉淀、截污等预处理措施,在径流雨水进入绿地前将部分污染物进行截流净化。

⑥充分利用多功能调蓄设施调控排放径流雨水。有条件地区可因地制宜规划布局占地面积较大的低影响开发设施,如湿塘、雨水湿地等,通过多功能调蓄的方式,对较大重现期的降雨进行调蓄排放。

2.2.4　专项规划——城市排水防涝综合规划

低影响开发雨水系统是城市内涝防治综合体系的重要组成,应与城市雨水管渠系统、超标雨水径流排放系统同步规划设计。城市排水系统规划、排水防涝综合规划等相关排水规划中,应结合当地条件确定低影响开发控制目标与建设内容,并满足《城市排水工程规划规范》《室外排水设计标准》等相关要求,要点如下:

①明确低影响开发径流总量控制目标与指标。通过对排水系统总体评估、内涝风险评估等,明确低影响开发雨水系统径流总量控制目标,并与城市总体规划、详细规划中低影响开发雨水系统的控制目标相衔接,将控制目标分解为单位面积控制容积等控制指标,通过建设项目的管控制度进行落实。

②确定径流污染控制目标及防治方式。应通过评估、分析径流污染对城市水环境污染的贡献率,根据城市水环境的要求,结合悬浮物(SS)等径流污染物控制要求确定年径流总量控制率,同时明确径流污染控制方式并合理选择低影响开发设施。

③明确雨水资源化利用目标及方式。应根据当地水资源条件及雨水回用需求,确定雨水资源化利用的总量、用途、方式和设施。

④与城市雨水管渠系统及超标雨水径流排放系统有效衔接。应最大限度地发挥低影响开发雨水系统对径流雨水的渗透、调蓄、净化等作用,低影响开发设施的溢流应与城市雨水管渠系统或超标雨水径流排放系统衔接。城市雨水管渠系统、超标雨水径流排放系统应与低影响开发系统同步规划设计,应按照《城市排水工程规划规范》《室外排水设计标准》等规范相应重现期设计标准进行规划设计。

⑤优化低影响开发设施的竖向与平面布局。应利用城市绿地、广场、道路等公共开放空间,在满足各类用地主导功能的基础上合理布局低影响开发设施;其他建设用地应明确低影响开发控制目标与指标,并衔接其他内涝防治设施的平面布局与竖向,共同组成内涝防治系统。

2.2.5　专项规划——城市道路交通专项规划

城市道路是径流及其污染物产生的主要场所之一,城市道路交通专项规划应落实低影响开发理念及控制目标,减少道路径流及污染物外排量,要点如下:

①提出各等级道路低影响开发控制目标。应在满足道路交通安全等基本功能的基础上,充分利用城市道路自身及周边绿地空间落实低影响开发设施,结合道路横断面和排水方向,利用不同等级道路的绿化带、车行道、人行道和停车场建设下凹式绿地、植草沟、雨水湿地、透水铺装、渗管/渠等低影响开发设施,通过渗透、调蓄、净化方式,实现道路低影响开发控制目标。

②协调道路红线内外用地空间布局与竖向。道路红线内绿化带不足,不能实现低影响开发控制目标要求时,可由政府主管部门协调道路红线内外用地布局与竖向,综合达到道路及周边地块的低影响开发控制目标。道路红线内绿地及开放空间在满足景观效果和交通安全要求的基础上,应充分考虑承接道路雨水汇入的功能,通过建设下凹式绿地、透水铺装等低影响开发设施,提高道路径流污染及总量等控制能力。

③道路交通规划应体现低影响开发设施。涵盖城市道路横断面、纵断面设计的专项规划,应在相应图纸中表达低影响开发设施的基本选型及布局等内容,并合理确定低影响开发雨水

系统与城市道路设施的空间衔接关系。

有条件的地区应编制专门的道路低影响开发设施规划设计指引,明确各层级城市道路(快速路、主干路、次干路、支路)的低影响开发控制指标和控制要点,以指导道路低影响开发相关规划和设计。

2.2.6 控制性详细规划

控制性详细规划应协调相关专业,通过土地利用空间优化等方法,分解和细化城市总体规划及相关专项规划等上层级规划中提出的低影响开发控制目标及要求,结合建筑密度、绿地率等约束性控制指标,提出各地块的单位面积控制容积、下凹式绿地率及其下沉深度、透水铺装率、绿色屋顶率等控制指标,纳入地块规划设计要点,并作为土地开发建设的规划设计条件,要点如下:

①明确各地块的低影响开发控制指标。控制性详细规划应在城市总体规划或各专项规划确定的低影响开发控制目标(年径流总量控制率及其对应的设计降雨量)指导下,根据城市用地分类(R 居住用地、A 公共管理与公共服务用地、B 商业服务业设施用地、M 工业用地、W 物流仓储用地、S 交通设施用地、U 公用设施用地、G 绿地)的比例和特点进行分类分解,细化各地块的低影响开发控制指标。地块的低影响开发控制指标可按城市建设类型(已建区、新建区、改造区)、不同排水分区或流域等分区制定。有条件的控制性详细规划也可通过水文计算与模型模拟,优化并明确地块的低影响开发控制指标。

②合理组织地表径流。统筹协调开发场地内建筑、道路、绿地、水系等布局和竖向,使地块及道路径流有组织地汇入周边绿地系统和城市水系,并与城市雨水管渠系统和超标雨水径流排放系统相衔接,充分发挥低影响开发设施的作用。

③统筹落实和衔接各类低影响开发设施。根据各地块低影响开发控制指标,合理确定地块内的低影响开发设施类型及其规模,做好不同地块之间低影响开发设施之间的衔接,合理布局规划区内占地面积较大的低影响开发设施。

2.2.7 修建性详细规划

修建性详细规划应按照控制性详细规划的约束条件,绿地、建筑、排水、结构、道路等相关专业相互配合,采取有利于促进建筑与环境可持续发展的设计方案,落实具体的低影响开发设施的类型、布局、规模、建设时序、资金安排等,确保地块开发实现低影响开发控制目标。

修建性详细规划需细化、落实上位规划确定的低影响开发控制指标。可通过水文、水力计算或模型模拟,明确建设项目的主要控制模式、比例及量值(下渗、储存、调节及弃流排放),以指导地块开发建设。

2.3 海绵城市总体设计

①海绵城市建设应遵循"源头减排、过程控制、末端治理"相结合的原则,加强统筹,各系统之间应相互衔接。

②建设项目应采取源头控制、溢流排放等措施,注重雨水滞蓄空间及径流排除并与周边公共设施相衔接;雨水管渠系统应保证接纳和转输雨水,并达到相应标准;排放水体或调蓄空间应有消纳排水区域雨水的能力。

③海绵城市建设设计应注重绿灰结合并应与竖向、绿化、景观、建筑相协调。

选择适宜的技术路线和设施,通过优化竖向,合理组织雨水的汇流、调蓄、处理、利用和排放。

④场地设计应遵循生态优先的原则,加强自然水体保护。场地内原有自然水体、湿地、坑塘在满足建设要求的基础上宜保留和利用。不得破坏场地与周边原有水体的竖向关系,应维持原有水文条件,保护区域生态环境和防涝安全。

⑤竖向设计,应符合下列规定:

a.应有利于径流汇入设施。道路横断面设计应优化道路横坡坡向、路面与道路绿化带及周边绿地的竖向关系等,便于雨水径流汇入绿地内的海绵设施。

b.满足防涝系统的需求,并与城市排水防涝系统衔接。

⑥应结合竖向设计合理划分汇水分区,应遵循分散为主、集中为辅、集中与分散相结合的原则,合理布局源头雨水控制与利用设施。

⑦雨水径流组织设计应满足下列规定:

a.当汇流距离较远或仅凭竖向无法保证有效汇流时,宜优先选择植草沟、线性排水沟等设施将地表径流导流至雨水控制与利用设施。

b.海绵设施应设有溢流排放设施,并与雨水管网和排涝设施有效衔接。

⑧海绵城市建设设计应对各排水分区控制指标进行复核,确认是否满足管控单元的指标要求,具备条件时宜采用计算机模拟分析。

⑨海绵城市源头控制措施应通过溢流排水与外排设施衔接,雨水外排设计标准不应低于规划标准,外排水总量、峰值流量不应大于开发建设前水平。

⑩海绵城市设计应确保人员安全,并应符合下列规定:

a.雨水控制与利用设施不应对周边建(构)筑物、道路等产生不利影响。

b.设施设计不应对居民生活造成不便,对卫生环境产生危害。

c.污染严重的工业区、加油站、传染病医院等区域,不应采用渗透设施,避免对地下水体造成污染。

d.当利用城市水体、城市绿地及不与地下室相连的下沉式广场等空间作为滞蓄空间时,应采取保障公众安全的防护措施,设置必要的警示标识。

e.利用绿地作为滞蓄设施时,应对引入的径流进行沉淀、过滤等截污措施,防止对绿地内植被生长造成影响。

f.自重湿陷性黄土、膨胀土和高含盐土等特殊土壤地质场所和可能造成陡坡坍塌、滑坡灾害的场所,严禁设置入渗设施。

⑪海绵城市建设应根据专项规划确定,并应以管控单元为研究对象,在充分调研的基础上,按排水分区梳理问题并进行指标分解。

⑫应根据系统治理的原则,因地制宜,从排水分区整体统筹考虑海绵建设的可实施性,在建成区宜利用公共空间解决重点问题,避免过度工程化和大拆大建。

⑬建设项目海绵城市建设指标应以海绵城市专项规划指标或区域海绵城市系统化建设方案指标要求。未进行海绵城市系统化方案编制的区域,宜先进行区域海绵城市系统化方案编制工作,按海绵城市建设分配指标进行项目设计工作。

⑭应对各赋值分区控制指标进行计算复核,确认是否满足整个管控单元的指标要求,具备条件时可采用专业软件进行计算校核。

2.4　雨水计算

任何一场暴雨都可用自记雨量计记录中的两个基本数值(降雨量和降雨历时)表示其降雨过程。通过对降雨过程的多年(一般具有 20 年以上)资料的统计和分析,找出表示暴雨特征的降雨历时、暴雨强度与降雨重现期之间的相互关系,作为雨水管渠设计的依据。

2.4.1　雨量分析的要素

在水文学及排水管网工程课程中,对雨量分析的诸要素如降雨量、降雨历时、暴雨强度、降雨面积、降雨重现期等已详细叙述,本节只简单介绍这些要素。

1)降雨量

降雨量是指降雨的绝对量,即降雨深度。用 H 表示,单位以"mm"计。也可用单位面积上的降雨体积(L/hm^2)表示。在研究降雨量时,很少以一场雨为对象,而常以单位时间表示。

年平均降雨量:指多年观测所得的各年降雨量的平均值。

月平均降雨量:指多年观测所得的各月降雨量的平均值。

年最大日降雨量:指多年观测所得的一年中降雨量最大一日的绝对量。

2)降雨历时

降雨历时是指连续降雨的时段,可以指一场雨全部降雨的时间,也可以指其中个别的连续时段,用 t 表示,以"min"或"h"计,从自记雨量记录纸上读得。

3)暴雨强度

暴雨强度是指某一连续降雨时段内的平均降雨量,即单位时间的平均降雨深度,用 i 表示,单位为 mm/min。

$$i = \frac{H}{t} \tag{2-1}$$

在工程上,常用单位时间内单位面积上的降雨体积 q 表示。q 与 i 之间的换算关系是将每分钟的降雨深度换算成每公顷面积上每秒钟的降雨体积,即:

$$q = \frac{10\,000 \times 1\,000i}{1\,000 \times 60} = 167i \tag{2-2}$$

式中的 167 为换算系数。

暴雨强度是描述暴雨特征的重要指标,也是决定雨水设计流量的主要因素,所以有必要研究暴雨强度与降雨历时之间的关系。在一场暴雨中,暴雨强度是随降雨历时变化的。

4)降雨面积和汇水面积

降雨面积是指降雨所笼罩的面积(也称下垫面);汇水面积是指雨水管渠汇集雨水的面积,用 F 表示,单位是公顷或平方千米(hm^2 或 km^2)。

任一场暴雨在降雨面积上各点的暴雨强度是不相等的,就是说,降雨是非均匀分布的。但城镇或工厂的雨水管渠或排洪沟汇水面积较小,一般小于 $100~km^2$,最远点的集水时间不得超过 120 min。在这种小汇水面积上降雨不均匀分布的影响较小。因此,可假定降雨在整个小汇水面积内是均匀分布,即在降雨面积内各点的暴雨强度相等。从而可以认为,雨量计所测得的点雨量资料可以代表整个小汇水面积的面雨量资料,即不考虑降雨在面积上的不均匀性。

5)降雨的频率和重现期

我们通常只研究自然现象的必然性规律,而概率论与数理统计学则研究自然现象的偶然规律。在一定条件下可能发生,也可能不发生,或按另外的样子发生的事情,称为偶然事件。例如,每年夏季降雨最多这一现象几乎在大多数地方都存在,但具体到某地究竟降多大的雨,在对未来长期气象情势进行正确预报尚有困难的,今天只能看成偶然的。但是,通过大量观测知道,偶然事件也有一定的规律性。例如,通过观测可知,特大的雨和特小的雨一般出现的次数很少,即出现的可能性小。这样就可以利用以往观测的资料,用统计方法对未来的情况进行估计,找出偶然事件变化的规律,作为工程设计的依据。

(1)暴雨强度的频率

某一大小的暴雨强度出现的可能性,和水文现象中的其他特征值一样,一般不是预知的。因此,需通过对以往大量观测资料的统计分析,计算其发生的频率去推论今后发生的可能性。某特定值暴雨强度的频率是指等于或大于该值的暴雨强度出现的次数 m 与观测资料总项数 n 之比的百分数,即 $P_n = \dfrac{m}{n} \times 100\%$。

观测资料总项数 n 为降雨观测资料的年数 N 与每年选入的平均雨样数 M 的乘积。若每年只选一个雨样(年最大值法选样),则 $n = N$。$P_n = \dfrac{m}{N} \times 100\%$,称为年频率式。若平均每年选入 M 个雨样数(一年多次法选样),则 $n = NM$,$P_n = \dfrac{m}{NM} \times 100\%$ 称为次频率式。从公式可知,频率小的暴雨强度出现的可能性小,反之则大。

这一定义的基础是假定降雨观测资料年限非常长,可代表降雨的整个历史过程。但实际上是不可能的,实际上只能取得一定年限内有限的暴雨强度值,因而 n 是有限的。因此,按上面公式计算得出的暴雨强度的频率,只能反映一定时期内的经验,不能反映整个降雨的规律,故称为经验频率。从公式看出,对最末项暴雨强度来说,其频率 $P_n = 100\%$,这显然是不合理的，因为无论所取资料年限有多长，始终不能代表整个降雨的历史过程，现在观测资料中的极小值，就不见得是整个历史过程的极小值。因此，水文计算常采用公式 $P_n = \dfrac{m}{N+1} \times 100\%$ 计算年频率，用公式 $P_n = \dfrac{m}{NM+1} \times 100\%$ 计算次频率。如果观测资料的年限越长，经验频率出现的误差也就越小。

《室外排水设计标准》规定，在编制暴雨强度公式时必须具有 20 年以上自记雨量记录。在自记雨量记录纸上，按降雨历时为 5,10,15,20,30,45,60,90,120,150,180 min，每年选择 6~8 场最大暴雨记录，计算暴雨强度 i 值。将历年各历时的暴雨强度按大小次序排列，并不论年次选择年数的 3~4 倍的最大值作为统计的基础资料。

（2）暴雨强度的重现期

频率这个名词比较抽象，为了通俗起见，往往用重现期等效地代替频率一词。

某特定值暴雨强度的重现期是指等于或大于该值的暴雨强度可能出现一次的平均间隔时间，单位用年（a）表示。重现期 P 与频率互为倒数，即：$P = \dfrac{1}{P_n}$。

按年最大值法选样时，第 m 项暴雨强度组的重现期为其经验频率的倒数，即重现期 $P = \dfrac{1}{P_n} = \dfrac{N+1}{m}$。按一年多次法选样时第 m 项暴雨强度组的重现期 $P = \dfrac{NM+1}{mM}$。

2.4.2 暴雨强度公式

暴雨强度公式是在各地自记雨量记录分析整理的基础上，按一定的方法推求出来的。推求具体实例可见《给水排水设计手册》第 5 册有关部分。暴雨强度公式是暴雨强度 i（或 q）、降雨历时 t、重现期 P 三者间关系的数学表达式，是设计雨水管渠的依据。我国常用的暴雨强度公式形式为：

$$q = \frac{167A_1(1 + c\lg P)}{(t + b)^n} \tag{2-3}$$

式中　q——设计暴雨强度，$L/s \cdot hm^2$；

　　　P——设计重现期，a；

　　　t——降雨历时，min；

　　　A_1, c, b, n——地方参数，根据统计方法进行计算确定。

具有 20 年以上自动雨量记录的地区，排水系统设计暴雨强度公式，应采用年最大值法。当 $b = 0$ 时：

$$q = \frac{167A_1(1 + c\lg P)}{t^n} \tag{2-4}$$

当 $n = 1$ 时：

$$q = \frac{167A_1(1 + c\lg P)}{t + b} \tag{2-5}$$

我国若干城市的暴雨强度公式均有记录，可供计算雨水管渠设计流量时选用。目前我国尚有一些城镇无暴雨强度公式,当这些城镇需设计雨水管渠时,可选用附近地区城市暴雨强度公式。

目前我国各地已积累了完整的自动雨量记录资料,可采用数理统计法计算确定暴雨强度公式。水文统计学的取样方法有年最大值法和非年最大值法两类,国际上的发展趋势是采用年最大值法。日本在具有 20 年以上雨量记录的地区采用年最大值法,在不足 20 年雨量记录的地区采用非年最大值法,年多个样法是非年最大值法中的一种。由于以前国内自记雨量资料不多,因此多采用年多个样法。现在我国许多地区已具有 40 年以上的自记雨量资料,具备采用年最大值法的条件。因此,规定具有 20 年以上自动雨量记录的地区,应采用年最大值法。

2.4.3 雨水设计流量

雨水设计流量是确定雨水管渠断面尺寸的重要依据。城镇和工厂中排出雨水的管渠,由于汇集雨水径流的面积较小,所以可采用小汇水面积上其他排水构筑物计算设计流量的推理公式来计算雨水管渠的设计流量。

1)雨水管渠设计流量计算公式

雨水设计流量按下式计算:

$$Q = \Psi q F \tag{2-6}$$

式中　Q——雨水设计流量,L/s;

　　　Ψ——径流系数,其数值小于 1;

　　　F——汇水面积,hm^2;

　　　q——设计暴雨强度,L/(s·hm^2)。

2)设计重现期 Ψ 的确定

降落在地面上的雨水,一部分被植物和地面的洼地截留,一部分渗入土壤,其余部分沿地面流入雨水管渠,这部分雨水量称作径流量。径流量与降雨量的比值称径流系数 Ψ,其值常小于 1。

径流系数的值因汇水面积的地面覆盖情况、地面坡度、地貌、建筑密度的分布、路面铺砌等情况的不同而异。如屋面为不透水材料覆盖,Ψ 值大;沥青路面的 Ψ 值也大;而非铺砌的土路面 Ψ 值就较小。地形坡度大,雨水流动较快,其 Ψ 值也大;种植植物的庭园,由于植物本身能截留一部分雨水,其 Ψ 值就小;等等。但影响 Ψ 值的主要因素则为地面覆盖种类的透水性。此外,还与降雨历时、暴雨强度及暴雨雨型有关。如降雨历时较长,由于地面渗透损失减小,Ψ 就偏大;暴雨强度大,其 Ψ 值也大;最大强度发生在降雨前期的雨型,前期雨大的,Ψ 值也大。

由于影响因素很多,要精确地求定其值是很困难的。目前在雨水管渠设计中,径流系数通常采用按地面覆盖种类确定的经验数值。根据《室外排水设计标准》,Ψ 值见表 2.1,综合径流系数见表 2.2。

表2.1 径流系数

地面种类	径流系数
各种屋面、混凝土或沥青路面	0.85～0.95
大块石铺砌路面或沥青表面的各种碎石路面	0.55～0.65
级配碎石路面	0.40～0.50
干砌砖石或碎石路面	0.35～0.40
非铺砌土路面	0.25～0.35
公园或绿地	0.10～0.20

表2.2 综合径流系数

区域情况	综合径流系数
城镇建筑密集区	0.60～0.70
城镇建筑较密集区	0.45～0.60
城镇建筑稀疏区	0.20～0.45

通常汇水面积是由各种性质的地面覆盖所组成,随着它们占有的面积比例变化,Ψ值也各异,所以整个汇水面积上的平均径流系数 Ψ_{av} 值是按各类地面面积用加权平均法计算而得到,即:

$$\Psi_{av} = \frac{\sum F_i \cdot \Psi_i}{F} \tag{2-7}$$

式中　F_i——汇水面积上各类地面的面积,hm^2;

　　　Ψ_i——相应于各类地面的径流系数;

　　　F——全部汇水面积,hm^2。

在设计中,也可采用区域综合径流系数。一般市区的综合径流系数 $\Psi = 0.5 \sim 0.8$,郊区的 $\Psi = 0.4 \sim 0.6$。

3)设计重现期 P 的确定

从暴雨强度公式可知,暴雨强度随着重现期的不同而不同。在雨水管渠设计中,若选用较高的设计重现期,计算所得设计暴雨强度大,相应的雨水设计流量大,管渠的断面相应大。这对防止地面积水是有利的,安全性高,但经济上则因管渠设计断面的增大而增加了工程造价;若选用较低的设计重现期,管渠断面可相应减小,这样虽然可以降低工程造价,但可能会经常发生排水不畅、地面积水而影响交通,甚至给城市人民的生活及工业生产造成危害。因此,必须结合我国国情,从技术和经济方面统一考虑。

①雨水管渠设计重现期的选用,应根据汇水面积的地区建设性质(广场、干道、厂区、居住区)、城镇类型地形特点、汇水面积和气象特点等因素确定,一般选用0.5～3a,对于重要干道,

立交道路的重要部分,重要地区或短期积水即能引起较严重损失的地区,宜采用较高的设计重现期,一般选用 2~5a,并应和道路设计协调。对于特别重要的地区可酌情增加,而且在同一排水系统中也可采用同一设计重现期或不同的设计重现期。

雨水管渠设计重现期规定的选用范围,是根据我国各地目前实际采用的数据,经归纳综合后确定的。我国地域辽阔,各地气候、地形条件及排水设施差异较大。因此,在选用雨水管渠的设计重现期时,必须根据当地的具体条件合理选用。根据《室外排水设计标准》,雨水管渠的设计重现期参见表 2.3。

表 2.3　雨水管渠设计重现期　　　　　　　　单位:年

城镇类型	城区类型			
	中心城区	非中心城区	中心城区的重要地区	中心城区地下通道和下沉式广场等
超大城市和特大城市	3~5	2~3	5~10	30~50
大城市	2~5	2~3	5~10	20~30
中等城市和小城市	2~3	2~3	3~5	10~20

注:①表中所列设计重现期适用于采用年最大值法确定的暴雨强度公式。

②雨水管渠按重力流、满管流计算。

③超大城市指城区常住人口在 1 000 万人以上的城市;特大城市指城区常住人口在 500 万人以上 1 000 万人以下的城市;大城市指城区常住人口在 100 万人以上 500 万人以下的城市;中等城市指城区常住人口在 50 万人以上 100 万人以下的城市;小城市指城区常住人口在 50 万人以下的城市(以上包括本数,以下不包括本数)。

a.人口密集、内涝易发且经济条件较好的城镇,应采用规定的设计重现期上限;

b.新建地区应按规定的设计重现期执行,既有地区应结合海绵城市建设、地区改建、道路建设等校核、更新雨水系统,并按规定设计重现期执行;

c.同一雨水系统可采用不同的设计重现期;

d.中心城区下穿立交道路的雨水管渠设计重现期应按表 2.3"中心城区地下通道和下沉式广场等"的规定执行,非中心城区下穿立交道路的雨水管渠设计重现期不应小于 10 年,高架道路雨水管渠设计重现期不应小于 5 年。

②排涝除险设施的设计水量应根据内涝防治设计重现期及对应的最大允许退水时间确定。内涝防治设计重现期应根据城镇类型、积水影响程度和内河水位变化等因素,经技术经济比较后按表 2.4 的规定取值,并明确相应的设计降雨量,且应符合下列规定:

a.人口密集、内涝易发且经济条件较好的城市,应采用规定的设计重现期上限;

b.目前不具备条件的地区可分期达到标准;

c.当地面积水不满足表 2.4 的要求时,应采取渗透、调蓄、设置行泄通道和内河整治等措施;

d.超过内涝设计重现期的暴雨应采取应急措施。

表 2.4 内涝防治设计重现期（年）

城镇类型	重现期	地面积水设计标准
超大城市	100	1.居民住宅和工商业建筑物的底层不进水； 2.道路中一条车道的积水深度不超过 15 cm
特大城市	50~100	
大城市	30~50	
中等城市和小城市	20~30	

③选用表 2.3 和表 2.4 规定值时，还应注意以下两点：

a.城镇类型：是指人口数量划分为"特大城市""大城市"和"中等城市和小城市"。根据住房和城乡建设部编制的《2010 年中国城市建设统计年鉴》，市区人口大于 500 万的特大城市有 12 个，市区人口在 100 万~500 万的大城市有 287 个，市区人口在 100 万以下的中等城市和小城市有 457 个。

b.城区类型：分为"中心城区""非中心城区""中心城区的重要地区"和"中心城区的地下通道和下沉式广场"。其中，中心城区重要地区主要指行政中心、交通枢纽、学校、医院和商业聚集区等。将"中心城区地下通道和下沉式广场等"单独列出，主要是根据我国目前城市发展现状，地下铁道/地下通道的设计重现期为 5~20 年。我国上海市虹桥商务区的规划中，将下沉式广场的设计重现期规定为 50 年。由于中心城区地下通道和下沉式广场的汇水面积可以控制，且一般不能与城镇内涝防治系统相结合，因此采用的设计重现期应与内涝防治设计重现期相协调。

4)集水时间 t 的确定

在《排水工程》上册中有详细阐述，只有当降雨历时等于集水时间时，雨水流量为最大。因此，计算雨水设计流量时，通常用汇水面积最远点的雨水流达设计断面的时间作为设计降雨历时 t。为了与设计降雨历时的表示符号 t 相一致，故在下面叙述中集水时间的符号也用 t 表示。

对管道的某一设计断面来说，集水时间 t 由地面集水时间 t_1 和管内雨水流行时间 t_2 两部分组成，可用公式表述如下：

$$t = t_1 + t_2 \qquad (2\text{-}8)$$

式中 t_1——地面集水时间，min；

t_2——管渠内雨水流行时间，min。

（1）地面集水时间 t 的确定

地面集水时间是指雨水从汇水面积上最远点流到第 1 个雨水口的时间。

地面集水时间受地形坡度、地面铺砌、地面种植情况、水流路程、道路纵坡和宽度等因素的影响，这些因素直接决定着水流沿地面或边沟的速度。此外，也与暴雨强度有关，因为暴雨强度大，水流时间就短。但在上述各因素中，地面集水时间主要取决于雨水流行距离的长短和地面坡度。但在实际的设计工作中，要准确地计算 t 值是困难的，故一般不进行计算，而采用经验数值。根据《室外排水设计标准》规定：地面集水时间视距离长短和地形坡度及地面覆盖情况而定,一般采用 $t = 5 \sim 15$ min。

在设计工作中,应结合具体条件恰当地选定。如 t 选用过大,将会造成排水不畅以致使管道上游地面经常积水;选用过小,又将使雨水管渠尺寸加大而增加工程造价。

(2)管渠内雨水流行时间 t_2 的确定

t_2 是指雨水在管渠内的流行时间(单位为 min),即:

$$t_2 = \sum \frac{L}{60v} \tag{2-9}$$

式中　L——各管段的长度,m;

　　　v——各管段满流时的水流速度,m/s;

　　　60——单位换算系数,1 min = 60 s。

5)汇水面积

汇水面积指雨水降落并参与汇集雨水的各种表面,包括屋面、路面、绿地和广场等,一般按垂直方向的投影面计算。汇水面积一般根据城市竖向标高,对应排水管渠采用三角形、梯形或多边形划分。

值得注意的是,根据《室外排水设计标准》,当汇水面积大于 2 km² 时,应考虑区域降雨和地面渗透性能的时空分布不均匀性和管网汇流过程等因素,采用数学模型法确定雨水设计流量。

2.4.4　雨水设计流量计算的其他方法

雨水设计流量是确定雨水管渠断面尺寸的重要依据。城镇和工厂中排除雨水的管渠,由前面介绍的雨水设计流量计算公式是国内外广泛采用的推理公式。该公式使用简便,所需资料不多,并已积累了丰富的实际应用经验。但是,由于公式推导的理论基础是假定降雨强度在集流时间内均匀不变,即降雨为等强度过程,假定汇水面积按线性增长,即汇水面积随集流时间增长的速度为常数。而事实上降雨强度是随时间变化的,汇水面积随时间的增长是非线性的。另外,参数选用比较粗糙,如径流系数取值仅考虑了地表的性质。地面集水时间的取值一般也是凭经验。因此在计算雨水管道设计流量时,如未根据汇水面积的形状及特点合理布置管道系统时,计算结果会产生较大误差。

雨水设计流量计算的其他方法有:

1)推理公式的改进法

结合本地区的气象条件等因素,对推理公式进行补充、改进,使计算结果更符合实际。如目前德国采用的时间系数法和时间径流因子法计算雨水管道的设计径流量,都是在推理公式的基础上产生的。

2)过程线方法

过程线方法较多,如瞬时单线方法、典型暴雨法、英国运输与道路研究实验室(TR-RL)水文曲线法等。如 TRRL 方法分为两部分,第一步先假设径流来自城市内不透水面积,并根据指定的暴雨分配过程由等流时线推求径流过程线;然后对第一步得出的过程线进行通过雨水系统的流量演算,从而得出雨水系统出流管的径流过程线。过程线的高峰值一般就作为雨水管道系统的最大径流量。

3)计算机模型

早在 20 世纪 70 年代,随着计算机广泛运用和计算机功能的增强,一批城市水文模型就得到了发展,其中包括非常复杂而详尽的城市径流计算模型。

（1）Wallingford 水文曲线法

这是由英国在 TRRL 程序的基础上发展起来的,包含几种计算程序的方法。其中各程序的名称及功能如下。

①Wallingford 改进型理论径流公式:主要功能是利用改进后的理论径流公式计算排水管规格及排水量。

②Wallingford 水文曲线:主要为观测或设计暴雨量,计算排水管规格及建立模拟排水水文图。

③Wallingford 最优化方法:运用改进后的理论径流公式计算管径、埋深和坡度,以使系统建造费用最低。

④Wallingford 模拟模型:主要用于模拟流量与时间的变化关系,以观测或设计降雨量。

（2）Illinois 城市排水模拟装置

这种装置运用 TRRL 方法估算径流量、流速,并且为排水系统管道规格的设计提供最佳选择。

（3）暴雨雨水管理模型（Storm Water Management Model,SWMM）

此模型是由美国环保局开发的,包括 4 个工作块。"径流块"建立径流水文曲线并计算有关的污染负荷;"传输块"将有关的水文曲线及污染直方图运用于排污管渠及整个排水系统的设计;"贮存/处理块"模拟一些存贮和去除污染物的设施的运行情况;"接收块"模拟研究受纳水体接受从排水系统排出的混合污水后的反应。由于 SWMM 可对整个城市降雨、径流过程进行较为准确的量和质的模拟,并由计算机根据模拟的结果,进行城市的排水规划、管道设计和运行管理,具有功能多、精度高的优点。SWMM 相关内容在第 11 章中详细介绍。

此外,西方国家还发展有许多此类模型,以满足各种不同应用水平和要求,因此,西方国家城市排水工程的设计管理中计算机的应用已非常普遍。

第3章
雨水渗透措施

3.1 雨水渗透概述

城市化使得城市绿地和透水地面减少,不透水地面增加,改变了自然条件下的水文特征,导致滞蓄量、填挖量及下渗水量减少,而径流系数增大,净雨量和地面径流增加,并使得汇流速度变快、洪峰提前。为改善或恢复城市水循环过程,在城市中可以采用人工雨水渗透设施,对城市中降雨产生的雨水径流进行干预,使其就地渗入地下或汇集贮存,增加雨水入渗量。雨水渗透不仅能补充地下水,促进雨水、地表水、土壤水及地下水"四水"之间转化,使城市水循环系统改善或恢复到城市建设前的状态,而且可以减少地表雨水径流,防止城市内涝、地面沉降、海水入侵等灾害的发生。

雨水渗透是一种间接的雨水利用技术,是合理利用和管理雨水资源,改善生态环境的有效方法之一。与传统的城区雨水直接排放和雨水集中收集、储存、处理与利用的技术方案相比,它具有技术简单、设计灵活、易于施工、维护方便、适用范围大、投资少、环境效益显著等优点。雨水渗透的目的包括将雨水回灌地下,补充涵养地下水资源,改善生态环境,缓解地面沉降、减少内涝等。

城镇基础设施建设应综合考虑雨水径流量的削减。人行道、停车场和广场等宜采用渗透性铺装,新建地区硬化地面中可渗透地面面积不宜低于40%,有条件的既有地区应对现有硬化地面进行透水性改建。雨水渗透设施特别是地面下的入渗增加了深层土壤的含水量,使土壤力学性能改变,可能会影响道路、建筑物或构筑物的基础。因此,建设雨水渗透设施时,需对场地的土壤条件进行调查研究,以便正确设置雨水渗透设施,避免影响城镇基础设施、建筑物和构筑物的正常使用。同时,在地下水位高、土壤渗透能力差或雨水水质污染严重等条件下雨水渗透应受到限制。相对来讲,我国北方地区降雨量相对少而集中、蒸发量大、地下水利用比例较大,雨水渗透技术的优点比较突出。

3.2 雨水渗透措施

雨水渗透的设施有多种类型,主要包括表面入渗和埋地入渗两大类。表面入渗有透水路面、透水铺装、下凹式绿地、植草沟、渗透塘、绿色屋顶等;埋地入渗有渗透管(渠)、渗透井、埋地渗透池等。

3.2.1 透水路面

1)概念与构造

透水路面指采用多孔渗透性整体浇筑的多孔沥青或混凝土的地面,直接减少地表径流的工程措施。透水路面可有效降低不透水面积,增加雨水下渗能力,同时对雨水径流水质具有一定的净化作用。透水路面适用于交通负荷较低的地方,比如停车场、人行道、自行车道、绿道等区域,也有用于机动车道。

2)设计要点

透水路面材料又分为透水水泥混凝土和透水沥青混凝土两类。

透水水泥混凝土是一种多孔、轻质、无细骨料混凝土,是将水泥、特殊添加剂、骨料和水用特殊配比混合而成的孔穴均匀分布的蜂窝状结构。它具有很好的透水性、保水性、通气性,水能够很快地渗透混凝土,其胶结材料用量少,施工简单,是较为常用的透水路面材料。透水水泥混凝土路面的结构形式自下到上依次为素土夯实、级配碎石、透水基层、透水面层,其结构层设计示意图如图 3.1 所示。具体设计需参照《透水水泥混凝土路面技术规程》(CJJ/T 135)的规定。

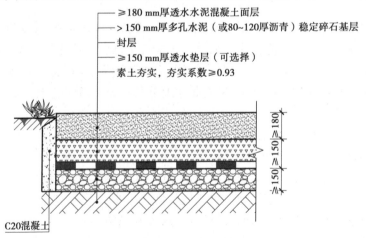

图 3.1　透水水泥混凝土路面结构层

①透水水泥混凝土路面透水系数应大于等于 0.5 mm/s,透水水泥混凝土的有效空隙率不得小于 10%。

②透水水泥混凝土抗压强度依据实际使用功能及相关技术规范进行选择。

③透水基层可选用级配碎石、级配砾石、级配砂砾等。

透水沥青混凝土路面构造包括：表面沥青层避免使用细小骨料,沥青重量比为 5.5% ~ 6.0%,空隙率为 12% ~ 16%,厚 6 ~ 7 cm。沥青层下设两层碎石,上层碎石粒径为 1.3 cm,厚 5 cm,下层碎石粒径为 2.5 ~ 5 cm,空隙率为 38% ~ 40%,其厚度视所需蓄水量定,因其主要用于贮蓄雨水并延缓径流。其结构层设计示意图如图 3.2 所示,透水路面实景如图 3.3 所示。具体设计需参照《透水沥青路面技术规程》(CJJ/T 190)的规定。

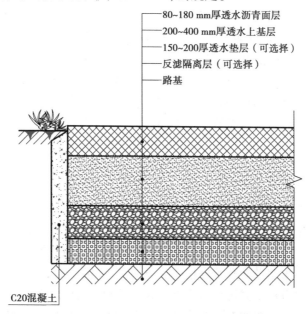

　　　　　　　　　　— 80~180 mm厚透水沥青面层
　　　　　　　　　　— 200~400 mm厚透水上基层
　　　　　　　　　　— 150~200厚透水垫层（可选择）
　　　　　　　　　　— 反滤隔离层（可选择）
　　　　　　　　　　— 路基

C20混凝土

图 3.2　透水沥青混凝土路面结构层

图 3.3　透水路面实景图

a.透水沥青路面透水系数应大于等于 800 ml/15 s(连通空隙率测试方法),且面层有效孔隙率宜≥10%。

b.透水沥青路面表层宜选细粒式透水沥青混合料、中面层宜选中粒式透水沥青混合料,下面层宜选粗粒式透水沥青混合料。

c.透水基层可选用多孔沥青混合料或沥青稳定碎石、级配碎石、骨架空隙型水泥稳定碎石和透水水泥混凝土。

d.透水垫层可选用粗砂、砂砾。碎石等透水性好的粒料类材料。

　　e.如果路基顶面是粒料类材料基层或垫层,则不需要设置反滤隔离层,如果路基顶面不是粒料材料基层或垫层,则应设置反滤隔离层。

　　f.透水沥青路面的抗压强度依据实际使用功能及相关技术规范进行选择。

3)运行维护与管理

　　①可采用高压水流(5~20 MPa)冲洗法去除透水铺装空隙中的土粒或细沙。

　　②在透水水泥混凝土路面出现裂缝、坑槽和集料脱落、飞散面积较大的情况,必须进行维修。维修前,应根据透水水泥混凝土路面损坏情况制订维修施工方案;维修时,应先将路面疏松集料铲除,清洗路面去除孔隙内的灰尘及杂物后,才能进行新的透水水泥混凝土铺装。

　　③透水沥青路面达到功能寿命以后,需进行表面层或者基层修补,路面坑槽裂缝可使用常规的不透水沥青混合料修补,只要累计修补面积不超过整个透水面积的10%。

　　④透水基层堵塞可将填料挖出清洗或更换。

3.2.2　透水铺装

1)概念与构造

　　透水铺装是一种新兴的城市铺装形式,通过采用大空隙结构层或排水渗透设施使雨水能够通过铺装结构就地下渗,从而达到消除地表径流、雨水还原地下等目的。透水铺装可通过本身与地下垫层相通的渗水路径将雨水直接渗入下部土壤,雨水通过土层的过滤还可以得到净化。透水铺装按照面层材料不同可分为透水砖铺装、透水水泥混凝土铺装和透水沥青混凝土铺装,嵌草砖、园林铺装中的鹅卵石、碎石铺装等也属于渗透铺装。透水砖铺装主要适用于广场、停车场、人行道以及车流量和荷载较小的道路,如建筑与小区道路、市政道路的非机动车道等。透水砖具有不积水、适用区域广、施工方便等优点,可涵养水分,补充地下水并具有一定的峰值流量削减和雨水净化作用。但它易堵塞,在寒冷地区有被冻融破坏的风险。透水砖铺装典型结构示意图如图3.4所示。

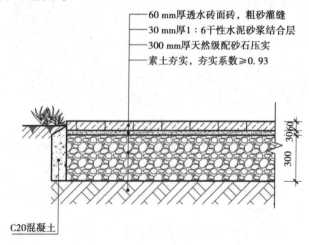

　　　　　　　　━ 60 mm厚透水砖面砖,粗砂灌缝
　　　　　　　　━ 30 mm厚1:6干性水泥砂浆结合层
　　　　　　　　━ 300 mm厚天然级配砂石压实
　　　　　　　　━ 素土夯实,夯实系数≥0.93

C20混凝土

图3.4　透水砖铺装典型结构示意图

2）分类

透水砖可分为普通透水砖、聚合物纤维混凝土透水砖、彩石复合混凝土透水砖、彩石环氧通体透水砖、混凝土透水砖、砂基透水砖等。透水砖路面适用于对路基承载能力要求不高的人行道、步行街、休闲广场、非机动车道、小区道路以及停车广场等场所（图3.5）。质量优良的砂基透水砖的透水速率和保水率分别可达 1.5 ml（毫升）/（cm² · min）和 0.06 ml（毫升）/cm³ 以上。

图 3.5　透水砖应用场所

3）设计要点

透水砖的透水系数、外观质量、尺寸偏差、力学性能、物理性能等应符合现行行业标准《透水砖路面技术规程》（CJJ/T 188）的规定。透水砖的强度等级应通过设计确定，面层应与周围环境相协调，其砖型选择、铺装形式由设计人员根据铺装场所及功能要求确定。透水砖材料及构造应满足透水速率高、保水性强、减缓蒸发、便于清洁维护、可重复循环使用的生态要求。土基应稳定、密实、均质，应具有足够的强度、稳定性、抗变形能力和耐久性，土基压实度不应低于《城镇道路路基设计规范》（CJJ 194）的要求。地面的透水性能应满足 1 h 降雨 45 mm 条件下，表面不产生径流，并应符合下列要求：

①透水铺装地面宜在土基上建造，自上而下设置透水面层、找平层、基层和底基层；找平层的渗透系数和有效孔隙率不应小于面层；基层和底基层的渗透系数应大于面层。

②透水面层的渗透系数应大于 $1×10^{-4}$ m/s。透水面砖的有效孔隙率不应小于8%，透水混凝土的有效孔隙率不应小于10%。

③透水铺装对道路路基强度和稳定性的潜在风险较大时，可采用半透水铺装结构。

④土地透水能力有限时，应在透水铺装的透水基层内设置排水管或排水板。

⑤当透水铺装设置在地下室顶板上时，顶板覆土厚度不应小于 600 mm，并应设置排水层。

另一类透水铺装是使用镂空地砖（俗称草坪砖）铺砌的路面，可用于停车场、交通较少的道路及人行道,特别适合于居民小区。

透水铺装应用于以下区域时,还应采取必要的措施防止次生灾害或地下水污染的发生。

a.可能造成陡坡坍塌、滑坡灾害的区域:湿陷性黄土、膨胀土和高含盐土等特殊土壤地质区域。

b.使用频率较高的商业停车场、汽车回收及维修点、加油站及码头等径流污染严重的区域。

4)运行维护与管理

①禁止在透水铺装的地面或附近堆放土工施工材料(土壤、砂石、混凝土等)。

②禁止超过设计荷载的车辆或其他设备进入透水铺装区域。

③通过设置植被过滤带、转输植草沟、沉淀池等措施,减少直接从裸露土壤流出的径流或其他颗粒物含量高的尽量进入透水铺装区域,并需及时清理沉砂池。

④对于采用保留缝隙的方式进行铺装的区域应及时清理缝隙内的沉积物,垃圾杂物等。

⑤透水铺装区域的落叶应在其处于干燥状态时尽快清除。透水铺装的人行道等应及时用硬扫帚清理青苔。去除透水铺装透水面空隙中的土粒,可采用下列方法:高压清洗机械清洗(透水路面清洗车等);洒水冲洗;压缩空气吹脱;水压5~20 MPa 高压水冲洗。

⑥对于损坏的透水砖,及时采用原透水材料或透水和其他性能不低于原透水材料的材料进行修复或替换。

⑦对于设有下部排水管/渠的透水铺装需定时检查管渠是否被泥沙、植物根系等堵塞,是否错位、破裂。根据检查结果采用高压水流清洗,或更换管道进行修复。

3.2.3　下凹式绿地

1)概念与构造

绿地是一种天然的渗透设施。它具有透水性好、节省投资、便于雨水引入就地消纳等优点;同时对雨水中的一些污染物具有一定的截留和净化作用。目前,我国城市规划要求有较高的绿化率,可以通过改造或设计成下凹式绿地,以增加雨水渗透量,减少绿化用水并改善环境。

2)分类

下凹式绿地具有狭义和广义之分,狭义的下凹式绿地指低于周边铺砌地面或道路在200 mm以内的绿地;广义的下凹式绿地泛指具有一定的调蓄容积(在以径流总量控制为目标进行目标分解或设计计算时,不包括调节容积),且可用于调蓄和净化径流雨水的绿地,包括生物滞留设施、渗透塘、湿塘、雨水湿地、调节塘等。

下凹式绿地适用区域广,可广泛应用于城市建筑与小区、道路、绿地和广场内。对于径流污染严重、设施底部渗透面距离季节性最高地下水位或岩石层小于 1 m 及距离建筑物基础小于 3 m(水平距离)的区域,应采取必要的措施防止次生灾害的发生。

狭义的下凹式绿地典型构造如图 3.6 所示。

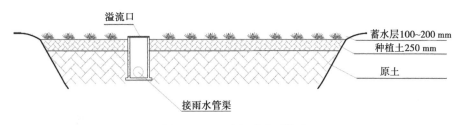

图 3.6　下凹式绿地典型构造

3）设计要点

下凹式绿地结构设计的关键是控制调整好绿地与周边道路和雨水溢流口的高程关系,即路面高程需高于绿地高程,雨水溢流口设在绿地中或绿地和道路交界处,雨水口高程高于绿地高程而低于路面高程。如果道路坡度适合时可以直接利用路面作为溢流坎,从而使非绿地铺装表面产生的径流雨水汇入下凹式绿地入渗,待绿地蓄满水后再通过溢流口或道路溢流,如图3.7 所示。

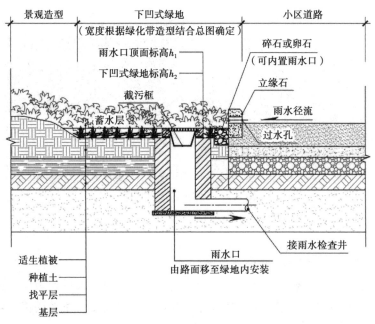

图 3.7　下凹式绿地典型设计图

下凹式绿地应根据地形地貌、植被性能和总体规划要求进行布置,绿地与路面的高差应根据土壤渗透系数,按降雨特点、植被对水的浸泡适应能力及水量平衡要求等来综合确定,一般高差为 100~200 mm。下凹式绿地内一般应设置溢流口(如图3.8 所示),保证暴雨时径流的溢流排放,溢流口顶部标高一般应高于绿地 50~100 mm。

下凹式绿地的设计主要受土壤渗透能力的制约,同时雨水中如含有较多的杂质和悬浮物,会影响绿地的质量和渗透性能。因此,要设计好绿地的溢流,使超过一定重现期或积水深度的雨水及时地排出,避免绿地过度积水和对植被的破坏。绿地的渗透能力最好能实测,水力计算要留有一定的余地。住宅小区、建筑物附近的下凹式绿地要避免积水过深或时间过长对建筑与景观的影响,遭到居民的抱怨。同时,由于景观设计的要求,园区内可能会有一些微地形坡式绿地,从雨水利用、渗透和减少土壤的冲蚀考虑,可以在坡地四周设一些凹形绿地来容纳坡地产生的雨水。所以,在设计时需要和园林景观设计密切配合,如图3.9所示。

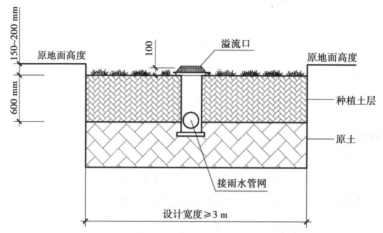

图3.8 下凹式绿地溢流式雨水口设计示意图

图3.9 下凹式绿地实景图

4)运行维护与管理

①及时对入口区进行清理、修复。

②雨季时,定期清除绿地上的杂物。定期对进出口及设施内部的垃圾碎片进行清理,保证设施顺畅运行。设施中所有清掏物必须转运至指定地点,进行集中堆放妥善处理,不能将清掏物堆置于设施内或周边区域。

③当溢流口、出水口、排水管/渠出现淤积或者破损导致排空时间超过设计排空时间时,应对淤积位置进行清淤或修复。在雨季来临前及雨季结束后,对溢流口及其周边的雨水口进行清淤维护。若积水超过设计排空时间时,应检查排水系统堵塞情况;可对排水系统中心曝气或者对土壤表层深翻(25~30 cm),改善土壤渗透性。

④植被的维护应符合现行行业标准《园林绿化养护标准》(CJJ/T 287)的相关规定。

⑤种植土的维护应符合现行行业标准《绿化种植土土壤》(CJ/T 340)相关规定。

3.2.4　植草沟

1）概念与构造

植草沟又称植被浅沟,指种有植被的地表沟渠,可渗透、收集、输送和排放径流雨水,可用于衔接其他各单项设施、城市雨水管渠系统和超标雨水径流排放系统。

渗透型的干式植草沟可作为一种渗透设施,在雨水的汇集和流动过程中不断下渗,达到减少径流排放量的目的。渗透能力主要由土壤的渗透系数决定。由于植物能减缓雨水流速,有利于雨水下渗,同时可以保护土壤在大暴雨时不被冲刷,减少水土流失。由于径流中的悬浮固体会堵塞土壤颗粒间的空隙,渗透浅沟最好有良好的植被覆盖,通过植物根系和土壤中的昆虫,有利于土壤渗透能力的保持和恢复。该技术措施适用于建筑与小区内道路、广场、停车场等不透水面的周边,城市道路及城市绿地等区域,也可作为生物滞留设施、湿塘等低影响开发设施的预处理设施。植草沟也可与雨水管渠联合应用,场地竖向允许且不影响安全的情况下也可代替雨水管渠。植草沟自然美观,便于施工,造价低,应用范围较广。

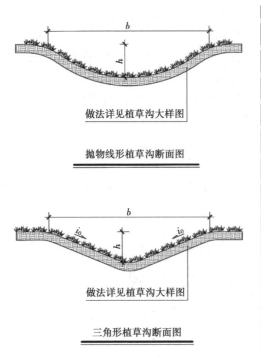

抛物线形植草沟断面图

三角形植草沟断面图

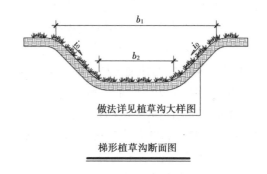

植草沟参数推荐表

名称	符号	取值范围	备注
植草沟宽度	b	600~2 400 mm	根据汇水面积确定
植草沟深度	h	不宜大于600 mm	h应大于最大有效水深
植草沟边坡	i_0	1/4~1/3	

梯形植草沟断面图

图 3.10　植草沟断面分类

2）分类

植草沟包括标准转输型植草沟、渗透型的干式植草沟以及常有水的湿式植草沟。按植草沟的断面形式又可分为抛物线型、三角形和梯形植草沟,如图 3.10 所示。标准转输型植草沟是指开阔的浅植物型沟渠,可将集水区的径流引导和传输到其他雨水处理设施中;干式植草沟是指开阔的、覆盖有植被的水流输送渠道;湿式植草沟与标准转输型植草沟类似,但为沟渠型的湿地处理系统,长期保持潮湿状态。植草沟可广泛应用于乡村和城市地区,由于植草沟边坡较小,占地面积较大,一般不适用于高密度区域。标准转输型植草沟多应用于高速公路的排水系统,以及径流量小及人口密度较低的居住区、工业区或商业区,可代替路边的排水沟或雨水管道系统。干式植草沟最适用于居住区,可通过定期割草有效保持植草沟干燥。湿式植草沟一般用于高速公路的排水系统,也可用于过滤来自小型停车场或屋顶的雨水径流。

3)对雨水中污染物的去除

植草沟可通过对降雨径流的沉淀、过滤、渗透、持留以及生物降解作用,将雨水径流中的污染物去除。研究表明,植草沟可有效减少悬浮固体颗粒、有机污染物及金属离子。初期径流金属污染物浓度较高时,经过植草沟,多数金属可在植草沟表层 5 cm 的土壤中沉积。此外,干式植草沟对污染物的去除率优于标准转输型植草沟和湿式植草沟。

4)设计要点

植草沟的设计应尽可能增加其持留、渗透、传输和净化雨水的能力,因此在设计时主要涉及水力计算和满足水质净化的功能,同时考虑水文、土壤及植物类型等因素。

①浅沟断面形式宜采用倒抛物线形、三角形或梯形。

②植草沟布置和高程设计与自然地形充分结合,保证雨水在植草沟中依靠重力流排水通畅,且避免对坡岸的冲蚀。植草沟最大流速应小于 0.8 m/s,曼宁系数宜为 0.2~0.3。

③划分植草沟的平面布置和服务汇水面积时尽量使植草沟内的降雨径流量均匀分配。

④植草沟的边坡坡度(垂直:水平)不宜大于 1:3,纵坡不应大于 4%。纵坡较大时宜设置为阶梯型植草沟或在中途设置消能台坎。植草沟的高程布置应考虑工程造价,并做相应的土方平衡计算。

⑤植草沟的设置须考虑与其他雨水资源化利用措施协同发挥净化雨水及调节径流量的作用,保证各措施的合理衔接。

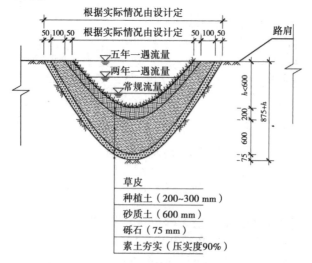

图 3.11 典型植草沟断面图

⑥植草沟的布置与周围环境相协调,充分发挥景观效应。转输型植草沟内植被高度宜控制在 100~600 mm。

图 3.12 植草沟实景图

5)运行维护与管理

①对植草沟入口区、过流区、出口区进行清理并修复。尤其在雨季来临前及雨季结束后,应加大频次对植草沟进行维护。保持入原设计入口区尺寸,满足进水要求,过流区、出口区宽度、边坡、构造不满足要求时,应按原设计要求进行修复。有防渗要求的,如发现防渗膜损坏,应按原设计要求进行修复。有种植土的,应定期清理、疏松、追肥、补填等,至少每两年 1 次检查其下渗性能,不符合原设计要求时应及时更换。应及时对清理修复时受影响植被进行修复和补种。要求沟内通畅、无车辙、侵蚀、塌陷、下沉等现象,防渗和种植土下渗功能符合原设计要求。

②对拦污设施应进行日常巡查,频率至少为每周 1 次。在雨季来临前及雨季结束后,对拦污设施进行维护。如发现设施损坏,应及时修复或更换。

③雨季来临前及雨季结束后,对消能设施进行维护。如发现设施损坏,应及时按原设计要求修复或更换。

④按绿化养护要求进行日常维护。维护频次按各地区情况,定期补种、除草、修剪、治虫,适当施肥。要求沟内无杂草,植被密度和高度应符合原设计要求,超过原设计要求影响过流时,应及时进行修剪。

⑤对植草沟进行日常维护,及时清除沟内垃圾杂物。落叶季至少为每周 1 次,平时清理频次与当地卫生检查要求一致。

⑥种植土的养护按照现行行业标准《绿化种植土土壤》(CJT 340)相关规定。

3.2.5 渗透塘

1)概念与构造

渗透塘是利用地面低洼的水塘或地下水池对雨水实施渗透的设施,具有一定的净化雨水和削减峰值流量的作用。当可利用土地充足且土壤渗透性能良好时,可采用地面渗透池。其最大优点是渗透面积大,能提供较大的渗水和储水容量,净化能力强,对水质和预处理要求低,管理方便,具有渗透、调节、净化、改善景观、降低雨水管系负荷与造价等多重功能。缺点是占地面积大,在拥挤的城区应用受到限制;设计管理不当会造成水质恶化,蚊虫孳生和池底的堵塞,渗透能力下降;在干燥缺水地区,当需维持水面时,由于蒸发损失大,需要兼顾各种功能作好水量平衡。渗透塘适用于汇水面积较大($>1\ hm^2$)、有足够的可利用地面的情况,特别适合城市立交桥附近汇水量集中、排洪压力大的区域,或者在新开发区和新建生态小区里应用。但应用于径流污染严重、设施底部渗透面距离季节性最高地下水位或岩石层小于 1 m 及距离建筑物基础小于 3 m(水平距离)的区域时,应采取必要的措施防止发生次生灾害。渗透塘一般与绿化、景观结合起来设计,充分发挥城市宝贵土地资源的效益。

渗透塘的进水端一般需要设置前置塘,起沉砂和拦截污染物的作用。渗透塘下层设置透水土工布,池深一般大于 0.6 m,且池底标高必须大于最高地下水位。在渗透塘下游段,需设置排空管和溢流管。渗透塘典型构造如图 3.13 所示。

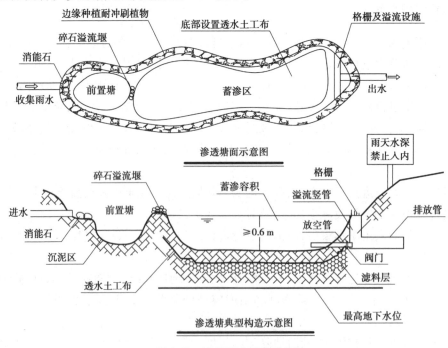

图 3.13 渗透塘典型构造图

图 3.14　渗透塘实景图

2)设计要点

渗透塘大小根据水量和地形条件而定,也可以将几个小池联合使用。渗透塘断面可以是矩形、梯形、抛物线形等。渗透塘堤岸主要有块石堆砌、土工织物铺盖、自然植被土壤等几种做法。

渗透塘一般池容较大,相应的调蓄能力较强,但渗透塘的后期由于土壤饱和往往造成渗透能力下降,应考虑渗透塘渗透能力的恢复,如定期清淤或晾晒。地面渗透塘有干式和湿式之分,干式渗透池在非雨季常常无水,雨季时则水位变化很大(参见第 3.2.9 节埋地渗透池)。

在地面渗透塘中宜种植植物。季节性渗透塘所种的植物最好既耐水又耐旱。常年存水的地面渗透塘与土地处理系统中的“塘”或“湿地”相似,宜种植耐水植物。植物还可作为野生动物、昆虫的栖居地,有利于改善生态环境。利用天然低洼地作渗透塘是一种经济的方法。对池的底部作一些简单处理,如铺设砂石等透水性材料,其渗透性能会大大提高。

渗透塘还应注意以下要求:

①渗透塘前应设置沉砂池、前置塘等预处理设施,去除大颗粒的污染物并减缓流速;有降雪的城市,应采取弃流、排盐等措施防止融雪剂侵害植物。

②渗透塘边坡坡度一般不大于 1∶3,塘底至溢流水位一般不小于 0.6 m。渗透塘排空时间不应大于 24 h。

③渗透塘底部构造一般为 200~300 mm 的种植土、透水土工布及 300~500 mm 的过滤介质层。

④渗透塘应设溢流设施,以便超过设计渗透能力的暴雨顺利排出场外,确保安全。同时,应与城市雨水管渠系统和超标雨水径流排放系统衔接,渗透塘外围应设安全防护措施和警示牌。

3)运行维护与管理

①定期对进水口、溢流排水口进行检查并清理,若有损坏及时修补。

②定期检查底部排空管,并进行疏通。

③前置塘、主塘的清淤采用人工铲挖或吸泥车、抓泥车等机械设备清淤,清淤不得破坏底部结构,且应适当补土以恢复至原有设计。

④当主塘表层种植土壤厚度减少超过 40 mm 时,应进行补填;当土壤下渗能力降低至设计的 60% 时,应进行疏松;当降低至 20% 时,应进行更换。

⑤定期对边坡、护坡进行检查,若有破损,应及时翻修加固。

⑥渗透塘植被的养护应符合《园林绿化养护标准》(CJJ/T 287)的规定。

3.2.6 绿色屋顶

1)概念与构造

绿色屋顶也称种植屋面、屋顶绿化等,指在不与自然土层相连接的各类建筑物、构筑物的顶部以及天台、露台上的绿化。该技术措施适用于符合屋顶荷载、防水等条件的平屋顶建筑和坡度≤15°的坡屋顶建筑,可有效减少屋面径流总量和径流污染负荷,具有节能减排的作用,但对屋顶荷载、防水、坡度、空间条件等有严格要求。

根据种植基质深度和景观复杂程度,绿色屋顶又分为简单式和花园式,基质深度根据植物需求及屋顶荷载确定,简单式绿色屋顶的基质深度一般不大于 150 mm,花园式绿色屋顶在种植乔木时基质深度可超过 600 mm。

①绿色屋顶的基质厚度与其年均截流量有密切关系,密集型绿色屋顶的平均径流系数为 0.25,即截流效果为 75%,拓展型绿色屋顶的平均径流系数为 0.5,在一定范围内,绿色屋顶对雨水的截流能力与基质厚度成正比。已有研究表明,200 mm 的基质厚度最有利于绿色屋顶发挥其雨水截流功能。

②基质组成及含水量绿色屋顶的基质一般由颗粒物、碎砖屑、碎瓦片等组成。小粒径颗粒物及有机颗粒物的含量越高,其对雨水的截流能力越好。研究表明,用颗粒物、碎砖屑组成的基质比碎瓦片基质的效果好,用细瓦片组成的基质的蓄水能力是粗瓦片的两倍;当基质中粒径小于 1 mm 的颗粒物比例提高时,绿色屋顶的蓄水能力和截流能力增强。此外,绿色屋顶的基质应具有一定的蓄水能力,当达到饱和时,其对雨水的蓄存能力便会下降。

③植被的类型及其覆盖度对绿色屋顶也有一定的影响。因屋顶环境比较特殊,土壤薄、水分少、风大、高温等,因此不宜选择高大乔木,应选择抗旱耐寒能力强的植物。不同区域的气候及本地树种差异较大,应因地制宜选择适合当地的植物。目前在屋顶绿化中最常用的植物是景天科植物,其品种繁多,为多年生肉质草本,表皮有蜡质粉,气孔下陷,可减少蒸腾,是典型的旱生植物,无性繁殖力强,且矮小抗风,不需要大量水肥,耐污染,因此应用较为广泛。

绿色屋顶的典型构造如图 3.15 所示。

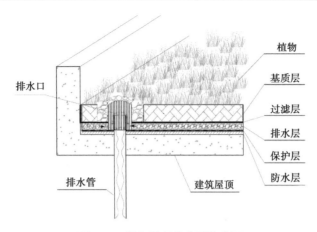

植物
基质层
过滤层
排水层
保护层
防水层
排水口
排水管
建筑屋顶

图 3.15　绿色屋顶的典型构造图

2) 设计要点

绿色屋顶设计应包括计算屋面结构荷载,设计屋面构造系统,设计屋面排水系统,选择耐根穿刺防水材料和普通防水材料,确定保温隔热方式,选择保温隔热材料,选择种植土类型与植物种类,制订配置方案,绘制细部构造图等。绿色屋顶的设计可参考《种植屋面工程技术规程》(JGJ 155)。

(1)房顶防水层

防水层是建筑物种植的关键构造层。防水层隔板失败将无法成功进行种植,而且防水层掩埋于养殖层以下,翻修的代价很大,故防水层设防标准应满足《屋面工程技术规范》(GB 50345)中一、二级防水设防要求,即采用两道以上防水设防。普通防水层,一道防水材料宜选用 4 mm 改性沥青防水卷材、1.5 mm 高分子防水卷材、3 mm 自粘聚酯胎改性沥青防水卷材、2 mm 合成高分子防水涂料等。耐根穿刺防水层,宜选用复合铜胎基 SBS 改性沥青防水卷材、铜箔胎 SBS 改性沥青防水卷材、SBS 改性沥青耐根穿刺防水卷材、APP 改性沥青耐根穿刺防水卷材等。

也可采用 HDPE 材料排水板,具有柔韧性非常高、抗拉强度高、拉伸延伸力大、耐腐蚀、耐植物根刺的特质,还具有透气、保温的功能,解决了车库顶板及屋顶种植缺乏地气造成植物枯死的难题。其使用年限可达 100 年以上,可在 -60~80 ℃ 的温度范围内长期使用,是一种基本不受外界影响的高级耐久性防水材料。

(2)生态袋(可选)

按照植物对土壤的要求,种植土层失水过速,植物易于缺水干枯,种植土层含水过量又会造成可植物烂根而影响生长。所以,往往设置排水层为 5 cm 厚河卵石,河卵石顶上一道滤水层,上面再铺 3~5 cm 厚膨润土,以达到储、排水之目的。夏热冬冷地区采用的生态袋是一种无纺织生态旅游的土工布料,它是由聚丙烯人造纤维材料针刺成网的高强度平而稳定的材料。这种特殊配制的聚丙烯能抗紫外线,不受土壤中有毒化学物质的影响,不会发生质变或腐烂,永久不可降解并可抵抗虫害,而且此材料使用年限侵蚀达 120 年以上。生态袋有乳化功能,透水不透土,具备水土保持的关键特性,对植物还有固根的作用。

（3）种植区

种植区形状常见的有方形、长方形、圆形、菱形、梅花形等,可根据屋顶具体环境和场地选用。绿色屋顶需做女儿墙,女儿墙要保护人员的安全,并对古建筑方面起装饰作用。一般屋顶半圆形高设为 1 300 mm,因为要加上覆土高度,因此绿色屋顶屋檐高一般为 1 300~1 500 mm。

种植土的选用和配置应满足效率高、持水量大、通风排水性能好、营养适中、清洁无毒、材料来源广且价格便宜等要求。

种植层厚度选择:花草、蔬果等浅根系植物 150~300 mm,根据花草种类不同选择超薄型（如生态袋或浅埋土层 100 mm）,小灌木 35~500 mm。

（4）植物的选择

根据气候特点、屋面形式,选择适合当地种植的植物种类。不宜选择根系穿刺性强的植物种类,不宜选择速生乔木和灌木植物。常年有 6 级风以上的地区,不宜种植大型乔木。乔木和大灌木植物的高度不宜大于 2.5 m,距离边墙不宜小于 2 m。

（5）排水设计

平屋顶宜采用结构找坡。种植屋面的排水坡度宜为 1%~2%,单向坡长大于 9 m 时宜采用结构调坡。天沟、檐沟纵向坡度不应小于 2%,沟底落差不得超过 200 mm。种植屋面四周应设烟道围护墙及泄水槽、排水管和人行通道。种植屋面上的种植介质四周应设挡墙,挡墙下部应附设泄水孔。

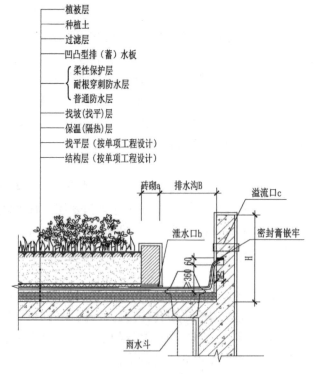

图 3.16　平屋顶种植构造设计示意图

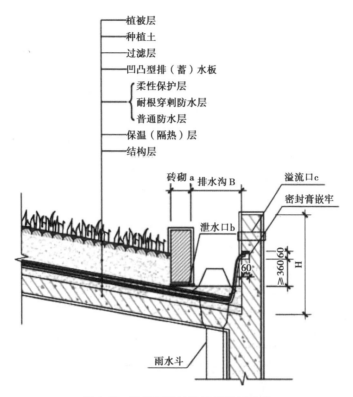

图 3.17　坡屋顶种植构造设计示意图

图 3.18　绿色屋顶实景图

3)运行维护与管理

①定期对排水口进行清理和疏通。定期清理泄水口、排水管入口的淤泥、落叶、垃圾杂物等。

②定期检查过滤层及防水层,过滤层和防水层出现破损、植物根系侵入等现象时必须立即修复。

③定期对种植土层进行补填和翻耕,简单式绿色屋顶覆土层厚度减少三分之一或面积超过总面积的 50%,应及时进行修复。

④根据需要对设施内植被进行灌溉,如出现持续干旱期,则应根据需要增加浇灌频次。根据景观要求适当对植被进行修剪,并对枯死植被进行清除。若出现高死亡率现象,需进行原因分析,如有必要进行植被更替。定期处理杂草,若植被长期保持合适的密度,可降低杂草处理

频次。及时对雨水冲刷区域进行补种。

⑤植物的养护应符合现行行业标准《园林绿化养护标准》(CJJ/T 287)的规定。

3.2.7　渗透管(渠)

1)概念与构造

渗透管(渠)指具有渗透功能的雨水管(渠),可采用穿孔塑料管、无砂混凝土管/渠和砾(碎)石等材料组合而成。渗透管(渠)是在传统雨水排放的基础上,将雨水管或明渠改为渗透管(穿孔管)或渗透渠,周围回填砾石,雨水通过埋于地下的多孔管向四周的土壤层渗透。

雨水渗透管/渠典型构造如图3.19所示。

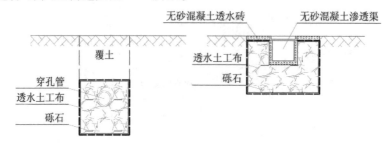

图3.19　渗透管/渠典型构造示意图

2)功能与特点

渗透管(渠)的主要优点是占地面积少,便于在城区及生活小区设置。它可以与雨水管渠、渗透池、渗透井等设施综合使用,也可以单独使用。其缺点是一旦发生堵塞或渗透能力下降,很难清洗恢复,维护较困难。而且由于不能充分利用表层土壤的净化功能,对雨水水质有要求时,应采取适当预处理。在用地紧张的城区,表层土渗透性很差而下层有透水性良好的土层、旧排水管系的改造利用、雨水水质较好、狭窄地带等条件下较适用。一般要求土壤的渗透系数 K 明显大于 6 m/s,距地下水位应有 1 m 以上的保护土层。

渗管(渠)适用于建筑与小区及公共绿地内转输流量较小的区域,不适用于地下水位较高、径流污染严重以及易出现结构塌陷等区域(如位于机动车道下等)。

3)设计要点

中心渗透管一般采用 PVC 穿孔管、钢筋混凝土穿孔管制成,开孔率不少于2%。管四周填充砾石或其他多孔材料;砾石外包透水土工布,防止土粒进入砾石孔隙发生堵塞,以保证渗透顺利。中心管也可用无砂混凝土管等材料制成。为了保证雨水渗透管的有效空间被充分利用,雨水渗透管的连接可以在高程上错开,也可在检查井内设置与上游管沟砾石填料顶标高相平齐的隔板。

为弥补地下渗透管不便管理的缺点,可以采用地面敞开式渗沟或带有盖板的渗透暗渠,底部铺设透水性较好的碎石层,特别适于沿道路或建筑物四周设置。

在设计时,应满足以下要求:

①渗透管(渠)应设置植草沟、沉淀(砂)池等预处理设施。

②渗透管开孔率应控制为2%~5%,无砂混凝土管的孔隙率应大于20%。渗透管渠应能疏通,疏通内径不应小于150 mm,检查井之间的管沟敷设坡度宜采用1%~2%。

③渗透管(渠)四周应填充砾石或其他多孔材料,砾石层外包透水土工布,土工布搭接宽度不应少于200 mm。

④渗透管应设检查井或渗透检查井,井间距不应大于渗透管管径的150倍。井的出水管口标高应高于入水管口标高,但不应高于上游相邻井的出水管口标高。渗透检查井应设0.3 m深的沉砂室。

⑤渗透管沟的储水空间应按积水深度内土工布包覆的容积计,有效储水容积应为储水空间容积与孔隙率的乘积。

图3.20 雨水渗透管安装现场

4)运行维护与管理

①定期对渗透管(渠)进行清淤、疏通,对拦污等预处理设施的垃圾进行清理。

②雨季期间,通过检修孔对渗透管(渠)每月检修1次,保证无堵塞淤积物。

③渗透渠表面出现低凹时,应对其进行修整并增添表层土或碎石层,保证地表坡度与观感达到原设计的要求。

3.2.8 渗透井

1)概念与构造

渗透井指通过井壁和井底进行雨水下渗的设施,为增大渗透效果,可在渗透周围设置水平渗排管,并在渗排管周围铺设砾(碎)石,如图3.21所示。

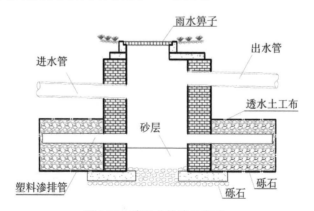

图3.21 渗透井构造示意图

2)分类与特点

渗透井包括深井和浅井两类,深井适用水量大而集中,水质好的情况,如雨季河湖多余水量的地下回灌;在城区常用浅井作为分散渗透设施。渗透井的构造类似于普通的检查井,但井壁和底部均做成透水的,在井底和四周铺设碎石,雨水通过井壁、井底向四周渗透。根据地下水位和地域条件限制等可以设计为深井或浅井。近年来,高分子成品渗透井由于安装方便而得到迅速推广,如图 3.22 所示。

渗透井的主要优点是占地面积和所需地下空间小,建设和维护费用较低,便于集中控制管理。缺点是净化能力低,其水质和水量控制作用有限;水质要求高,不能含过多的悬浮固体,需要预处理(比如沉砂)。

渗透井主要适用于建筑与小区内建筑、道路及停车场的周边绿地内。渗透井应用于径流污染严重、设施底部距离季节性最高地下水位或岩石层小于 1 m 或距离建筑物基础小于 3 m (水平距离)的区域时,应采取必要的措施防止发生次生灾害。

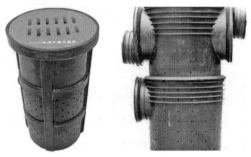

图 3.22　高分子成品渗透井

3)设计要点

在设计时可以选择将雨水口及雨水检查井、结合井等改作成渗透井,渗透井下部依次铺设砾石层和砂层,如图 3.23 所示。渗透浅井的做法可参照当地的标准图集。

①渗透井的直径一般根据渗透水量和地面的允许占用空间确定,如果同时用作管道检查井,还要兼顾人员维护管理的要求,直径应适当增大。由于渗透水位越高,渗透量越大,故渗井深度加大能提高渗水量,但应注意与地下土层和地下水位的关系,既要保证渗透效果,又不能污染地下水。

②渗透井池壁可以使用钢筋混凝土浇筑或预制,其强度应满足地面荷载和侧壁土压力要求。由于存在渗透堵塞的问题,所以雨水通过渗透井下渗前,应设置植草沟、植被缓冲带等设施对雨水进行预处理。

③渗透井出水管的内底高程应高于进水管管内顶高程,但不应高于上游相邻井的出水管管内底高程。

④渗透井调蓄容积不足时,也可在渗井周围连接水平渗排管,形成辐射渗透井。

4)运行维护与管理

①定期检查井盖或井算的完整性,若破损或丢失,尽快更换。

②定期清理截污框内的垃圾,若截污框破损,尽快更换。

③定期疏通雨水进水管、出水管,并清理井底的淤泥。

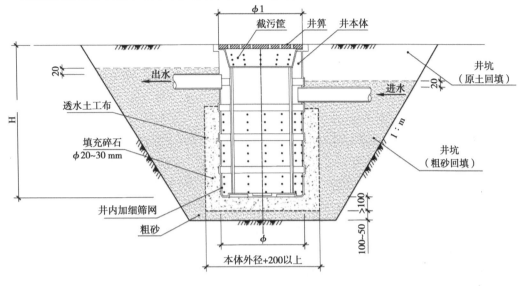

图 3.23 渗透井剖面设计图

3.2.9 埋地渗透池

1)概念与构造

埋地渗透池,实际上是一种地下贮水渗透装置,利用混凝土砌块或塑料模块、穿孔管、碎石空隙、组装式构件等调蓄雨水并逐渐下渗。人造组装式构件(或称模块渗透箱、渗透块)的最大优点是孔隙率可提高到90%,施工简单。图 3.24 是用塑料等人造材料组装块外包土工布建造的地下渗透池案例。

图 3.24 模块化渗透池安装现场

埋地渗透池由拦污雨水口、雨水过滤井(或沉砂井、渗透井)、排水管(或渗透管)等组成。拦污雨水口的功能是收集雨水,同时拦截雨水中的树叶等杂物,雨水口内设置网框,拦截雨水中的固体物质,网框能够取出清理,雨水口为成品,材质为树脂混凝土或 FE 塑料;雨水过滤井设置在渗透池的入口处,主要功能是初沉淀,去除雨水中的泥沙,减少渗透池内的沉积物,雨水过滤井为成品,材质可以为 PP 塑料;排水管或渗透管的功能是起输送雨水的作用。所有组成单元外侧均敷设透水土工布,并采用级配砂砾石包裹。

2)设计要点

①埋地渗透池的入水口上游应设泥沙分离设施。

②埋地渗透池底部及周边的土壤渗透系数应大于 5×10^{-6} m/s,且池底应高于当地地下水位。

③池体强度应满足地面荷载及土壤承载力的要求。

④池体的周边、顶部应采用透水土工布或性能相同的材料全部包覆。

⑤池内构造应便于清除沉积泥沙,并应设检修维护人孔,人孔应采用双层井盖。

⑥一般设置于绿地内时,池顶覆土应高于周围 200 mm 及以上。

⑦应设计溢流设施,以使超过设计渗透能力的暴雨顺利排出场外,确保安全。

3)运行维护与管理

①定期对拦污、沉砂等预处理设施进行清理。

②定期巡视,疏通进水管。

③入渗不畅时,需更换透水土工布、砾石层。

3.2.10 综合渗透设施

在海绵城市设计时,要考虑现场的地质条件、地形地貌、高程,以及绿地、地下管线等构筑物布局、当地气候降雨特点、雨水水质和总体规划等因素,充分比较各种渗透设施的优缺点和适用条件,经过严谨的水力和水量平衡计算,对不同方案进行经济技术分析和比较,因地制宜地确定最佳设计方案。也可根据具体工程条件,将各种渗透措施进行组合,例如以下几种综合渗透措施的应用方案。

方案 1:采用透水地面、渗透井、渗透管和渗透塘(或地下渗透池)组合的综合渗透设施,其最大优点是可以根据现场条件的多变选用不同类型的渗透措施,取长补短,效果显著。渗透地面和绿地可截留净化部分杂质,超出其渗透能力的雨水进入渗透池(塘),又可渗透、调节和净化。渗透池(塘)的溢流水再通过渗井和滤管下渗,可以提高系统效率并保证安全运行,缺点是措施之间可能相互影响,如水力特征和高程要求、占地面积等。

方案 2:透水地面、植草沟和渗透塘(景观)相结合的综合渗透设施,适合于水质较好的场所。

方案 3:考虑平顶屋面减少初期雨水的污染,设置初期雨水弃流装置,雨水经过绿地进一步去除部分 SS 和污染物后再进入渗透井和渗透管。这种方案占地面积较小,适合在小区建筑物附近采用。

还可以有许多不同的组合,总之,要以系统的观点统筹考虑,改善城市人居环境,体现人与自然的统一和谐,达到最佳效果。

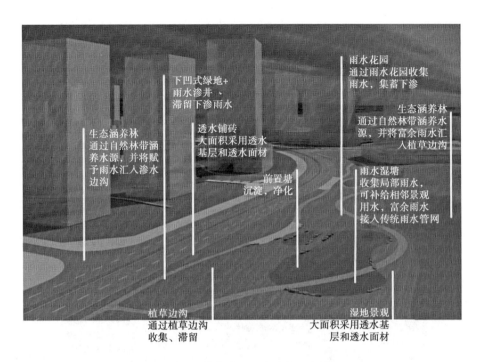

下凹式绿地+
雨水渗井 、
滞留下渗雨水

雨水花园
通过雨水花园收集
雨水，集蓄下渗

生态涵养林
通过自然林带涵
养水源，并将赋
予雨水汇入渗水
边沟

透水铺砖
大面积采用透水
基层和透水面材

生态涵养林
通过自然林带涵养水
源，并将富余雨水汇
入植草边沟

前置塘
沉淀，净化

雨水湿塘
收集局部雨水，
可补给相邻景观
用水，富余雨水
接入传统雨水管网

植草边沟
通过植草边沟
收集、滞留

湿地景观
大面积采用透水基
层和透水面材

图 3.25　综合渗透设施设计示意图

图 3.26　综合渗透设施效果图

图 3.27　综合渗透设施实景图

第4章
生物滞留措施

4.1 生物滞留概述

1）概念与构造

生物滞留设施是指在地势较低的区域，通过植物、土壤和微生物系统蓄渗、净化径流雨水的措施，是一种综合的海绵城市措施。生物滞留设施主要适用于建筑与小区内建筑、道路及停车场的周边绿地，以及城市道路绿化带等城市绿地内。

2）系统构成

生物滞留系统由表面雨水滞留层、种植土壤覆盖层、植被及种植土层、砂滤层和雨水收集等部分组成，可分为简易型生物滞留设施和复杂型生物滞留设施，如图4.1及4.2所示。

（1）表面雨水滞留层

在系统表面留有一定低于周边地表标高的空间，用以收集径流雨水，以及当径流量大时暂时储存雨水。

（2）种植土壤覆盖层

在种植土表层铺树叶、树皮等覆盖物，防止雨水径流对表面土层的直接冲刷，减少水土流失。还可以使植物根部保持潮湿，为生物生长和分解有机物提供媒介，并过滤污染物。

（3）植被及种植土层

该层结构用于过滤径流雨水，种植土层可用50%的砂性土和50%的粒径约2.5 mm的炉渣组成。植物选择上需要注意的是，应选择当地的常见树木、灌木以及草本植物，品种最好保持在3种以上。

（4）砂滤层

在砂滤层和种植土层间添加200 g/m³土工布，用于防止土层被侵蚀进入砂滤层堵塞渗管。渗管开孔率不小于2%,砂滤层采用黄豆大小的滤料。

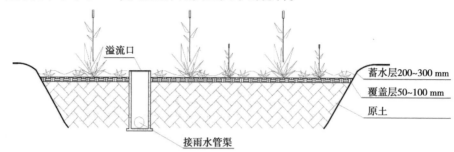

图4.1 简易型生物滞留设施典型构造

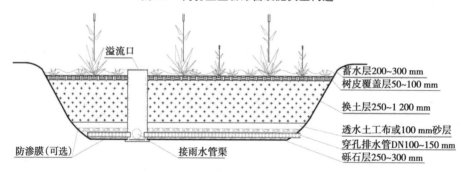

图4.2 复杂型生物滞留设施典型构造

3)功能与特点

生物滞留设施核心功能和作用:滞蓄雨水量、滞留雨水污染物、滞纳雨水峰值。
①降低峰值使其低于允许排水量。
②达到净化雨水的目的。
③延迟出流的峰值时间。

城市的开发形成过多的不透水路面,会造成雨水径流快速流动和集中,使土壤下渗量减少,暴雨径流的体积、流量和频率增加。快速的地表径流会冲蚀表面土壤,也能携带污染物和固体颗粒到下水道及河道。生物滞留措施能够有效降低雨水径流流量,峰值流量可被降低49%~59%,峰流的平均产生时间也被延迟5.8~7.2倍。生物滞留池对雨水径流中的总悬浮颗粒物(TSS)、重金属、油脂类及致病菌等污染物有较好的去除效果,而对N、P等营养物质的去除效果不稳定。据相关资料,生物滞留池污染物去除能力详见表4.1。

表4.1 生物滞留池污染物处理能力

TSS	TP	TKN	TN	NH₃-N	NO₃-N	Cu
>90%	77.5%	75%	57.1%	80.0%	63.2%	81.0%

生物滞留设施形式多样、适用区域广、易与景观结合,径流控制效果好,建设费用与维护费用较低;但地下水位与岩石层较高、土壤渗透性能差、地形较陡的地区,应采取必要的换土、防渗、设置阶梯等措施避免次生灾害的发生。

4.2　生物滞留措施

生物滞留措施按应用位置不同,可分为雨水花园、植被缓冲带、生态道路、生态广场、植草沟、下凹式绿地、干塘、湿塘及绿色屋顶等。其中,植草沟、下凹式绿地和绿色屋顶也属于渗透措施,参见第 3.2 节相关内容。干塘、湿塘也属于调蓄措施,参见第 5 章相关内容。下面重点介绍雨水花园、植被缓冲带、生态道路、生态广场(公园)。

4.2.1　雨水花园

1)概念与构造

雨水花园是指利用土壤和微生物系统使雨水得到净化的同时被滞留以减少径流量的工程设施,一般由植物层、蓄水层、覆盖层、土壤层、过滤层(或排水层)构成,如图 4.3 所示。

雨水花园与建筑物四周的雨水排水沟连通,收集屋面雨水及雨水花园四周绿地、道路排水,进行滞留、缓排、蒸发及植物净化,有利于提高污染负荷去除率和径流总量控制率。将其与渗井结合,组成雨水蓄渗系统,用于净化、消纳屋面径流,在充分截污减排的同时还能美化周边环境。

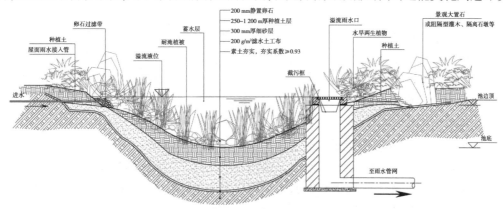

图 4.3　雨水花园做法示意图

图 4.4　雨水花园实景图

2）主要特点

①通过滞蓄措施削减洪峰流量。
②利用植物截流、土壤渗滤净化雨水,减少污染。
③充分利用径流雨量涵养地下水。
④改善小区的环境,达到良好的景观效果。

3）设计要点

①填料层厚度宜为 500 mm。径流量较小、径流污染较小的区域,可采用改良种植土作为填料层填料;径流量较大、径流污染严重采用级配砂砾石、沸石作为填料层填料。
②边缘距离建筑物基础应不少于 3.0 m。
③选择地势平坦、土壤排水性良好的场地,不得设置在供水系统或水井周边。
④雨水花园内应设置溢流设施,溢流设施顶部应低于汇水面 100 mm。雨水花园的底部与当地的地下水季节性最高水位的距离应大于 1.0 m,当不能满足要求时,应在底部敷设防渗材料。

4）运行维护与管理

①应根据植被品种定期修剪或挖除,修剪高度应保持在设计范围内,修剪的枝叶应及时清理,不得堆积。
②杂草宜采用人工清除,不宜使用除草剂和杀虫剂,特别是在植物生长期,应限制使用。
③定期巡检植物是否存在疾病感染、长势不良等情况,并采取针对性措施;当植被出现缺株时,应定期补种;在植物长势不良处应重新播种,如有需要,应更换更适宜环境的植物品种。
④设有沉砂设施的雨水花园,应定期清理沉砂;汛期前及降雨后应及时清除进水口、溢流口周边的垃圾与沉积物。
⑤进水口、溢流口周围可能因冲刷造成水土流失时,应设置碎石缓冲或采取其他防冲刷措施。边坡或挡水堰由于冲刷、侵蚀出现豁口或坍塌时,应立即进行加固和修补。
⑥应定期清理调蓄空间内的沉积物,雨后沉积物清理的频率应保证每周至少一次,旱季可根据沉积物情况适当减少清理次数。
⑦检查落叶或沉积物堆积是否影响透水,如有,应及时清除落叶、沉积物。
⑧根据积水情况初步判断种植土壤是否堵塞,如土壤淤积物过多或过于压实,应及时替换或翻耕土壤。
⑨对于设有下部排水管的设施,应定期检查排水管是否堵塞、错位、破裂等,检查频率不应少于每季度一次。若排水管堵塞,应进行疏通;若管道错位或破裂,应立即采取措施修复或更换管道。

4.2.2 植被缓冲带

1）概念与构造

植被缓冲带为坡度较缓的植被区,当径流通过植被时,污染物由于过滤、渗透、吸收及生物降解的联合作用被去除,植被同时也降低了雨水流速,使颗粒物得到沉淀,达到净化雨水径流水质的目的。植被缓冲带坡度一般为 2%~6%,宽度不宜小于 2 m。植被选型优先选择耐冲刷、耐浸渍的植被,地形处理时应造型流畅、自然、富有美感。植被缓冲带典型构造如图 4.5 所示。

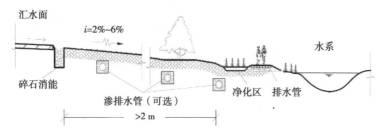

图 4.5　植被缓冲带典型构造图

2)特点

①可以有效地减少悬浮固体颗粒和有机污染物,植被浅沟的 SS 去除率可达到 80% 以上,植被缓冲带可达 5%~25%。对 Pb、Zn、Cu、Al 等金属离子也有一定的去除能力。

②植被能减小雨水流速,保护土壤在大暴雨时不被冲刷,减少水土流失。

③可作为雨水后续处理的预处理措施,可以与其他雨水径流污染控制措施联合使用。

④建造费用较低,具有绿化景观功能,常用于公园、广场或绿道周边,可作为生物滞留设施等低影响开发设施的预处理设施,也可作为城市水系的滨水绿化带。

3)设计要点

①植被缓冲带对污染物的去除效果主要取决于雨水的停留时间、土质、淹没水深、植物类型与生长情况等。设计时尽量满足最大的水力停留时间及最佳的处理效果。

②植被缓冲带应用于道路绿化带时,若道路纵坡大于 1% 应设置挡水堰(台)坎,以减缓流速并增加雨水渗透量;设施靠近路基部分应进行防渗处理,防止对道路路基稳定性造成影响。

③在植被缓冲带底部设置排水沟,沟盖板采用雨水算子,上铺过滤网,再铺 50~100 mm 厚卵石层,以拦截枯枝残叶等垃圾,避免其进入排水系统,如图 4.5 所示。

④缓冲带植被可以由草皮、草甸,其他草本植物、灌木和树木组成,只要草本植物的覆盖率达到 90% 即可。在缓冲带脚坡栽种既耐湿又耐旱的植被,可以将植被区划分成多个区域。植被缓冲带可以因地制宜地设计成多种形式,如图 4.6—图 4.8 所示。

图 4.6　植被缓冲带实景图一

图 4.7 植被缓冲带实景图二　　　　图 4.8 植被缓冲带实景图三

4）运行维护与管理

①定期检查植被生长情况，及时对植物进行修剪，去除设施内杂草，出现死株时应及时清理，并补种或更换植物。

②植物病虫害防治应采用物理或生物防治措施，也可采用环保型农药防治。

③雨后应及时清理植被缓冲带内的垃圾、塑料袋等杂物，其他时间也应定期保洁。

④雨后应检查植被缓冲带内径流流向及水土流失情况，当出现冲刷造成水土流失时，应采取相应措施处理。

⑤植被缓冲带内垃圾或者沉积物堆积时，应及时清理，雨季时宜每月至少清理一次排水沟，根据具体情况可适当增加清理次数。

4.2.3 生态道路

1）概念与构造

生态道路是指采用海绵城市理念设计的道路综合体，包括了透水路面、透水人行道、开口路缘石、下凹式绿地、溢流式雨水口（中央绿化带中设置）、植草沟等措施。通过渗透、滞留、净化，达到消纳雨水径流、净化初期雨水的作用，如图 4.9 所示。

2）设计要点

（1）透水路面

城市道路在满足同等道路功能的前提下，其横断面设计应充分考虑低影响开发设施建设需求，优先选用含绿化带的横断面形式。道路横断面设计应优化道路横坡坡向、坡度，充分考虑路面与道路绿化带及周边绿地的竖向关系，便于雨水径流汇入。同时，应与区域整体内涝防治系统相衔接。

透水路面按照面层材料可分为透水沥青路面、透水水泥混凝土路面和透水砖路面。透水路面结构层应由透水面层、基层、垫层组成，包括封层、找平层和反滤隔离层等功能层。透水沥青路面分为表层排水式、半透式和全透式，对需要减小路面径流量和降低噪声的新建、改建城市高架道路及其他等级道路，宜选用表层排水式；对需要缓解暴雨时城市排水系统负担的各类新建、改建道路，宜选用半透式；停车场、广场，可选用全透式。透水水泥混凝土路面、透水砖路面可分为半透式和全透式,人行道、非机动车道、停车场与广场宜选用全透式;轻型荷载道路可选用半透式。设计应满足《透水水泥混凝土路面技术规程》(CJJ/T 135)和《透水沥青路面技术规程》(CJJ/T 190)的要求。

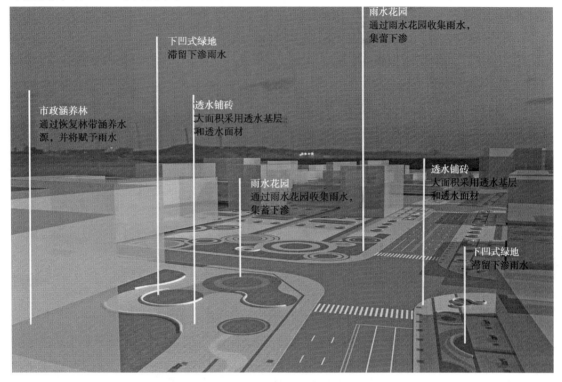

图4.9　生态道路设计示意图

(2)透水人行道

人行道宜采用透水铺装,设计时可参照《透水砖路面技术规程》(CJJ/T 188)。人行道与非机动车道间可设置下凹式绿化带,通过路缘石开孔,使两侧雨水汇集到绿化带中;人行道采用透水铺装来实现对径流总量的控制要求。雨水口可移至绿化分隔带内兼作溢流井(溢流式雨水口),下渗雨水和超量径流通过溢流式雨水口流入市政雨水管渠系统。

(3)生态树池

行道树树池宜设计成为生态树池,人行道内条块状绿地进行下沉式改造,并设置溢流排放系统。生态树池从道路或小型停车场等区域收集雨水径流,并通过树根及周围的土壤介质过滤、捕集污染物,将净化后的径流排入雨水系统。其主要组成包括流入口、蓄水区、树木、池盖、介质、排水层及检查口等。生态树池包括下沉式、平地式和高台式3类,一般用于道路两侧和城市商业区等区域。

(4)开口路缘石

已建道路可通过降低绿化带标高、改造路缘石开口等方式,将道路径流引到下沉式绿化带中,再溢流接入原有市政排水管线或周边水系。新建道路,应将路缘石开口处局部下凹以提高设施进水条件,进水口的开口宽度、设置间距应根据道路竖向坡度调整,进水口处应设置防冲刷设施。

（5）下凹式绿地

道路双向车道之间或道路非机动车道与机动车道之间的隔离带,宜采用下凹式绿化带,通过路缘石开孔,使两侧雨水汇集到绿化带中,同时非机动车道宜采用透水铺装,实现对径流总量的控制要求。道路雨水径流可通过路缘石开口等方式引入绿化带,以分散式进入下凹式绿地以净化、消纳雨水径流。设计时应与道路景观相结合。

绿化带植物宜根据绿地竖向布置、水分条件、径流雨水水质等进行选择,宜选择耐盐、耐淹、耐污能力较强的本土植物。

城市道路周边绿化带内应采取必要的侧向防渗措施,防止雨水径流下渗对道路路面及路基的强度和稳定性造成破坏。对于底部不适宜下渗的路段,还应采取底部防渗措施。

（6）溢流式雨水口

雨水溢流口可设置在下凹式绿地中,也可设置在绿地与硬化铺装的交界处。雨水溢流口的设计高程应高于下凹式绿地的设计高程且低于地表的高程,保证超过下凹式绿地设计蓄水上限的雨水及时通过溢流口排入雨水管渠系统。蓄排水设施底部与当地的地下水季节性高水位的距离应大于 1 m,以保证雨水正常入渗。超标的雨水径流可以通过溢流排放系统与城市雨水管渠系统相衔接,保证上下游排水系统的顺畅,避免内涝。

3）运行维护与管理

①定期对道路进行巡视,检查路缘石有无破损,开口部位有无垃圾及杂物堵塞。

②定期清理中央绿化带内的垃圾,检查溢流式雨水口是否被堵,以保障超标雨水能进入雨水管渠系统,避免内涝。

③其他措施按相应措施的维护与管理要求进行,参见相应章节。

4.2.4　生态广场（公园）

1）概念与构造

生态广场（公园）是指采用海绵城市理念设计的广场（公园）综合体,包括了透水铺装、透水路面、生态树池、下凹式绿地、生物滞留带、雨水回用等措施。通过渗透、滞留、净化、回用达到消纳雨水径流、净化初期雨水的作用。生态广场实景图如图4.10所示。

图4.10　生态广场实景图

2)设计要点

①将现有公园内部分绿地和绿化带改造成下沉式绿地和雨水花园,提升公园景观效果;还可改造为渗透沟渠和植草沟,代替雨水管道,输送其他地块汇流的降雨径流至景观水体或市政雨水管;将现有公园水体改造成景观水体,并栽种景观植物,提升公园景观效果,为市民创造良好的休闲娱乐环境。对于广场,可将现有硬化铺装改造成汀步和透水铺装,增加雨水下渗量;停车场可采用透水砖、嵌草砖、面包砖等透水材料,滞留更多的雨水。

②新建广场和地面公共停车场的硬化应优先选用透水铺装,并配建蓄水模块设施,对经过分隔绿带和透铺装净化后的雨水进行收集,并用于广场冲洗和绿地浇洒。

③在场地条件允许的地块,可将广场周边道路和地块的雨水径流引入绿地进行处理和回用于景观。周边区域雨水径流进入城市绿地内的生物滞留设施、雨水湿地前,应利用沉淀池、前池、植草沟和植被过滤带等设施对雨水径流进行预处理。当广场有水景需求时,宜结合雨水储存设施协调设计。

④根据停车场的不同形式,在停车场周围或内部设置雨水花园、下沉绿地、植草沟等低影响开发设施,增加城市绿色空间,改善生态环境;将停车场雨水口移至下沉绿地或植草沟中,设置溢流式的雨水口,滞留更多的雨水。为了避免绿地中的杂草、枝叶堵塞雨水管道,溢流式雨水口宜设置成截污雨水口;对于污染物较重的停车场,宜安装初期雨水弃流装置,弃流初期雨水,保护下游水体。

对于绿化率较低的停车场,可通过可透水结构进行渗蓄收集雨水至中央调蓄池或渗蓄模块,从而提高地块内雨水渗蓄利用能力;对于绿化率较高的停车场,可通过带状生物滞留设施进行渗蓄、净化雨水,调整场地内竖向高程与雨水口位置,增加底部出水管,提高地块内防涝控制能力。

⑤生态广场(公园)宜采用生态树池,生态树池的植物以大中型的木本植物为主,种植土深度应不小于 1 m。

3)运行维护与管理

①定期对生态广场(公园)进行巡视,清理绿化带内的垃圾及杂物。

②定期检查生态广场(公园)内的溢流式雨水口是否被堵,以保障超标雨水能进入雨水管渠系统,避免内涝。

③对设置有雨水回用系统的生态广场(公园),定期对雨水净化系统进行检修,对沉砂池进行清掏。

④其他措施按相应措施的维护与管理要求进行,参见相应章节。

第5章

雨水调蓄措施

5.1 雨水调蓄概述

雨水调蓄是雨水调节和储存的总称。传统意义上雨水调节的主要目的是削减洪峰流量。通常,利用管道本身的空隙容量调节流量是有限的。如果在城市雨水系统设计中利用一些天然洼地和池塘作为调蓄池,将雨水径流的高峰流量暂存其内,待流量下降后再从调蓄池中将水慢慢地排出,则可降低下游雨水干管的尺寸,提高区域防涝能力,减少洪涝灾害。

通常,雨水调蓄兼有调节的作用,是为满足雨水利用的要求而设置雨水暂存空间,待雨停后将储存的雨水净化后再使用。调蓄池在雨水利用系统中还常常兼作沉淀池之用,一些天然水体或合理设计的人造水体还具有良好的净化和生态功能。

雨水调蓄的方式有许多种,常见雨水调蓄设施根据建筑位置不同,可分为地下封闭式、地上封闭式、地上开敞式(地表水体)等。地下封闭式蓄水池、地上封闭式调蓄池的做法可以是混凝土结构、塑料PP成品、玻璃钢等;地上开敞式常利用天然池塘、洼地、人工水体(人工池塘)、湖泊、河流等进行调蓄。

下面重点介绍雨水罐、湿塘、干塘、雨水调蓄池及雨水多功能调蓄措施。

5.2 雨水调蓄措施

5.2.1 雨水罐

1)概念与构造

雨水罐也称雨水桶,是地上或地下封闭式的简易雨水集蓄利用设施,可用塑料、玻璃钢或金属等材料制成。雨水罐多为成型产品,施工安装方便,便于维护,但其储存容积较小,雨水净化能力有限。它常用于单体建筑屋面雨水的收集利用,将贮水用于浇灌地、浇花、洗车、补充景观水、道路冲洗等多种用途,如图5.1所示。

图 5.1　雨水罐

2)特点

雨水罐一般具有收集、存储和回用屋面径流的功能,可减少外排水量和绿化灌溉等自来水用水量。目前大多数的雨水收集设施是模块化的,可以根据需要进行组装,以适应不同场地的雨水收集要求。作为一种雨水调蓄设施,它一般位于低影响开发雨水系统的前端,应在所需收集雨水的建筑物周边就近布置,且以不影响建筑整体景观风貌为宜。

雨水罐的维护要求并不高,合理设置格栅等污物拦截设施,还可进一步降低维护需求。但所收集的雨水必须在相邻的两场降雨间隔时间内用完,以充分发挥其调蓄能力、减少外排水量,并避免雨水变质、产生臭味等。严禁所收集的雨水回用进入生活饮用水系统。

3)设计要点

①雨水罐应经久耐用、防水性良好、外部不透明和内部清洁平滑。

②雨水罐可采用塑料、玻璃纤维或金属等材料制成。

③雨水罐需要配备合适的盖。

④雨水桶桶口处,要设置细滤网,一来防止杂物进入,二来防止蚊虫产卵。

⑤对于收集雨水量较小的屋面,可以采用地面式雨水罐;对于建筑外立面有特殊要求且雨水量较大、周边场地有条件时,可以采用地下式雨水罐。

⑥可以用混凝土块,木制平台,砖或类似材料制造硬质的基础底座,若地面为山坡,须根据角度制作找平底座。

4)运行维护与管理

①雨水罐防护盖应有防误接、误用、误饮等警示标识,若损坏或缺失时,应及时进行修复。

②过滤装置、进水口、出水口、溢流口存在堵塞或淤积时,应及时更换或清理。

③应根据雨水罐材质类型做好防护措施,塑料材质应防紫外线长时间照射;陶瓷材质应在

周边做好防撞护栏;金属材质应根据需要定期刷防腐涂料。

④每年进行 2 次设施检修,分别在雨季前和雨季进行。雨季前检查雨水罐是否正确连接到溢流地点,是否有堵塞、漏水、裂缝等问题,并控制桶内水位高度,以保证足够的储水空间;应在雨季第一次大降雨后对运行状况进行检查,若出现堵塞漏水,应立即检查阻塞情况并及时修复,连续暴雨的情况下增加检测频次,若发现罐体、连接管、遮盖物出现破损的情况,按照需要及时进行修补或更换受损部件。

⑤定期清扫集水沟和桶盖处的沉积物,每年进行 2 次清淤(雨季之前和雨季);定期清洁和冲洗分流器和过滤器。

⑥若表层遮盖物不能阻止蚊虫,可在雨水收集系统表面添加适量植物油,使幼虫浮在表面进而清除或使用除蚊虫颗粒剂。

5.2.2 湿塘

1)概念与构造

湿塘是指具有雨水调蓄和净化功能的景观水体,雨水同时作为其主要的补水水源。湿塘有时可结合绿地、开放空间等场地条件设计为多功能调蓄水体。即平时发挥正常的景观及休闲、娱乐作用,暴雨发生时使用其调蓄功能,实现土地资源的多功能利用。

湿塘一般由进水口、前置塘、主塘、溢流出水口、护坡及生态护岸、维护通道等构成。湿塘的典型构造如图 5.2 所示。湿塘实景如图 5.3—5.4 所示。

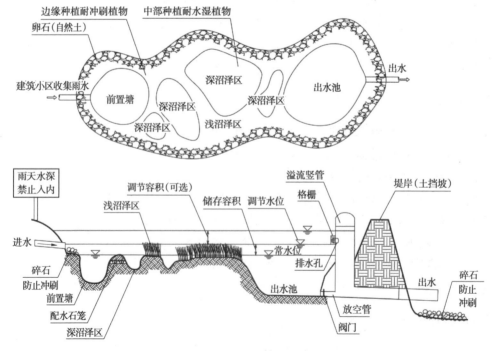

图 5.2　湿塘的典型构造图

图5.3　湿塘实景图一　　　　　　　　图5.4　湿塘实景图二

2）特点

湿塘适用于建筑与小区、城市绿地、广场等具有空间条件的场地。湿塘可有效削减较大区域的径流总量、径流污染和峰值流量,是城市内涝防治系统的重要组成部分;但对场地条件要求较严格,建设和维护费用高。

3）设计要点

①进水口和溢流出水口应设置碎石、消能坎等消能设施,防止水流冲刷和侵蚀。

②前置塘为湿塘的预处理设施,起到沉淀径流中大颗粒污染物的作用;池底一般为混凝土或块石结构,便于清淤;前置塘应设置清淤通道及防护设施,护岸形式宜为生态软生态护岸,边坡坡度(垂直∶水平)一般为1∶2~1∶8;前置塘沉泥区容积应根据清淤周期和所汇入径流雨水的 SS 污染物负荷确定。

③主塘一般包括常水位以下的永久容积和储存容积,永久容积水深一般为0.8~2.5 m;储存容积一般根据所在区域相关规划提出的"单位面积控制容积"确定;具有峰值流量削减功能的湿塘还包括调节容积,调节容积应在24~48 h 内排空;主塘与前置塘间宜设置水生植物种植区(雨水湿地),主塘护岸形式宜为软生态护岸,边坡坡度(垂直∶水平)不宜大于1∶6。

④溢流出水口包括溢流竖管和溢洪道,排水能力应根据下游雨水管渠或超标雨水径流排放系统的排水能力统筹设计。

⑤湿塘应设置护栏、警示牌等安全防护与警示措施。

4）运行维护与管理

①应及时清除湿塘内和周边区域堆积垃圾,以及水面垃圾、漂浮垃圾,保持卫生。

②当水体黑臭时,应及时进行水体治理及生态修复;当水位过低影响景观和植物生长时,应及时补水。

③植物按照周边景观要求进行养护。

④出现水土流失时,应及时修补,若冲刷较为严重,应设置碎石缓冲或采取其他防冲刷措施;定期检查进水口、出水口或溢流口是否出现堵塞或淤积导致过水不畅,应及时清理垃圾与沉积物。

5.2.3 调节塘

1)概念与构造

调节塘也称干塘,是调节设施的一种。其主要功能是削减峰值流量,也可通过合理设计使其具有渗透功能,起到一定的补充地下水和净化雨水的作用。它一般由进水口、调节区(前置塘、主塘)、溢流出水口、护坡及堤岸构成。调节塘的典型构造图如图5.5所示,实景图如5.6所示。

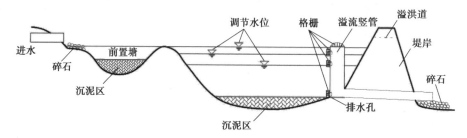

图 5.5 调节塘的典型构造图

图 5.6 调节塘(干塘)实景图

2)特点

调节塘适用于建筑与小区、城市绿地等具有一定空间条件的区域。调节塘可有效削减峰值流量,建设及维护费用较低,但其功能较为单一,宜利用下沉式公园及广场等与湿塘、雨水湿地合建,构建多功能调蓄水体。

3)设计要点

①进水口和溢流出水口应设置碎石、消能坎等消能设施,防止水流冲刷和侵蚀。

②前置塘为湿塘的预处理设施,起到沉淀径流中大颗粒污染物的作用;池底一般为混凝土或块石结构,便于清淤;前置塘应设置清淤通道及防护设施,护岸形式宜为软生态护岸,边坡坡度(垂直：水平)一般为1：2~1：8;前置塘沉泥区容积应根据清淤周期和所汇入径流雨水的SS污染物负荷确定。

③调节区深度一般为0.6~3 m,塘中可以种植水生植物以减小流速、增强雨水净化效果。

塘底设计成可渗透时,塘底部渗透面距离季节性最高地下水位或岩石层不应小于 1 m,距离建筑物基础不应小于 3 m(水平距离)。主塘生态护岸宜为软生态护岸,边坡坡度(垂直:水平)不宜大于 1:6。

④调节塘出水设施一般设计成多级出水口形式,以控制调节塘水位,增加雨水水力停留时间(一般不大于 24 h),控制外排流量。出水口包括溢流竖管和溢洪道,排水能力应根据下游雨水管渠或超标雨水径流排放系统的排水能力确定。

⑤调节塘应设置护栏、警示牌等安全防护与警示措施。

4)运行维护与管理

①及时清除杂草。应最大限度减少除草剂的使用,长势不良处应及时重新补种植物。

②定期修剪,使植物保持在设计高度范围之内。

③及时清除进出水口垃圾及杂物,疏通进水设施。

④定期清理塘底积泥和垃圾,疏通出水设施。如果排空时间超过要求,重点检查出水口及进水管道是否堵塞、下游是否顶托。

⑤如有严重侵蚀,应增加卵石或者碎石并合理布置。

5.2.4　雨水调蓄池

1)概念与构造

雨水调蓄池指具有雨水储存功能的集蓄利用设施,同时也具有削减峰值流量的作用,主要有钢筋混凝土蓄水池,砖、石砌筑蓄水池及塑料模块拼装式蓄水池,用地紧张的城市大多采用地下封闭式蓄水池。

2)分类及特点

雨水调蓄池适用于有雨水回用需求的建筑与小区、城市绿地等。根据雨水回用用途不同(如绿化、道路喷洒及冲厕等),需配建相应的雨水净化设施;不适用于无雨水回用需求和径流污染严重的地区。雨水调蓄池具有节省占地、雨水管渠易接入、避免阳光直射、防止蚊蝇滋生、储存水量大等优点,但建设费用高,后期需重视维护管理。

雨水调蓄池的位置一般设置在雨水干管(渠)或有大流量交汇处,或靠近用水量较大的地方,尽量使整个系统布局合理,可以是单体建筑单独设置,也可是建筑群或区域集中设置。

雨水调蓄池的方式有许多种,根据建造位置不同,可分为地下封闭式、地上封闭式、地上开敞式(地表水体)等。地下封闭式调蓄池的做法可以是混凝土结构、砖石结构、玻璃钢、塑料与金属结构等。地上封闭式调蓄池的常见做法有玻璃钢、塑料与金属结构等。地上开敞式常利用天然池塘、洼地、人工水体、湖泊、河流等进行调蓄。

(1)地下封闭式调蓄池

目前地下调蓄池一般采用钢筋混凝土或砖石结构,其优点是节省占地;便于雨水重力收集;避免阳光的直接照射,保持较低的水温和良好的水质,使藻类不易生长,防止蚊蝇滋生,使用安全。

近年来,市场上出现了 PP 模块蓄水池,如图5.7所示。其材料一般用高品质的再生 PP 聚丙烯注塑成型,具有超强的耐强酸、强碱的特点,在海绵城市建设中被大量推广使用。

地下封闭式调蓄池增加了封闭设施,具有防冻、防蒸发功效,可常年蓄水,也可季节性蓄水,适应性强。可以用于用地紧张、对水质要求较高的场合,但施工难度大,费用较高。设计时应根据当地建筑材料情况选用结构形式。

（2）地上封闭式调蓄池

地上封闭式调蓄池一般用于单体建筑屋面雨水集蓄利用系统中,常用玻璃钢、金属或塑料制作。

图5.7 地下 PP 模块调蓄池

其优点是安装简便,施工难度小,维护管理方便,但需要占用地面空间,水质不易保障。该方式调蓄池一般不具备防冻功效,季节性较强。

（3）地上开敞式调蓄池

地上开敞式调蓄池属于一种地表水体,其调蓄容积一般较大,费用较低,但占地较大,蒸发量也较大。地表水体分为天然水体和人工水体。地表敞开式调蓄池尽量利用天然洼地或池塘,减少土方,减少对原地貌的破坏,并应结合景观设计或区域整体规划及现场条件进行综合设计。设计时往往要将建筑、园林、水景、雨水的调蓄利用等以独到的审美意识和技艺手法有机地结合在一起,达到完美的效果。作为一种人工调蓄水池,一般不具备防冻和减少蒸发的功能。对数十座城市二百多个住宅小区景观水池的调研表明,渗漏率超过 50%,因此,在结构选择、设计和维护中注意采取有效的防渗漏措施十分重要。一旦出现渗漏,修复将是非常困难和昂贵的工作。尤其对较大型的调蓄池,在拟建区域内有池塘、洼地、湖泊、河道等天然水体时,应优先考虑利用它来调蓄雨水。

3）设计要点

设计要点具体参见第5.3节。

4）运行维护与管理

①雨季应定期检查进水口、溢流口及通风口的堵塞及淤积情况,及时清理调蓄池进水管道、溢流堰、沉淀室、筛网等处的垃圾与杂物。

②雨季应定期检查通气孔、人孔、溢流管是否有昆虫、污物、污水进入,必要时应更换防虫网、人孔盖。

③预见性大暴雨前,应及时将雨水调蓄池内雨水排出,预留足够的调蓄空间。

④每年汛期开始前和汛期结束后分别对蓄水池进行 1 次清洗和消毒。其中,模块蓄水池的冲洗应考虑池型、节能、操作便捷等因素。采用人工冲洗清淤时,应确保通风透气,进行有毒有害气体实时监测,下池操作人员应配备防护装置,并安排地面安全监护人员。采用水力设备清淤冲洗时,冲洗频率应依据使用频率而定。采用机械冲洗时,应采用操作便捷、故障率低、冲洗效果好、抗腐蚀的设备。根据蓄水池回用要求的不同,选择不同的水质标准,若为灌溉、景观

用水,则水质需满足《景观娱乐用水水质标准》。

⑤调蓄池内水泵、阀门等机械设备及电器自控设备的维护应符合现行行业标准《城镇排水管渠与泵站维护技术规程》(CJJ 68)及《城镇污水处理厂运行维护及安全技术规程》(CJJ 60)的有关规定。

⑥模块式蓄水水位应正常,在没有出水的情况下水位应无明显下降,模块式蓄水底部积泥深度不应超过 200 mm;如超过,应及时进行反冲洗,当达到反冲洗设计时间后开启排污管道,将反冲洗废水排出。

⑦对于以调节功能为主的模块式蓄水池,在降雨来临前应将模块式蓄水池内的水位降至调节水位,进行雨水回用或者错峰排放到雨水管网。

⑧对于以雨水利用为主的模块式蓄水池,池内雨水最长储存时间不宜超过 10 d。

⑨运行维护单位应每年对模块式蓄水池外观及结构进行检查,发现沉降、破损、渗漏等问题应及时补救。如果水位异常下降,可能是由于防水土工布损坏,应及时更换。

5.2.5　雨水多功能调蓄

1)概念与构造

多功能调蓄就是把雨水的排洪、减涝、利用与城市的生态环境和其他一些社会功能更好地结合,高效地利用城市宝贵土地资源的一类综合性的城市治水与利用设施。通过合理的设计,它们能较大幅度地提高排涝标准,减低排涝设施的费用,更经济、更显著地调蓄利用城市雨水资源和改善城市生态环境,充分体现可持续发展的思想。这类设施与一般雨水调蓄池最明显的区别就是,其设计标准较高、规模大,而在非雨季或没有大的暴雨时,多功能调蓄设施可创造城市水景或湿地,为动植物提供栖息场所,改善城市景观和生态环境,削减洪峰、减少水涝,调蓄利用雨水资源,增加地下水补给,创造城市公园、绿地、停车场、运动场、市民休闲集会和娱乐场所等,从而显著地提高对城市雨水科学化管理的水平和效益。

2)功能与特点

①调蓄暴雨峰值流量,减少洪峰对周边或下游重要区域造成的水涝灾害,减少雨水外排,从而提高排水系统的排涝能力及防涝标准。

②调蓄的雨水可用于绿化、冲洗道路等,节约水资源。

③补充水景蒸发和渗漏损失,降低水景的运行成本。

④有良好的景观效果,可提高土地的利用效率。

3)应用

雨水多功能调蓄特别适用于城乡接合部、卫星城镇、新开发区、大型生态住宅区或保护区、公园、城市绿化带、高速路和立交桥附近的绿化带、城市低洼地有足够的汇水面和径流量排洪压力大的区域等。我国大规模的城市雨水调蓄利用主要体现在湖泊、水库、河道和城市湿地等,也有少量的利用地下大型管渠或调蓄池调节暴雨峰值流量,大量应用受到许多限制,上述这种专门设计的多功能调蓄设施还少有。如何结合我国的实际,根据当地的降雨条件、城市生态环境状况、基础设施建设与发展水平和城市的总体规划,科学、安全地设计这种新型的生态型多功能调蓄利用设施,还有许多问题和复杂的因素需要考虑,有待通过深入的研究来逐步地推广实施。

对城市雨水利用系统,一般的雨水储存最大的问题是储存池容积受到限制,不容易达到明显调蓄暴雨洪峰的目的。为了更多地调蓄雨水,占地和投资都会很大,调蓄设施的闲置时间很长,影响雨水利用系统的经济性,在我国许多降雨比较集中、暴雨又较多的城市,这个问题尤为突出。我国许多的城市都同时面临严重缺水、雨水径流对城市水系的严重污染和城市多发性水涝的困扰,土地资源也越来越紧缺和珍贵。因此,开展多功能调蓄技术研究和应用无疑符合城市可持续发展战略,对我国许多城市生态环境的保护和修复,都具有十分重大的意义。

5.3　雨水调蓄池设计

雨水调蓄池是一种雨水收集设施,主要作用是把雨水径流的高峰流量暂存,待最大流量下降后再从调蓄池中将雨水慢慢地排出,达到既能规避雨水洪峰,提高雨水利用率,又能控制初期雨水对受纳水体的污染,还能对排水区域间的排水调度起到积极作用。在雨水利用工程中,为满足雨水利用的要求而设置调蓄池储存雨水,储存的雨水净化后可综合利用。对需要控制面源污染、削减排水管道峰值流量防止地面积水或需提高雨水利用程度的城镇,宜设置雨水调蓄池。

如果调蓄池后设有泵站,则可减少装机容量,降低工程造价。雨水调蓄池设置位置的选择:若有天然洼地、池塘、公园水池等可供利用,其位置取决于自然条件。若考虑筑坝、挖掘等方式建调蓄池,则要选择合理的位置,一般可在雨水干管中游或有大流量管道的交会处;或正在进行大规模住宅建设和新城开发的区域;或在拟建雨水泵站前的适当位置,设置人工的地面或地下调蓄池。

5.3.1　设计原则

①按照海绵城市专项规划,按调蓄的雨水量、调蓄的目的、调蓄的用途进行设计。

②在径流路径的源头需设置透水措施或生物滞留措施等预处理措施。

③用于削减峰值流量和雨水综合利用的调蓄池宜设置在源头,雨水综合利用系统中的调蓄池宜设计为封闭式,采用与排水管渠并联的形式;若只削减峰值流量,则采用与排水管渠串联的形式。

④用于削减峰值流量和控制径流污染的调蓄池宜设置在管渠系统中,设计为地下式,并采用接收池。

⑤用于控制径流污染的调蓄池,当进水污染初期效应明显时采用接收池;当初期效应不明显时采用通过池;当进水流量冲击负荷大,且污染持续较长时间时采用联合池。

⑥雨水调蓄池设置在地下室时,应合理设置溢流设施及排空措施。通过溢流口直接重力溢流至室外雨水管渠。若无法直接重力溢流的,可溢流至集水井,通过水泵排至室外雨水管

渠。集水井、排水泵、排水管均应满足 50 年一遇重现期的排放要求。

⑦蓄水模块作为雨水储存设施时，应考虑周边荷载的影响，其竖向荷载能力和侧向荷载能力应大于上层铺装和道路荷载的施工要求。模块水池内应具有良好的水流流动性，水池内的流通直径应不小于 50 mm。

具体设计要求可参照《雨水集蓄利用工程技术规范》(GB 50596)及《城镇雨水调蓄工程技术规范》(GB 51174)的规定。

5.3.2　调蓄池形式

调蓄池既可是专用人工构筑物(如地上蓄水池、地下混凝土池)，也可是天然场所或已有设施(如河道、池塘、人工湖、景观水池等)。由于调蓄池一般占地较大，应尽量利用现有设施或天然场所建设雨水调蓄池，可降低建设费用，取得良好的社会效益。有条件的地方可根据地形、地貌等条件，结合停车场、运动场、公园等建设集雨水调蓄、防洪、城市景观、休闲娱乐等于一体的多功能调蓄池。

根据调蓄池与管线的关系，调蓄类型可分为在线调蓄和离线调蓄。按溢流方式可分为池前溢流和池上溢流，如图 5.8 所示。常见雨水调蓄设施的方式、特点和适用条件见表 5.1。

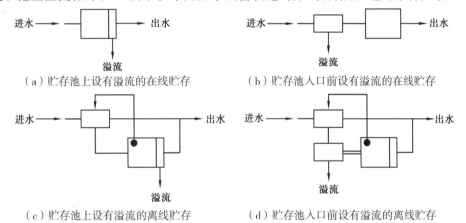

图 5.8　调蓄池型示意图

①以雨水集蓄利用为目的，产流后即流入调蓄池，为简化分析，初期弃流量忽略不计。当池中充满水后开始外排。如在线式雨水调蓄池，如图 5.8(a)所示，此方式可以实现对一定重现期的降雨进行全部收集，即在设计重现期下无外排雨水。

②以雨水集蓄利用为目的，但溢流出口设置在调蓄池前段。当雨水流量超过设计能力时，开始外排，如图 5.8(b)所示。

③以调节洪峰和下渗为主要目的，水量较小时，先通过渗透池下渗，然后通过管道直接排放，当流量达到某一控制值时开始调蓄洪峰，让雨水流入调蓄池，等流量下降后再缓慢地排放雨水，或贮存再利用，如图 5.8(c)(d)所示。

表5.1 雨水调蓄的形式及特点

雨水调蓄方式			特点	常见做法	适用条件
调节贮存池	建造位置	地下封闭式	节省占地;雨水管渠易接入;但有时溢流困难	钢筋混凝土结构、砖砌结构、玻璃钢水池等	多用于小区或建筑群雨水利用
		地上封闭式	雨水管渠易于接入,管理方便,但需占用地面空间	玻璃钢、金属、塑料水箱等	多用于单体建筑雨水利用
		地上敞开式	充分利用自然条件,可与景观、净化相结合,生态效果好	天然低洼地、池塘、湿地、河湖等	多用于开阔区域
	调蓄池与管线关系	在线式	一般仅需一个溢流出口,管道布置简单,漂浮物在溢流口处易于清除,可重力排空,但自净能力差,池中水与后来水发生混合。为了避免池中水被混合,可以在入口前设置旁通溢流,但漂浮物容易进入池中	可以做成地下式、地上式或地表式	根据现场条件和管道负荷大小等经过技术经济比较后确定
		离线式	管道水头损失小;在非雨期间池子处于干的状态。离线式也可将溢流井和溢流管设置在入口上		
雨水管道调节			简单实用,但贮存空间一般较小,有时会在管道底部产生淤泥	在雨水管道上游或下游设置溢流口	
多功能调蓄			可以实现多种功能,如削减洪峰,减少水涝,调蓄利用雨水资源,增加地下水补给,创造城市水景或湿地,为动植物提供栖息场所,改善生态环境等,发挥城市土地资源的多功能利用	主要利用地形、地貌等条件,常与公园、绿地、运动场等一起设计和建造	城乡接合部、卫星城镇、新开发区、生态住宅区或保护区、公园、城市绿化带、城市低洼地等

5.3.3 调蓄池常用布置形式

雨水调蓄池的位置,应根据调蓄目的、排水体制、管网布置、溢流管下游水位高程和周围环境等综合考虑后确定。根据调蓄池在排水系统中的位置,可分为末端调蓄池和中间调蓄池。末端调蓄池位于排水系统的末端,主要用于城镇面源污染控制。中间调蓄池位于一个排水系统的起端或中间位置,可用于削减洪峰流量和提高雨水利用程度。当用于削减洪峰流量时,调蓄池一般设置于系统干管之前,以减少排水系统达标改造工程量;当用于雨水利用贮存时,调蓄池应靠近用水量较大的地方,以减少雨水利用灌渠的工程量。

一般常用溢流堰式或底部流槽式的调蓄池。

1)溢流堰式调蓄池

溢流堰式调蓄池如图 5.9(a)所示。调蓄池通常设置在干管一侧,有进水管和出水管。进水管较高,其管顶一般与池内最高水位相平;出水管较低,其管底一般与池内最低水位相平。设 Q_1 为调蓄池上游雨水干管流量,Q_2 为不进入调蓄池的超越流量,Q_3 为调蓄池下游雨水干管流量,Q_4 为调蓄池进水流量,Q_5 为调蓄池出水流量。

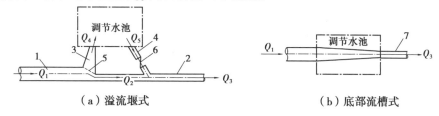

（a）溢流堰式　　　　　　　　　（b）底部流槽式

图 5.9　雨水调蓄池布置示意图

1—调蓄池上游干管;2—调蓄池下游干管;3—池进水管;
4—池出水管;5—溢流堰;6—止回阀;7—流槽

当 $Q_1<Q_2$ 时,雨水流量不进入调蓄池而直接排入下游干管。当 $Q_1>Q_2$ 时,这时将有 $Q_4=(Q_1-Q_2)$ 的流量通过溢流堰进入调蓄池,调蓄池开始工作。随着 Q_1 的增加,Q_4 也不断增加,调蓄池中水位逐渐升高,出水量 Q_5 也相应渐增。直至 Q_1 达到最大流量 Q_{max} 时,Q_4 也达到最大。然后随着 Q_1 的降低,Q_4 也不断降低,但因 Q_4 仍大于 Q_5,池中水位逐渐升高,直至 $Q_4=Q_5$,调蓄池不再进水,此时池中水位达到最高,Q_5 也最大。随着 Q_1 的继续降低,调蓄池的出水量 Q_5 已大于 Q_1,贮存在池内的水量通过池出水管不断地排走,直至池内水放空,此时调蓄池停止工作。

为了不使雨水在小流量时经出水管倒流入调蓄池内,出水管应有足够坡度,或在出水管上设止回阀。

为了减少调蓄池下游雨水干管的流量,池出水管的通过能力 Q_5 希望尽可能地减小,即 $Q_5≤Q_4$。这样,就可使管道工程造价大为降低。所以,池出水管的管径一般根据调蓄池的允许排空时间来决定。通常,雨停后的放空时间不得超过 24 h,放空管直径不小于 150 mm。

2)底部流槽式调蓄池

底部流槽式调蓄池如图 5.9(b)所示,图中 Q_1 及 Q_3 意义同上。

雨水从池上游干管进入调蓄池后,当 $Q_1≤Q_2$ 时,雨水经设在池最底部的渐缩断面流槽全部流入下游干管排走。池内流槽深度等于池下游干管的直径。当 $Q_1>Q_3$ 时,池内逐渐被高峰时的多余水量 (Q_1-Q_3) 所充满,池内水位逐渐上升,直到 Q_1 不断减少至小于池下游干管的通过能力 Q_3 时,池内水位才逐渐下降,直至排空。

5.3.4　调蓄池设计与计算

1)基于流量调节的调蓄池下游干管设计流量计算

由于调蓄池存在蓄洪和滞洪作用,因此计算调蓄池下游雨水干管的设计流量时,其汇水面积只计算调蓄池下游的汇水面积,与调蓄池上游汇水面积无关。

调蓄池下游干管的雨水设计流量可按式(5-1)计算;

$$Q = \alpha Q_{max} + Q' \tag{5-1}$$

式中　Q_{max}——调蓄池上游干管的设计流量,m^3/s;

　　　Q'——调蓄池下游干管汇水面积上的雨水设计流量,应按下游干管汇水面积的集水时间计算,与上游干管的汇水面积无关,m^3/s;

　　　α——下游干管设计流量的减小系数:

对于溢流堰式调蓄池:

$$\alpha = \frac{Q_2 + Q_5}{Q_{max}} \tag{5-2}$$

对于底部流槽式调蓄池:

$$\alpha = \frac{Q_3}{Q_{max}} \tag{5-3}$$

2)调蓄池容积计算

调蓄池容积计算是调蓄池设计的关键,需要考虑所在地区的降雨强度、雨型、历时和频率、排水管道设计容量等因素。我国国家现行标准《室外排水设计标准》(GB 50014—2021)关于雨水调蓄池容积计算,推荐了三种情形的计算方法。

①当用于控制面源污染时,雨水调蓄池的有效容积应根据气候特征、排水体制、汇水面积、服务人口和受纳水体的水质要求、水体流量、稀释自净能力等确定。规范规定采用截流倍数法,计算式(5-4)如下:

$$V = 3\,600\, t_i (n - n_0) Q_{dr} \beta \tag{5-4}$$

式中　V——调蓄池有效容积,m^3;

　　　t_i——调蓄池进水时间,h,宜采用0.5~1 h,当合流制排水系统雨天溢流污水水质在单次降雨事件中无明显初期效应时,宜取上限;反之,可取下限;

　　　n——调蓄池运行期间的截流倍数,由要求的污染负荷目标削减率、当地截流倍数和截流量占降雨量比例之间的关系求得;

　　　n_0——系统原截流倍数;

　　　Q_{dr}——截流井以前的旱流污水量,m^3/s;

　　　β——调蓄池容积计算安全系数,可取1.1~1.5。

②当用于削减排水管道洪峰流量时,雨水调蓄池的有效容积可按式(5-5)计算:

$$V = \left[-\left(\frac{0.65}{n^{1.2}} + \frac{b}{t} \cdot \frac{0.5}{n + 0.2} + 1.10 \right) \lg(\alpha + 0.3) + \frac{n^{0.215}}{0.15} \right] \cdot Q \cdot t \tag{5-5}$$

式中　V——调蓄池有效容积,m^3;

　　　α——脱过系数,取值为调蓄池下游设计流量和上游设计流量之比;

　　　Q——调蓄池上游设计流量,m^3/min;

　　　b,n——暴雨强度公式参数;

　　　t——降雨历时,min。

③当用于提高雨水利用程度时,雨水调蓄池的有效容积应根据降雨特征、用水需求和经济效益等确定。

5.3.5　调蓄池放空与附属设施

1)雨水调蓄池放空

必要时,雨水调蓄池应进行放空。调蓄池的放空方式有重力放空和水泵压力放空两种。有条件时,应采用重力放空。对于地下封闭式调蓄池,可采用重力放空和水泵压力放空相结合的方式,以降低能耗。

设计中应合理确定放空水泵启动的设计水位,避免在重力放空的后半段放空流速过小,影响调蓄池的放空时间。雨水调蓄池的放空时间直接影响调蓄池的使用效率,是调蓄池设计中必须考虑的一个重要参数,雨水调蓄池的放空时间与放空方式密切相关,同时取决于下游管道的排水能力和雨水利用设施的规模。考虑降低能耗、排水安全等方面的因素,引入排水效率 η(η 可取 0.3~0.9),计算得调蓄池放空时间后,应对雨水调蓄池的使用效率进行复核,如不能满足要求,应重新考虑放空方式,减少放空时间。

雨水调蓄池的放空时间,可按式(5-6)计算:

$$t_0 = \frac{V}{3\ 600Q'\eta} \tag{5-6}$$

式中　t_0——放空时间,h;

　　　V——调蓄池有效容积,m^3;

　　　Q'——下游排水管道或设施的受纳能力,m^3/s;

　　　η——排水效率,一般可取 0.3~0.9。

2)雨水调蓄池的附属设施

(1)清洗装置

调蓄池使用一定时间后,特别是当调蓄池用于面源污染控制或消减排水管道峰值流量时,易沉淀积泥。因此,雨水调蓄池应设置清洗设施。清洗方式可分为人工清洗和水力清洗,人工清洗危险性大且费力,一般采用水力清洗系统,以人工清洗为辅助手段。对于矩形池,可采用水力清洗翻斗或水力自清洗装置;对于圆形池,可通过进水口和底部构造设计,形成进水自冲洗,或采用径向水力清洗装置。

(2)排气装置

对地下调蓄池来说,为防止有害气体在调蓄池内积聚,应提供有效的通风排气装置。经验表明,每小时 4~6 次的空气交换量可以实现良好的通风效果。若需采用除臭设备时,设备选型应考虑调蓄池的间歇运行、长时间空置的情形,除臭设备的运行应与调蓄池工况相匹配。

(3)检修通道

所有顶部封闭的大型地下调蓄池都需要设置检修人员和设备进出的检修孔,并在调蓄池内部设置单独的检修通道。检修通道一般设置在调蓄池的最高水位以上。

5.3.6　调蓄池冲洗方式

初期雨水径流中携带了地面和管道沉积的污物杂质,调蓄池在使用后底部不可避免地滞留有沉积杂物、泥砂淤积,如果不及时进行清理,沉积物积聚过多将使调蓄池无法发挥其功效。因此,在设计调蓄池时必须考虑对底部沉积物的有效冲洗和清除。调蓄池的冲洗方式有多种,各有利弊,见表 5.2。

表 5.2　调蓄池各冲洗方式优缺点分析

冲洗方式	适合池形	优点	缺点
人工清洗	任何池形	操作简单	危险性高、劳动强度大
水力喷射器冲洗	任何池形	可自动冲洗,冲洗时有曝气过程,可减少异味,投资省,适应于所有池形	需建造冲洗水贮水池,运行成本较高,设备位于池底易被污染和磨损
潜水搅拌器	任何池形	自动冲洗,投资省,适应于所有池形	冲洗效果较差,设备易被缠绕和磨损
连续沟槽自清冲洗	圆形,小型矩形	不需要电力或机械驱动,不需要外部水源,运行成本低、排砂灵活、受外界环境条件影响小、可重复性强、效率高	依赖晴天污水作为冲洗水源,利用其自清流速进行冲洗,难以实现彻底清洗,易产生二次沉积;连续沟槽的结构形式加大了泵站的建造深度
水力冲洗翻斗	矩形	实现自动冲洗,设备位于水面上方,不需要电力或机械驱动,冲洗速度快、强度大,运行费用省	投资较高
HydroSelf拦蓄自冲洗装置清洗	矩形	不需要电力或机械驱动,不需要外部供水,控制系统简单;调节灵活,手动、电动均可控制;运行成本低、使用效率高	进口设备,初期投资较高
节能的"冲淤拍门"	矩形	节能清淤,不需要外动力,不需要外部供水,无复杂控制系统;在单个冲淤波中,冲淤距离长,冲淤效率高,运行可靠	设备位于水下,易被污染磨损
移动清洗设备冲洗	敞开式平底大型调蓄池	投资省,维护方便	因进入地下调蓄池通道复杂而未得到广泛应用

工程设计时根据不同冲洗方式的优缺点,进行技术经济比选,选择合适的冲洗方式,但无论采用何种方式,必要时仍需进行辅助的人工清洗。

第6章
雨水净化措施

6.1 雨水净化概述

由于在降雨初期,雨水溶解了空气中的大量酸性气体、汽车尾气、工厂废气等污染性气体中的有害物质,降落到地面后,在下垫面径流过程中又冲刷屋面、路面或广场,使前期雨水中含有大量的污染物质,因此前期雨水(也称初期雨水)的污染程度较高,甚至超过了普通城市污水的污染程度。如果将初期雨水直接排入自然水体,将会对水体造成非常严重的污染。因此,有必要对雨水进行净化处理,有效地保护我们的自然水体环境。

雨水净化的主要技术措施可以从源头控制、过程转输与阻断、末端治理3个阶段进行,其中源头控制的生态措施包括:透水路面、下凹式绿地、渗透塘、绿色屋顶、渗透池、雨水花园、生物滞留带、干塘等;过程转输与阻断的生态措施包括中央绿化带、植草沟、渗透管、渗透渠、渗透井等;末端治理的生态措施包括生态护岸、雨水生态塘、生态浮床、土壤渗透、湿塘、雨水湿地等。雨水净化技术措施,如图6.1所示。

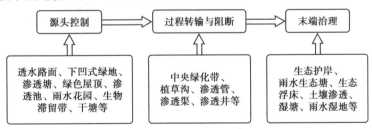

图6.1 雨水净化措施

对于分散雨水径流,雨水的利用不局限于汇流后集中处理,可在场地源头对雨水径流污染进行控制。雨水通过雨水管道收集至项目的雨水处理系统中,依次经过雨水粗分、初雨弃流、雨水生物处理和除臭、雨水净化及消毒杀菌,达到相关的水质标准。雨水是一种非点源污染,可以利用城市绿地进行分散处理。绿地不仅对控制城市地表径流量起到至关重要的作用,而且能够依靠土壤、植被、微生物组成的生态系统净化雨水,是一种最有效且简单的径流污染削减设施。分散排放点的雨水污染物削减设施包括雨水花园、植草沟、生态树池、透水铺装、绿色屋顶等。这些设施可同时削减雨水污染物和径流量,减轻城市雨水管网的压力,还能有效控制雨水径流污染。

对于集中排放的雨水,大部分经过雨水口(或雨水接纳管)汇入城市雨水管网,或者经合流制污水管网的汇集,流到污水处理厂集中处理。雨水集中处理方法与生活污水、工业废水的集中处理方法有所不同,多采取低成本、低运行费用的处理方法,如雨水湿地技术。雨水在流经湿地的过程中,综合受到物理、化学和生物三重作用效果,大的悬浮物被截留吸附,可生化降解的物质被微生物分解转化,难降解的物质则被植物根系富集,从而使出水水质得到净化;再如雨水生物滞留池技术,通过植物、土壤和介质的物理、化学及生物综合作用对径流雨水进行净化处理,降低雨水径流污染,还能起到减缓城市内涝、改善城市生态环境等作用。

6.2　雨水生态净化措施

渗透措施和滞留措施作为雨水源头控制和过程阻断的主要生态措施,它们既是一种雨水截污措施,也是一种自然净化措施。当径流通过这些措施时,污染物被过滤、渗透、吸收及生物降解联合作用去除。第3章和第4章已分别对渗透措施和滞留措施进行了介绍,本章重点介绍雨水的弃流设施和末端治理措施。

6.2.1　雨水预处理和弃流设施

1)雨水预处理的必要性

雨水降落过程中,空气中的溶解气体、悬浮的重金属和细菌等会进入雨水中;同时,雨水在地表形成径流的过程中,在雨水的冲刷或溶解作用下,地表沉积物与雨水混杂,汇流后进入雨水管。表层沉积物包括大量污染物,如固体废弃物碎屑(城市垃圾、枯叶、城市建筑工地沉积物)、化学物质(草坪上的肥料以及农药)、车辆尾气排放等;不同土地的地表有不同的泥沙来源,因此雨水的质量会因地而异、因时而异。一般主要考虑生化需氧量、化学需氧量、悬浮物、总氮等指标。

由于初期雨水径流中的污染物含量较大,为提高雨水利用的水质要求,当雨水通过吸收管网汇总后,将在初期雨水系统中对污染雨水进行弃流处理,雨水中夹带的大量地表垃圾也将被清除。弃流的初期雨水也应进行处理,排入市政污水管网(或雨污合流管网),由污水处理厂进行集中处理。

2)概念与构造

初期雨水弃流是指通过一定的方法或装置,把具有初期冲刷效应和高污染物浓度的降雨初期径流排出,从而降低雨水的后续处理难度。初期雨水弃流设施是雨水利用的重要预处理设施,主要适用于屋面雨水的雨落管、路面径流的集中入口等收集设施的后端。

常用的初期弃流方法有容积法弃流、小管弃流(水流切换法)等,弃流方式包括自控弃流、渗透弃流、弃流池、雨落管弃流等。初期雨水弃流设施典型构造,如图6.2和图6.3所示。

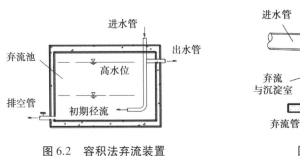

图6.2 容积法弃流装置   图6.3 小管弃流井

3)设计要点

①当初期5 mm雨水的SS浓度大于50 mg/L或COD大于100 mg/L时,应设置初期雨水弃流设施。

②各类下垫面的初期雨水弃流量应根据实测雨水径流中污染物浓度确定,无数据时可按一般屋面弃流1~3 mm,小区路面弃流2~5 mm,市政路面弃流7~15 mm。

③绿地和经过生物滞留设施的硬化地面径流雨水可不设弃流设施。

④当弃流雨水排入污水管时,应采取措施防止污水倒流。

4)运行维护与管理

①定期对进水管、出水管和雨水弃流管的垃圾与沉积物进行清除,方式包括人工清掏、水力冲洗等。

②设施结构的修补、更换。

③定期清理弃流设施内部的截污滤网的残留物,雨季或径流污染严重区域,可据实际情况增加清理频率。

④设有机电设施的弃流井,应定期检查关键设备和电子监测设备,并进行维护,若有损坏或功能异常,应及时维修或更换。

6.2.2 生态护岸

1)概念

生态护岸包括生态挡墙和生态护坡,是指利用生态材料修建、能为河湖环境的连续性提供基础条件的河湖岸坡,以及边坡稳定且能防止水流侵袭、淘刷的自然堤岸的统称。

传统意义上的河道护岸是以河道坡岸的稳定性和河道行洪排涝能力为主,很大程度上忽略了对周边环境以及生态系统的影响。在种类上,传统意义上的河道护岸类型主要分为现浇混凝土护岸、预制混凝土块体护岸、浆砌或干砌块石护岸三种类型。

生态护岸则是利用植物或者植物与土木工程措施以及一些非生命的材料相互结合,从而对河道坡面进行防护,以减轻其不稳定性和侵蚀的一种新型护岸类型。生态护岸是现代河流治理的发展趋势,是以河流生态系统为中心,集防洪效应、生态效应、景观效应和自净效应于一体的新型生态工程。

2)特点与功能

生态护岸适用于河流、湖泊、水库、水景等滨水区域,它具有以下特点:

①植被深根锚固,能降低坡体孔隙水压力,能截留降雨、削弱溅蚀,能控制水土流失,从而提高堤岸的稳定性。

②植被能滞留污染雨水,降解有机污染物,净化水环境。

③为生物提供栖息环境,为人们提供亲水环境。

④与水体结合,具有良好的景观效果。

3)分类

常用的生态护坡形式有植物型护岸、土工材料复合种植基护岸、山石护岸、卵石护岸、生态石笼护岸、植被型生态混凝土护岸、生态袋护岸、多孔结构护岸、自嵌式挡土墙护岸、复合式护岸等。

(1)植物护岸

植物护岸也称自然型生态护岸,其在表面上几乎同原生态的自然堤岸相同。充分利用堤岸植物发达的根系、茂密的枝叶及水生堤岸植物的净化能力,既能固土保沙,又能防止水土流失,还可以增强水体的自净能力。这种类型的护岸会优先选用具有喜水特性且根系发达的固土植物,因其通常具有耐酸碱性、耐高温干旱,同时还具有根系发达、生长快、绿期长、成活率高、价格经济、管理粗放、抗病虫害的特点,如柳树、白杨及芦苇等。而在坡面上一般会撒播草种或铺上草皮。从整体效果上来看,此类型的护岸能够非常完美地与大自然融为一体,但是其抗冲刷能力较差,所以比较适合水流速度较缓、水流量不大的河道。也可以辅以具有一定抗冲刷能力的材料用于保护岸脚。这些材料粗糙的表面能够给微生物提供一个良好的附着环境,材料之间也为水生动植物提供了一个栖息的场所,可以适用于较大流速的城市河道。

植物型堤岸设计时结合水体功能、景观和人们的喜好,采用天然材料为主,并专门设有休闲娱乐的区域,为人们提供与水、植物、动物亲近的机会,有利于与大自然和谐相处。

(2)土工材料复合种植基护岸

土工材料复合种植基护岸又分为土工网垫固土种植基护岸、土工单元固土种植基护岸和土工格栅固土种植基护岸。

土工网垫固土种植基护岸主要由网垫、种植土和草籽3部分组成,如图6.4所示。其优点是固土效果好,抗冲刷能力强,经济环保;缺点是抗暴雨冲刷能力仍然较弱,取决于植物的生长情况;在水位线附近及以下不适用该技术。

土工单元固土种植基护岸是利用聚丙烯等片状材料经热熔粘连成蜂窝状的网片,在蜂窝状单元中填土植草,起到固土护岸作用,如图6.5所示。其优点是材料轻、耐磨损、抗老化、韧性好、抗冲击力强、运输方便,施工方法方便,并可多次利用;缺点是使用的河道坡度不能太陡,水流不能太急,水位变动不宜过大。

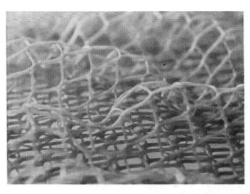
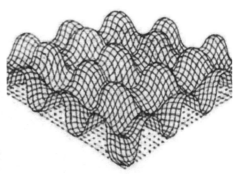

图 6.4　土工网垫固土种植基

图 6.5　土工单元固土种植基

　　土工格栅固土种植基护岸的格栅是由聚丙烯、聚氯乙烯等高分子聚合物经热塑或模压而成的二维网格状或具有一定高度的三维立体网格屏栅,在土木工程中被称为土工格栅,如图6.6所示。土工格栅分为塑料土工格栅、钢塑土工格栅、玻璃土工格栅和玻纤聚酯土工格栅4大类。其优点是具有较强抗冲刷能力,能有效防止河岸垮塌;造价较低,运输方便,施工简单,工期短;土工格栅耐老化,抗高低温。缺点是当土工格栅裸露时,经太阳暴晒会缩短其使用寿命;聚丙烯材料的土工格栅遇火能燃烧。

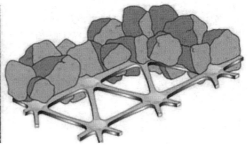

图 6.6　土工格栅固土种植基

（3）山石护岸

　　山石护岸通常直接取用当地的乡土天然石材,不经过专项的加工便置于其中,一眼望去使人有种置身于自然山水之间的感觉,如图 6.7 所示。这些山石的尺寸一般为 1.0~1.5 m,石块与石块之间的缝隙不要求用胶凝材料填塞饱满,而是巧妙地利用碎石和泥土填充,尽量形成气穴,为水生动植物创造生存空间,并能够形成土体与水汽之间的相互交换与循环。

图6.7　山石护岸

（4）卵石护岸

卵石护岸用于防止缓坡坡面基部崩塌,保持水土。雨水或渗水可以无遮拦地流出,达到保护岸面的作用。同时,拥有"扇形"断面的卵石护岸安全性更佳,同时可以为两栖动物提供活动空间,再结合水生植物的种植,自然生态的感觉便应运而生。

（5）生态石笼护岸

石笼网是由高抗腐蚀、高强度、有一定延展性的低碳钢丝包裹上PVC材料后使用机械编织而成的箱型结构,根据材质外形可分为格宾护岸、雷诺护岸、合金网兜等,如图6.8所示。其优点是具有较强的整体性、透水性、抗冲刷性、生态适宜性;有利于自然植物的生长,使岸坡环境得到改善;造价低、经济实惠,运输方便。缺点是由于该护岸主体以石块填充为主,需要大量的石材,因此在平原地区的适用性不强;在局部护岸破损后需要及时补救,以免内部石材泄露,影响岸坡的稳定性。

图6.8　生态石笼护岸

（6）植被型生态混凝土护岸

生态混凝土是一种性能介于普通混凝土和耕植土之间的新型材料,由多孔混凝土、保水材料、缓释肥料和表层土组成,如图6.9所示。其优点是抗冲刷性能好;护岸孔隙率高,为动物及微生物提供繁殖场所;材料的高透气性在很大程度上保证了被保护土与空气间的湿热交换能力。缺点是可再播种性需进一步验证,且护岸价格偏高。

图 6.9　植被型生态混凝土护岸

（7）生态袋护岸

生态袋是采用专用机械设备,依据特定的生产工艺,把肥料、草种和保水剂按一定密度定植在可自然降解的无纺布或其他材料上,并经机器的滚压和针刺等工序而形成的产品,如图6.10所示。其优点是稳定性较强;具有透水不透土的过滤功能;有利于生态系统的快速恢复;施工简单快捷。缺点是易老化,存在生态袋内植物种子再生问题;生态袋孔隙过大袋状物易在水流冲刷下带出袋体,造成沉降,影响岸坡稳定。

图 6.10　生态袋护岸

（8）多孔结构护岸

多孔结构护岸是利用多孔砖进行植草的一类护岸,常见的多孔砖有八字砖、六棱护岸网格砖等。这种具有连续贯穿的多孔结构,为动植物提供了良好的生存空间和栖息场所,可在水陆之间进行能量交换,是一种具有"呼吸功能"的护岸,如图6.11所示。同时,异株植物根系的盘根交织与坡体有机融为一体,形成了对基础坡体的锚固,也起到了透气、透水、保土、固坡的效果。其优点是形式多样,可以根据不同的需求选择不同外形的多孔砖;多孔砖的孔隙既可以用来种草,水下部分还可以作为鱼虾的栖息地;具有较强的水循环能力和抗冲刷能力。其缺点是河堤坡度不能过大,否则多孔砖易滑落至河道;河堤必须坚固,土需压实、压紧,否则经河水不断冲刷易形成凹陷地带;成本较高,施工工作量较大;不适合砂质土层,不适合河岸弯曲较多的河道。

图 6.11　多孔结构护岸

（9）自嵌式挡土墙护岸

如图 6.12 所示，自嵌式挡土墙的核心材料为自嵌块，护岸型式是一种重力结构，主要依靠自嵌块块体的自重来抵抗动静荷载，使岸坡稳定；同时该种挡土墙无须砂浆砌筑，主要依靠带有后缘的自嵌块的锁定功能和自身重量来防止滑动倾覆；另外，在墙体较高、地基土质较差或有活载的情况下，可通过增加玻璃纤维土工格栅的方法来提高整个墙体的稳定性。该类护岸孔隙间可以人工种植一些植物，增加其美感。其优点是防洪能力强；孔隙可为鱼虾等动物提供良好的栖息地；造型多变，主要为曲面型、直面型、景观型和植生型，可满足不同河岸形态的需求；对地基要求低；抗震性能好；施工简便，施工无噪声，后期拆除方便。缺点是墙体后面的泥土易被水流带走，造成墙后中空，影响结构的稳定，在水流过急时容易导致墙体垮塌；该类护岸主要适用于平直河道，弯度太大的河道不适用于此护岸；弯道需要石材量大，且容易造成凸角，此处承受的水流冲击较大，使用这类护岸有一定的风险。

图 6.12　自嵌式挡土墙护岸

（10）复合式护岸

复合式护岸包括混凝土框格梁护岸、绿化混凝土护岸、生态砌块护岸和干砌块石护岸，一般适用于坡面土体易流失，河道水流流速较大（1.5~2.5 m/s）的区域。如图 6.13 和图 6.14 所示，混凝土框格梁护岸是在护岸坡面用混凝土浇筑成网格状的护岸梁，再在框格中填土、种植；绿化混凝土护岸是在整平的护岸坡面上现浇或铺砌预制的绿化混凝土块，并利用绿化混凝土的大孔隙率进行绿化种植；生态砌块护岸是在整平的护岸坡面上铺砌各种生态砌块，并利用生态砌块的大孔隙率进行绿化种植；干砌块石护岸是在整平的护岸坡面上砌筑块石护岸，干砌块石护岸一般与其他生态护岸结合使用，常水位以下采用干砌石坡，以上采用其他型式的生态护岸。

图 6.13　混凝土框格梁护岸

图 6.14　生态砌块护岸、干砌块石护岸

4）生态护岸材料的要求

①生态护岸材料需要满足结构安全、稳定和耐久性等相关要求,常用的生态护岸材料主要有石笼、生态袋、生态混凝土块、开孔式混凝土砌块、叠石、干砌块石、抛石、网垫类及土坡等。

②根据河道的防洪排涝、航运、引排水、连通、生态等功能要求,结合水体的水文特征、周边地块的开发类型、可利用空间、断面形式和景观需求等因素,合理选用。

③不同生态护岸材料的特性指标应符合国家、地方和行业内相关规范标准的规定。对没有相应规定的材料,在设计时应慎重采用;也可通过材料的测试报告、应用条件、规模化工程案例的效果评估等材料,结合治理水体的水文特征、设计断面形式等核算该材料的边坡稳定性,根据核算结果提出生态护岸材质的相关指标值,确保护岸稳定安全。

5）改造已建硬质护岸的要求

①不影响河道行洪排涝、航运和引排水等基本功能,并确保护岸的稳定安全。

②在硬质护岸临水侧河底设置定植设施并培土抬高或者投放种植槽等,局部构建适宜水生植物生长的环境,种植挺水、浮叶或沉水植物。

③挡墙顶部有绿化空间的,可在绿化空间内种植藤本类或者具有垂悬效果的灌木类植被;挡墙顶部无绿化空间的,可在挡墙外沿墙面设置种植槽,槽内种植垂挂式藤本类植被。

6)运行维护与管理

①定期检查。检查的主要内容有:堤顶是否平整,堤坡是否平顺,堤身是否有水沟、浪窝、滑坡、裂缝、塌坑、洞穴、害虫,有无害兽活动痕迹,树草是否齐全,有无违章建筑物等。河道管理部门组织有关单位在汛前共同对河道、堤防、涵闸、泵站、护岸、防汛物料、备用电源、水文测报、观测设施、通信交通等进行全面的检查,并将发现的问题、采取的对策和检查到的其他情况报告给当地主管部门。

②堤顶养护的要求:平坦光滑,无起伏坑凹,边口整齐,排水通畅,树草旺盛,铭牌、界桩规格一致、醒目,达到标准化。堤顶土用纯黏土覆盖,经冬季冻融风化,整修压平。为便于排水,堤顶修成花鼓顶形,即中间高、两边低。弯道处根据行车要求,外侧高于内侧。整平堤顶工作在雨后土质略干时进行。做好堤顶排水工作,保持堤顶平整,防止堤顶冲沟,缩短停止通行时间。堤顶排水分集中排水和分散排水。

③堤坡养护的要求:坦平坡顺,没有水沟、浪窝、陡坎、天井、陷坑、残垣断壁等,使堤身始终处于完整无缺的状态。及时处理雨后及挡水后出现的浪窝、水沟、陷坑等现象。为防止雨水冲刷破坏,搞好草皮护岸,及时补植覆盖不严部位,做好堤顶排水。

④区域范围内的陆地区域应保持清洁,无堆物、料等废弃垃圾。

⑤对水体中的植物进行定期维护,并进行无害化减量。

⑥生态护岸上植物的维护管理参照植物缓冲带。

6.2.3　雨水生态塘

1)概念与构造

雨水生态塘是利用原始地形的洼地,配备一定的动、植物,用于雨水下渗、净化雨水的一种低影响开发措施,具有净化雨水和削减峰值流量的作用。可结合绿地、开放空间等场地条件设计为多功能调蓄水体,即平时发挥正常的景观及休闲、娱乐功能,暴雨发生时发挥调蓄功能,实现土地资源的多功能利用。雨水生态塘适用于汇水面积较大(大于 1 ha)且具有一定空间条件的区域。

雨水生态塘同湿塘类似,一般由进水口、前置塘、主塘、溢流出水口、护坡及生态护岸、维护通道等构成,一般构造如图 6.15 所示。雨水生态塘实景如图 6.16 和图 6.17 所示。

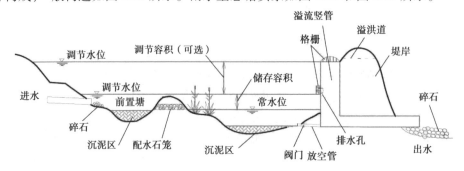

图 6.15　雨水生态塘一般构造图

图 6.16　雨水生态塘实景图一　　　　　　　图 6.17　雨水生态塘实景图二

2)特点

雨水生态塘可有效削减较大区域的径流总量、峰值流量和径流污染,也可有效补充地下水,是城市内涝防治系统的重要组成部分。但它对场地条件要求较严格,后期维护和管理要求较高,主要适用于建筑与小区、城市绿地、广场及生态公园等具有空间条件的场地。

3)设计要点

①进水口和溢流出水口应设置碎石、消能坎等消能设施,防止水流冲刷和侵蚀。

②前置塘为雨水塘的预处理设施,沉淀径流中大颗粒污染物并减缓流速;池底一般采用混凝土或块石结构,便于清淤;前置塘应设置清淤通道和防护设施,护岸形式宜采用软生态护岸,边坡坡度(垂直:水平)一般为 1:2~1:8;前置塘沉泥区容积应根据清淤周期和所汇入径流雨水的 SS 污染物负荷来确定。

③主塘一般包括常水位以下的永久容积、常水位以上的储存容积和调节容积,主塘水深一般为 0.6~3 m,储存容积作为径流污染控制容积,调节容积作为雨水峰值控制容积,均应计算确定;调节容积应在 24~36 h 内排空;主塘与前置塘间宜设置水生植物种植区,主塘护岸宜为软生态护岸,边坡坡度(垂直:水平)不宜大于 1:3。

④溢流出水口包括溢流竖管和溢洪道,排水能力应根据下游雨水管渠或超标雨水径流排放系统的排水能力确定。

⑤雨水生态塘应设置护栏、警示牌等安全防护与警示措施。

4)运行维护与管理

雨水生态塘的运行维护与管理,参照渗透塘和湿塘。

6.2.4　生态浮床

1)概念与构造

生态浮床又称人工浮床、生态浮岛等,它以水生植物为主体,运用无土栽培技术原理,用高分子材料等作为载体和基质,充分利用水体空间生态位和营养生态位,利用物种间共生关系建立高效的人工生态系统,以削减水体中的污染负荷。生态浮床利用表面积很大的植物根系在水中形成浓密的网,能过滤吸附水体中大量的悬浮物,并形成富氧环境;同时,逐渐在植物根系表面形成生物膜,而根系膜内微生物既产生多聚糖,有效吸附水中悬浮物,也能吞噬和代谢水中的污染物,转化成为无机物。通过植物的根系吸收或吸附作用,削减水体中的氮、磷及有机污染物质,使其成为植物的营养物质,通过光合作用转化为植物细胞的成分,促进其生长,最后通过收割浮床植物和捕获鱼虾减少水中营养物质,如总磷、氨氮、有机物等,使水体的营养得到转移,减轻水体由于封闭或自循环不足带来的水体腥臭、富营养化现象。生态浮床一般适用于缺乏自净能力、硬化设计的水体(如水塘、水库和污染严重的河湖)的原位生态修复。生态浮床实景图,如图 6.18 和图 6.19 所示。

图 6.18　生态浮床实景图一　　　　　　图 6.19　生态浮床实景图二

生态浮床分为 3 类:干式浮床、有框湿式浮床和无框湿式浮床。目前广泛应用的是有框湿式浮床,其净化水质效果较好。典型的有框湿式浮床组成包括浮床的框体、浮床床体、浮床基质、浮床植物及固定装置。

(1)浮床框体

浮床框体要求坚固、耐用、抗风浪,目前常用 PVC 管、不锈钢管、木材、毛竹等材料。PVC管无毒无污染、持久耐用、价格便宜、质量小,能承受一定冲击力;不锈钢管、镀锌管等硬度更高、抗冲击能力更强,持久耐用,但缺点是质量大,需要另加浮筒增加浮力,价格较贵;木头、毛竹作为框架比前两者更加贴近自然,价格低廉,但常年浸没在水中,容易腐烂,耐久性相对较差。

(2)浮床床体

浮床床体是植物栽种的支撑物,也是整个浮床浮力的主要提供者。目前主要使用的是聚苯乙烯泡沫板,这种材料具有成本低廉、浮力强大性能稳定的特点,而且原材料来源充裕,不污染水质,材料本身无毒,方便设计和施工,重复利用率相对较高。此外还有陶粒、蛭石、珍珠岩等无机材料作为床体,这类材料具有多孔结构,适合于微生物附着而形成生物膜,有利于降解污染物质,但局限于制作工艺和成本的问题,这类浮床材料目前还停留在实验室研究阶段,实际使用很少。对于栽种漂浮植物的浮床,可以不用浮床床体,依靠植物自身浮力而保持在水面上,利用浮床框体、绳网将其固定在一定区域内也是可行的。

(3)浮床基质

浮床基质用于固定植物植株,同时也是保证植物根系生长所需的水分、氧气条件及能作为肥料的载体,因此基质材料必须具有弹性足,固定力强,吸附水分、养分能力强,不腐烂,不污染水体,能重复利用等特点,以保证植物直立与正常生长。

在生态浮床载体的工程实例及实验室研究中,绝大多数采用的是有机高分子材料制成的浮床载体,如聚苯乙烯或聚氨酯泡沫。这种廉价简陋的泡沫塑料板在受热时会析出有毒物质,若长期放置在水体中,对接触水体的人们及水生生物的健康存在很大的危害。并且这种泡沫制成的浮床置于水体后会严重污染环境,因其是高分子聚合物,在自然界即使经过数百年,也无法被生物分解,不能参加生物循环。而且这种载体均为有机高分子材料,比表面积小,不利于微生物挂膜,容易损坏,废弃后形成所谓的"白色污染",成为固废处理的顽疾。从净化效果来看,在聚苯乙烯或聚氨酯泡沫板上打孔栽种植物后,由于泡沫板漂浮在水面上,阻挡了大气向水体中泌氧,导致泡沫板底部 DO 浓度非常小,对浮床净化能力产生了负面影响。

虽然近年来也有研究蛭石、陶瓷、生物坝、珍珠岩等作为浮床植物的载体,但这些研究也有缺点,如蛭石作为一种轻质多孔云母类硅质矿物,孔隙度达 95%,吸水率为 $0.1 \sim 0.65 \ \mathrm{m^3/m^3}$,经长时间浸泡后会部分下沉。陶瓷虽然可克服聚苯乙烯泡沫板作为载体的缺点等,但是由于其烧制工艺要求和成本均较高,该项技术至今未能获得大规模的应用。生物坝在使用过程中,需要先通过隔板或格栅以及沉砂等一级处理而且无法在其中种植植物以形成景观植物带,因此在景观水体治理中该生物坝并没有得到广泛采用,而是多见于排污口污水处理工程中。同时,近年来国内有人研究采用废旧轮胎作为生态浮床载体,这在一定程度上确实能够缓解日益增多的废旧轮胎的处理压力,实现了废弃物再回收利用,但在实际安装中还存在着一些困难,从审美角度看也存在一些缺陷,因而仍需作进一步的改善。

目前常用的浮床基质多为海绵、椰子纤维等。另外也有直接用土壤作为基质,但缺点是其质量较大,同时可能造成水质污染,目前应用较少,故不推荐使用。

(4)浮床植物

植物是浮床净化水体主体,需要满足以下要求:适宜当地气候、水质条件,成活率高,优先选择本地种;根系发达,根茎繁殖能力强;植物生长快、生物量大;植株优美,具有一定的观赏性等。目前经常使用的浮床植物有美人蕉、芦苇、荻、水稻、香根草、香蒲、菖蒲、石菖蒲、水浮莲、凤眼莲、水芹菜、水雍菜等,在实际工作中要根据现场气候、水质条件等影响因素进行植物筛选。

(5)生态浮床固定

固定装置的设置目的在于防止浮床之间或者与河岸等碰撞而损坏,同时保证浮床不被水流或风浪带走。水下固定形式要视地基状况而定,常用的有重力型、锚固型和桩基型等。这三种装置固定效果相差不大,从美观角度来说锚固型更具优势。重物、船锚、基桩与浮床之间的连接绳应具有一定的伸缩长度,以便浮床随水位变化而上下浮动。另外,为了缓解因水位变动引起的浮床间的相互碰撞,一般在浮床本体和水下固定端之间设置一个小型浮子的做法比较多。也可以通过木桩将其固定,设计时,可以采用直径 150 mm、长度为 4 m 的木桩对浮床进行固定,木桩浮出水面 10~20 cm,其余部分打入水中,作为固定。

2)功能与特点

生态浮床通过遮挡阳光抑制藻类的光合作用,减少浮游植物生长量,通过接触沉淀作用促使浮游植物沉降,有效防止"水华"发生,提高水体的透明度,其作用相对于前者更为明显,同

时浮床上的植物可供鸟类栖息,下部植物根系形成鱼类和水生昆虫生息环境,再造自然生态平衡。总结起来,生态浮床具有以下特点:

(1)经济实用,效果明显

生态浮床已在全国各地广泛用于城市湿地建设。其治污原理是利用生物的自然生态习性,在受损水体中吸收、吸附消化和降解水中的有机污染物,因此,不需要专业的机械设备及化学药剂的投入,可以节省大量的费用开支,减少动力、能源和日常维修管理费用,具有投资少、见效快、节约能源、运行性能稳定、日常维护简单等优点。

(2)改善动植物生长环境,再造自然生态平衡

使用环保材料生产产品,将使产品具有良好的自然适应性。生态浮床是一种生物和微生物生存繁衍的载体。在富营养化水体中浮床上植物悬浮于水中的根系,除了能够吸收水中的有机质外,还能给水中输送充足的氧气;为各种生物、微生物提供适合栖息、附着、繁衍的空间,在水生植物、动物和微生物的吸收、摄食、吸附、分解等功能的共同作用下,使水体污染得以修复,并形成一个良好的自然生态平衡环境。作为鱼类生息场所,生态浮床本身具有适当的遮蔽、涡流、饲料等效果,构成了鱼类生息的良好条件。

(3)建设水上生态文明

生态浮床除具有显著的水质净化效果外,还具有强烈的环境景观功能。随着社会经济的发展,人们生活水平的不断提高,对周围生活和工作的环境也提出了更高的要求,城市园林景观建设正朝着高层次、高品位的方向发展。由于水面绿化景观的效果生动、新颖,越来越引起人们的极大兴趣,目前水景园林建设和水生花卉应用已经形成了一个新兴的行业热点。生态浮床在碧波涟漪之上,花繁叶茂、姹紫嫣红,随波起舞,充满无限的生机,可以美化水域环境,打造靓丽的城市水上景观,提升城市园林建设的整体档次和品位,是一种低投入、高效益的生态环保设施。

(4)可用于鱼塘水体种植无公害蔬菜

现代都市土壤污染严重,用工业废水灌溉菜田,在堆满有毒垃圾的田地种菜,会使污染毒物转移到人体,影响健康。使用生态浮床种植水生经济作物,可有效降低鱼塘中因为饲料的富营养化现象,还可以有效为水中微生物提供繁衍场所,提供养殖水活性,使鱼塘的产量和品质都得到提高。

(5)消波护岸作用,保护水利设施

大面积生态浮床的应用,可以有效地降低风浪对坡岸的拍击与冲刷强度,可对河流、湖泊的坡岸起到良好的保护作用。从这个角度来看,水上生态浮床的应用,既是水面景观设施又是水质净化和水利防护设施。

经过几十年的研究发展,国内、外生态浮床技术得到极大完善,但是由于种种原因,生态浮床技术然而其仍处于试验与示范阶段,在使用中存在一些问题和不足:

①不易进行标准化推广应用。不同的湖泊河流,其富营养化水平不同,水流、温度、风速、水体波动等都各不相同,需要相应的浮床设计组合和浮床植物种类搭配,很难制订一个统一的标准予以推广应用。

②难以推行机械化操作。生态浮床漂浮在水面上,日常的管理均在水面上完成,目前其管理操作大多采用人工完成,管理养护成本大,在小面积的试验示范中尚可,若大面积推广,需要

经常且及时的采收,人工操作就不能满足需要,限制其发展。

③难以过冬。生态浮床上的植物大多数不能过冬,需要在第二年春天重新种植,尤其在冬季天气较冷的我国北方地区生态浮床上的植物根本不能成活。

④使用范围受限。目前国内外使用的生态浮床单体面积较小,大多数是在小面积的河湖中使用,难以对较大的河湖进行生态修复,现需要有超大面积的生态浮床。

3)设计要点

①稳定性:从浮床选材和结构组合方面考虑,设计的浮床需能抵抗一定的风浪、水流的冲击而不致被冲坏。

②耐久性:正确选择浮床材质,保证浮床能历经多年而不会腐烂,能重复使用。

③景观性:考虑气候、水质条件,选择成活率高、去除污染效果好的观赏性植物,能给人以愉悦的享受。

④经济性:结合上述条件,选择适合的材料,适当降低建造的成本。

⑤便利性:设计过程中要考虑施工、运行、维护的便利性。

4)浮床植物选择原则

植物在生态浮床中占有主导地位,选择合适的植物是保证浮床生态功能实现的前提和根本,因此,其植物的选择显得非常重要。一般应遵循以下原则:

(1)耐水性

生态浮床是将陆生或者湿生的植物种植在水面上,因此植物能否耐水是浮床物种选择的一个重要方面,只有能够很好地在水面生长的植物,才能发挥其净化污染物的作用。

(2)耐污性

选择耐污能力强的植物作为浮床植物,否则在高浓度污染水体中,植物有可能出现生长不良甚至死亡等现象。

(3)根系性

浮床植物根系对净化污染起到非常重要的作用,其净化能力与其根系的发达程度,以及茎叶生长状况密切相关,因此选择浮床植物时,必须考虑植物的根系生长状况,在实际应用过程中,应选择一些根系庞大、须根多、表面积大的植物。

(4)土著性

所选的物种应对当地气候,水文等条件有较好的适应能力,最好选择几种土著植物作为浮床植物的主要物种来源。

(5)季节性

浮床物种的选择应注意冬季物种和夏季物种的搭配组合,用以保证浮床全年维持其生态功能。

(6)景观性

所选浮床植物应具有一定的美学价值,用以保证浮床系统的景观效应。

5)运行维护与管理

①生态浮床投入运行后,需定期检查浮床床体、组成单元完整情况,发现破损等情况应及

时修理;针对已达到使用年限的浮床,应及时清理或替换。大风大雨天气及泄洪前后应检查生态浮床的固定情况,如有脱落应及时固定牢固。

②定期检查生态填料破损、漂浮、掉落或扎带破损,及时更换接口或扎带,清洗漂浮、掉落生态填料,重新安装使用。

③植物的收割和清理。水生植物的死亡有可能会向水体释放一些有害的污染物,使水体的污染物浓度升高。因此,需要定期对水生植物进行收割和清理,清理后需补充种植新的植株。

沉水植物休眠后,茎叶失去活性,应及时予以收割,避免发生枯叶二次污染。另外,高体型沉水植物过度生长,会影响湖面的清洁与景观,应予以及时修剪。水生植物可采取间断分块收割。有必要根据水草生长和繁衍机理,按照草类和藻类富营养化发生机制决定水草收割时间、收割面积比例等。

枯萎枝叶的整修清理是挺水植物养护管理的重要内容。残枝败叶堆置沤肥或深埋焚毁能减少病虫害,使植株保持美观、整齐的姿态,同时,植物残体在水中积存,会使水质恶化,并导致水体营养素的循环而使水体保持富营养化状态,所以这是防止水体污染的必要措施。

挺水和浮叶植物一般在冬季枯萎,如芦苇、花叶芦竹等,此时应及时收割。植物收割是利用专用刀具收割水生植物的茎叶部分,不伤及根系。用修剪刀修剪时,整剪留茬应低矮整齐。另外,挺水植物生长期内合理修剪可有效促使其生长、开花。应根据植物生长情况合理修剪,并结合疏删弱枝弱株,达到通风透光的目的。个别挺水型植物无性繁殖能力强,如果超过设计需要的范围不予控制,便会造成过度蔓延的状况,进而侵占其他植物的生长空间,造成灾害,应及时予以控制,控制方法为:绞拔、耙捞建设生态隔离带或物理隔离带,或结合修剪进行整治,切除多余根蘖,防止种子散播等。绞拔就是使用两根细竹竿夹住水生植物的冠部,并拢后用力转动,将水草缠绕在竹竿上,然后向上拖拽,就可以把水草连根拔起。这是一种选择性收获方式,可以有效控制植物的蔓延。

④防治病虫害。应注意防治虫害,在不污染浮床所在水体水质前提下进行虫害治理。

6.2.5 土壤渗滤

1)概念与构造

土壤渗滤处理系统是一种人工强化的生态工程处理技术,它充分利用在地表下面的土壤中栖息的土壤微生物、植物根系,以及土壤所具有的物理、化学反应进行处理,向下渗流的过程中,再经过生物的协同作用去除了污染水体中的有机氮、磷和其他物质,属于小型的雨水净化处理系统。对于一些地下水位较低,土地资源丰富,地下水水质要求较低的地区,具有很好的应用前景。

近年来,国内外对地下系统的研究主要集中在填充介质、污染物净化机理、运行调控等方面,但对系统结构、污染物迁移转化规律、微生物学特征、病原微生物的去除等关键因素还缺乏统一的认识,仍存在着结构单一、脱氮效果差、运行不稳定、土壤孔隙易堵塞等问题。

2)特点

①集水距离短,可在选定的区域内就地收集、就地处理和就地利用。

②取材方便,便于施工,处理构筑物少。

③处理设施全部采用地下式,不影响地面绿化和地面景观。

④运行管理方便,与相同规模的传统工艺相比,运行管理人员可减少50%以上。

⑤由于地下渗滤工艺不需要曝气和曝气设备,无须投加药剂,不需要污泥回流,无剩余污泥产生,因此可大大节省运行费用,并可获得显著的经济效益。

⑥地下渗滤工艺的设计规模不宜过大,采用地下渗滤技术可以最大限度地实现水的循环利用,该工艺非常适合于市政排水管网不完善的地区,对于宾馆、别墅区及乡村建筑区或无排放水体的生活小区尤其适用。

3)分类

土壤渗滤系统可以分为慢速渗滤处理系统、快速渗滤处理系统及地下渗滤系统。

(1)慢速渗滤处理系统

慢速渗滤处理系统是将雨水投配到种有作物的土地表面,雨水缓慢地在土地表面流动并向土壤中渗滤,一部分雨水直接为作物所吸收,一部分则渗入土壤中,从而使雨水达到净化目的一种土地处理工艺。

向土地布水可采用表面布水和喷灌布水。两种布水方式的投配负荷低,雨水在土壤层的渗滤速度慢,在含有大量微生物的表层土壤中停留时间长,水质净化效果非常好,但一般不考虑处理水流出系统。

当以处理雨水为主要目的时,可采用多年生牧草作为种植的作物。牧草的生长期长,对氨的去除率高,可耐受较高的水力负荷。

当以利用为主要目的时,可选种谷物,由于作物生长与季节及气候条件的限制,对雨水的水质及调蓄管理应加强。

慢速渗滤系统被认为是土地处理中最适宜的工艺。本工艺适用于渗水性能良好的土壤,如砂质土壤和蒸发量小、气候湿润的地区。

(2)快速渗滤处理系统

快速渗滤系统是将雨水有控制地投配到具有良好渗滤性能的土地表面,雨水向下渗滤的过程中,在过滤、沉淀、氧化、还原及生物氧化、硝化、反硝化等一系列物理、化学及生物的作用下得到净化处理的一种土地处理工艺。

在本系统中,雨水是周期地向渗滤田灌水和休灌,使表层土壤处于淹水/干燥,即厌氧、好氧交替运行状态,在休灌期,表层土壤恢复好氧状态,在这里产生好氧降解反应,被土壤层截留的有机物为微生物所分解,休灌期土壤层脱水干化有利于下一个灌水周期水的下渗和排除。在土壤层形成的厌氧、好氧交替的运行状态有利于氮、磷的去除。本工艺的负荷率(有机负荷率及水力负荷率)高于其他类型的土地处理系统。通过严格控制灌水周期,本工艺的净化效果仍然很高,BOD 去除率可达 95%,COD 去除率可达 90%。处理后的出水 BOD 可小于 10 mg/L,COD 小于 40 mg/L。有较好的脱氮除磷功能:$NH_3\text{-}N$ 去除率为 85% 左右,TN 去除率 80%,除磷率可达

65%。去除大肠菌的能力强,去除率可达99.9%,出水含大肠菌≤40个/100 mL。

以上各项数据是国外及我国北京一些快速渗滤处理系统近年来的运行数据归纳所得。回收处理水是本工艺的特征,用地下排水管或井群回收经过净化的水或将净化水补给地下水。

（3）地下渗滤系统

将雨水有控制地通入设于地下距地面约0.5 m深处的渗滤田,在土壤的渗滤作用和毛细管作用下,雨水向四周扩散,通过过滤、沉淀、吸附和微生物降解作用,使雨水得到净化。这种雨水处理法称为地下渗滤处理系统。

地下渗滤处理系统是一种以生态原理为基础,以节能、减少污染、充分利用水资源的一种新型的小规模雨水处理工艺技术。这种工艺适用于处理小流量的居住小区、旅游集散点、疗养院等地表雨水。

4）设计要点

①地下渗滤技术适用于地下水位较低的地区。

②为保证渗滤系统的运行稳定性,防止堵塞,宜在渗滤系统前设置预处理构筑物,以便有效地降低渗滤系统的大颗粒污染物及SS负荷。

③预处理构筑物主要包括雨水集水池、沉砂池或沉淀池等。

④为保证渗滤区每支散水管进水流量的均匀性,宜在渗滤区前设一级或二级配水槽。配水槽分级原则为:单区型小型渗滤区(散水管支数>6)可只设一级配水槽;多区型小型渗滤区或大型渗滤区(散水管支数>12)宜设二级配水槽。配水槽高水位上部应设溢流管,以便水位过高时有组织地回流到集水池中。配水槽形式为有堰板式配水槽(或配水井)。

⑤快速渗滤处理系统水力负荷率应通过现场实测确定,一般介于较大的范围内(6~122 m/a)。

⑥地下渗滤系统设计进水 BOD$_5$ ≤ 200 mg/L, SS ≤ 120 mg/L;有机物面积负荷 N_A ≤ 10g/(m^2·d);水力负荷 N_w ≤ 70L/(m·d)。

5）运行管理

①定期对进水口进行清淤,对进水口进行疏通。清理表层沉积物和垃圾及预处理设施的杂物,清掏前置沉砂池。

②底部穿孔排水管的疏通应符合《城镇排水管道维护安全技术规程》(CJJ6)的规定。

③当土壤板结,应对土壤表层150~200 mm进行疏松、翻耕。

④当设施出水水质不符合设计要求时,需查明原因,并进行相应的技术处理。

⑤当土壤或介质出现明显侵蚀与流失时,应查明原因并及时修复;表层局部塌陷深度超过100 mm,且底部穿孔管堵塞或破损导致结构层材料随雨水流出,应进行大修翻建。

⑥植物的维护应符合《园林绿化养护标准》(CJJ/T 287)的规定。

6.2.6　雨水湿地

1）概念与构造

雨水湿地与人工湿地类似,是一个综合的生态系统,它应用生态系统中的物种共生与物质循环再生原理,按照结构与功能协调原则,利用物理、水生植物及微生物等作用净化雨水,是一种高效的径流污染控制设施。雨水湿地可有效削减污染物,并具有一定的径流总量和峰值流量控制效果,使雨水得到有效处理与资源化利用。雨水湿地一般由进水口、前置塘、沼泽区、出水池、溢流出水口、护坡及生态护岸、维护通道等构成。适用于具有一定空间条件的建筑与小区、城市绿地、滨水带等区域。雨水湿地典型构造如图 6.20 所示,其实景图如图 6.21—图 6.23 所示。

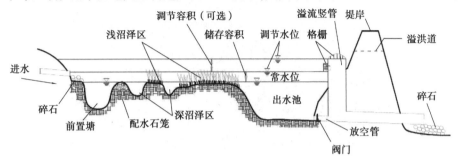

图 6.20　雨水湿地典型构造示意图

图 6.21　雨水湿地实景图一

图 6.22　雨水湿地实景图二

图 6.23　雨水湿地实景图三

2)分类及特点

按照水体流动的方式,可分为表面流雨水湿地、水平潜流雨水湿地和垂直潜流雨水湿地。

(1)表面流雨水湿地

表面流雨水湿地的雨水在基质层表面以上呈推流式前进,在流动过程中,与土壤、植物及植物根部的生物膜接触,通过物理、化学及生物反应,使雨水得到净化,并在终端流出。表面流雨水湿地设置进水区、处理区和出水区。表面流雨水湿地建造费用较省,但占地面积大于水平潜流和垂直潜流雨水湿地,且冬季表面易结冰(北方地区)。

(2)水平潜流雨水湿地

水平潜流雨水湿地指雨水在基质层表面以下,从池体进水端沿水平方向流动的过程中,依次通过砂石、介质、植物根系,流向出水口一端,以达到净化目的。水平潜流雨水湿地设置进水区、处理区和出水区,自上而下为填料层和防渗层。对于不规则的潜流雨水湿地单元,应考虑均匀布水和集水的问题。潜流雨水湿地应考虑暴雨径流带来的超高水位,淹没深度宜控制在200 mm 以下。

(3)垂直潜流雨水湿地

垂直潜流雨水湿地指雨水垂直通过池体中基质层的雨水湿地,自上而下宜为填料层、过渡层、排水层和防渗层。潜流雨水湿地的优点在于其充分利用湿地的空间,发挥系统间的协同作用,具有更好的脱氮除磷效果,且卫生条件好,占地小,供氧好,但建设费用相对其他雨水湿地高。垂直潜流雨水湿地对 COD 的去除率在 80%~90%,对总氮的去除率在 40%~50%,总磷的去除率在 40%~60%。

3)设计要点

①进水口和溢流出水口应设置碎石、消能坎等消能设施,防止水流冲刷和侵蚀。

②雨水湿地应设置前置塘对径流雨水进行预处理。

③沼泽区包括浅沼泽区和深沼泽区,是雨水湿地主要的净化区,其中浅沼泽区水深范围一

般为 0~0.3 m,深沼泽区水深范围一般为 0.3~0.5 m,根据水深不同种植不同类型的水生植物。

④出水池主要起防止沉淀物的再悬浮和降低温度的作用,水深一般为 0.8~1.2 m,出水池容积约为总容积(不含调节容积)的 10%。

⑤雨水湿地周围应设置护栏、警示牌等安全防护与警示措施。

⑥雨水湿地一般包括常水位以下的永久容积和常水位以上的储存容积和调节容积,储存容积为径流污染控制容积,调节容积为雨水峰值控制容积,根据相关设计规范计算确定。

⑦雨水湿地的调节容积应在 24 h 内排空。

⑧表面流雨水湿地水深一般小于 0.5 m,单池长度一般为 20~50 m,单池长宽比一般为 3∶1~5∶1,底坡宜小于 0.5%,水力停留时间宜为 4~8 d。当采用多池并联运行时,进水区可设置 V 形槽或溢流堰,各池应均匀配水。

⑨水平潜流雨水湿地进水区和出水区宜设置粒径为 40~80 mm 的卵石和砾石,长度宜为 0.5 m,宜分布于整个湿地床;水力停留时间宜为 0.8~2 d,水力坡度宜为 0.5%~1.0%。水平潜流雨水湿地长宽比宜控制在 3∶1 以下,深度宜为 0.4~1.6 m,单元的面积宜小于 800 m²。

水平潜流人工湿地可采用穿孔花墙配水、并联管道多点布水或穿孔管布水等方式,保证水流从进口起沿水平方向流过填料层后均匀流出。穿孔花墙孔口流速不宜大于 0.2 m/s。穿孔管流速宜为 1.5~2.0 m/s,配水孔宜斜向下 45°交错布置,孔口直径不小于 5 mm,孔口流速不小于 1 m/s。

水平潜流人工湿地与垂直流人工湿地宜采用穿孔管集水,穿孔集水管应设置在末端底层填料层,集水管流速不宜小于 0.8 m/s,集水孔口宜斜向下 45°交错布置,孔口直径不小于 10 mm。

⑩垂直潜流雨水湿地各层厚度和材料粒径可按照经验取值,最大深度不宜大于 2 m;湿地单元的面积一般小于 1 500 m²,长宽比宜控制在 3∶1 以下;规则的垂直潜流雨水湿地单元的长度宜为 20~50 m,对于不规则的湿地,应考虑均匀布水和集水问题。垂直流人工湿地宜采用穿孔管配水,穿孔管应均匀布置。穿孔配水管应设置在滤料层上部,配水管流速及配水孔要求同前。

⑪雨水湿地填料的要求。

a.雨水湿地填料应能为植物和微生物提供良好的生长环境,并具有良好的透水性。填料安装后湿地孔隙率不宜低于 0.3。

b.雨水湿地常用的填料有石灰石、矿渣、蛭石、沸石、砂石高炉渣、页岩等,碎砖瓦、混凝土块经过加工、筛选后也可作为填料使用。

c.填料应预先清洗干净,按照设计确定的级配要求充填。

d.为提高雨水湿地对磷的去除率,可在雨水湿地进口、出口等适当位置布置具有吸磷功能的填料,强化除磷。

e.在水平潜流雨水湿地的进水区,雨水湿地填料层的结构设置,应沿着水流方向铺设粒径从大到小的填料,颗粒粒径宜为 6~16 mm,在出水区,应沿着水流方向铺设粒径从小到大的填料,颗粒粒径宜为 8~16 mm。

f.雨水湿地填料层的结构设置,垂直流雨水湿地一般从下到上分为滤料层、过渡层和排水层,滤料层一般由粒径为 0.2~2 mm 的粗砂构成,厚度为 500~800 mm;过渡层由 4~8 mm 的砂砾石构成,厚度为 100 ~ 300 mm;排水层一般由粒径为 8 ~ 16 mm 的砾石构成,厚度为200~300 mm。

g.为避免布水对滤料层的冲蚀,可在布水系统喷流范围内局部铺设 50 mm 的覆盖层,粒径范围为 8~16 mm 的砾石。

⑫雨水湿地植物选配。

a.雨水湿地植物的选择宜符合下列要求:根系发达,输氧能力强;适合当地气候环境,优先选择本土植物;耐污能力强、去污效果好;具有抗冻、抗病害能力;具有一定经济价值;容易管理;有一定的景观效应。

b.雨水湿地常用的植物有芦苇、香蒲、菖蒲、旱伞草、美人蕉、水葱、灯芯草、水芹、茭白、黑麦草等。

c.植物种植时间宜选择在春季。为提高低温季节净化效果,雨水湿地植物宜采取一定的轮作方式,秋冬季节可种植黑麦草、水葱、水芹等具有耐低温性能的植物。

d.植物种植初期的密度可根据植物种类进行选择,芦苇行距、株距分别为 30 cm、30 cm;香蒲行距、株距分别为 30 cm、30 cm;菖蒲行距、株距分别为 25 cm、20 cm;旱伞草行距、株距分别为 30 cm、30 cm;美人蕉行距、株距分别为 30 cm、20 cm;水葱行距、株距分别为 30 cm、20 cm;灯芯草行距、株距分别为 30~45 cm、30~45 cm;水芹行距、株距分别为 5~8 cm、5~8 cm;茭白行距、株距分别为 50 cm、50 cm;黑麦草行距为 15~30 cm。

e.植物种植时,应保持池内一定水深,植物种植完成后,逐步增大水力负荷使其驯化适应处理水质。

f.同一批种植的植物植株大小应均匀,不宜选用苗龄过小的植物。

⑬未尽事项可参照《人工湿地污水处理工程技术规范》(HJ 2005)。

4)运行维护与管理

①应及时清除地面堆积或水面垃圾漂浮垃圾,保持卫生;南方地区还应巡查蚊虫孳生情况,并根据需要进行消杀。

②雨水湿地出现水位过低影响景观和植物生长时,应考虑进行补水。

③雨水湿地的水质恶化时,应及时查明原因,进行水体治理及生态修复。

④每月应至少清理 1 次雨水湿地配水石笼或其他配水设施和溢流竖管格栅的垃圾和沉积物,并及时修理或替换锈蚀或损坏的栅条。

⑤雨水湿地进水口、出水口存在冲刷造成水土流失时,应及时修补,若冲刷较为严重,应设置碎石缓冲或采取其他防冲刷措施。

⑥前置塘/预处理池内沉积物淤积超过设计高度时,应及时清淤。

⑦暴雨前宜将雨水湿地排空,水位排放至最低水位,延缓峰值雨水的排放时间;雨前雨后应检查雨水湿地内部淤积情况,并根据蓄水及景观要求及时清淤。

⑧湿地基质维护。湿地基质由土壤、砂、卵石、碎石等构成,基质表面为微生物生长提供了稳定的依附层,也为水生植物提供了载体和营养物质。湿地基质维护的主要措施是采取物理、化学和生物技术消除或固化基质中存在的污染物,修复基质土壤,增强土壤肥力,使生物群落具有健康的生存和演替环境。

⑨植被具体养护方法应符合现行行业标准《园林绿化养护标准》(CJJ/T 287)的规定;应不使用或少使用杀虫剂和除草剂来控制植被区的病害虫和杂草;在植被生长季节应进行常规的植被修剪,保持植被高度不超过一定高度;每年至少两次对湿地内的植被生长状况进行检查;及时清理植被区的垃圾碎片和沉积物;若存在植物裸露的斑点和区域,立即修复该处植被。

⑩湿地生物群落维护。湿地生物群落由湿地植被、动物和微生物构成,植被是生物群落存在和动态演替的前提和基础。对于湿地生物群落的维护:一方面,引种湿地植被应强调土著性、净化能力和较好的经济价值;另一方面,应着力构建更复杂的食物链网结构,维护生态系统的动态平衡并保护生物多样性。

6.3　雨水深度净化措施

雨水深度净化的目的主要是雨水的回用,根据雨水的不同用途和水质标准,城市雨水一般需要通过处理后才能满足使用要求。一般而言,常规的各种水处理技术及原理都可以用于雨水处理。但也要注意城市雨水的水质特性和雨水利用系统的特点,根据其特殊性来选择和设计雨水处理工艺,以实现最高效率。

雨水处理可以分常规处理和非常规处理。常规处理指经济适用、应用广泛的处理工艺,主要有沉淀、过滤、消毒和一些自然净化技术等;非常规处理则是指一些效果好但费用较高或适用于特定条件下的工艺,如活性炭技术、膜技术等。本书重点介绍雨水的常规处理工艺。

6.3.1　沉淀

1)雨水沉淀原理

(1)雨水沉淀类型

沉淀通常可分为四种类型:自由沉淀、絮凝沉淀、成层沉淀和压缩沉淀,关于沉淀的理论分析与描述可参考其他水处理著作。雨水水质的特点决定其主要为自由沉淀,沉淀过程相对比较简单。雨水中密度大于水的固体颗粒在重力作用下沉淀到池底,与水分离。沉淀速率主要取决于固体颗粒的密度和粒径。但雨水的实际沉淀过程也很复杂,因为不同的颗粒有不同的沉降速率,一些密度接近于水的颗粒可能在水中停留很长时间。而且,对降雨过程中的连续流沉淀池,固体颗粒不断随雨水进入沉淀池,流量随降雨历时和降雨强度变化,水的非均匀流使颗粒的沉淀过程难以精确描述。

在雨水利用系统中,如果不考虑降雨期间进水过程,雨停后池内基本处于静止沉淀状态,沉淀的效果会比较好。

(2)雨水的沉淀性能

城市雨水有较好的沉淀性能。但由于各地区土质、降雨特性、汇水面等因素的差异,造成雨水中的可沉悬浮固体颗粒的密度、粒径大小、分布及沉速等不同,其沉降特性和去除规律也不尽相同。沉淀的去除率和初始浓度有关,初始浓度越高,沉淀去除率也越高。不同初始浊度的径流雨水达到相同去除率时所需沉淀时间也会不同。

2）雨水沉淀池的设计

（1）雨水沉淀池种类及选择

雨水沉淀池可以按照传统污水沉淀池的方式进行设计,如采用平流式、竖流式、辐流式、旋流式等,其目的是将雨水中固体颗粒在流动过程中从水中分离。

考虑降雨的非连续性,也可根据雨水沉淀的特点设计为静态沉淀池,与调蓄池共用,以减少投资。即在降雨过程中首先将雨水收集至调蓄池,待雨停后再静置一定时间,将上清液取出使用或排入后续处理构筑物。

当雨水中含有较多的砂粒等颗粒物且雨水利用系统规模较大时,也可以在调蓄池之前设计沉砂池。具体设计时应根据系统设计目的、场地、水质、后续工艺和运行要求等情况加以选择。

由于城市用地紧张和收集雨水的高程关系要求,雨水沉淀池多建于地下。根据规模的大小和现场条件,雨水沉淀池一般可采用钢筋混凝土结构、砖石结构等。小规模沉淀池也可以用塑料、玻璃钢等材料。塑料和玻璃钢沉淀池便于批量生产和现场安装。如果选用塑料等有机材料,在酸雨较多的地区可添加适量的硅、钙以中和雨水的酸性。

有条件时,最好能利用已有的水池或水塘作为调蓄、沉淀之用,可大大降低投资。如景观水池、湿塘等,后者还有良好的净化作用。如水质较差,可考虑设计前置塘来保护整个系统的正常运行和便于维护。

（2）雨水静态沉淀池的工作过程

雨水在沉淀池中可以很好地完成沉淀过程。沉淀后的雨水由出流装置流出或用水泵送至下一工序,这部分雨水中的悬浮固体颗粒绝大部分都已去除,水质较好,可根据当地雨水原水水质和用途确定是否可以直接利用,或经过继续处理后利用。池底应设计一定坡度和集泥坑,便于不定期清理底泥。如果采用有效的初期雨水弃流或截污措施,可大大减少清理次数,如一个雨季清理一次。清理方式可用排泥泵或人工清理。

沉淀池溢流口需根据暴雨设计重现期的溢流量计算,确保沉淀池和雨水收集利用系统安全稳定地运行。

（3）设计参数的选择

在污水沉淀池设计中,颗粒沉速(或表面负荷)是关键设计参数。但在雨水沉淀中,由于雨水的随机性、非连续性等特点,流量、水质等都不稳定,沉淀池的形态、工作方式等也不完全同于污水沉淀池,故在许多场合下难以用颗粒沉速(或表面负荷)进行设计计算。雨水和污水沉淀的比较详见表6.1,了解和掌握雨水沉淀池的设计和运行。

表 6.1　雨水沉淀与污水沉淀的比较

项目	污水初次沉淀	雨水沉淀
表面负荷($m^3/m^2 \cdot h$)	1.5～3.0	0.5～3.0
沉淀时间(h)	1.0～2.0	2.0～4.0
运行方式	连续运行	间歇运行

项目	污水初次沉淀	雨水沉淀
排泥方式	一般采用静水压力排出,连续或间歇排泥	一般水泵或人工间歇排泥(不定期)
沉淀类型	自由沉淀和絮凝沉淀	一般以自由沉淀为主
水流形态	平流、辐流或竖流	静沉或其他形态
水质、水量特征	水质、水量相对稳定	水质、水量变化较大
预处理方式	一般设有沉砂池和格栅	可不设沉砂池;根据不同条件可设格栅

对雨水沉淀池(塘),将沉淀时间作为设计和控制参数更便于应用。间歇运行的雨水收集利用沉淀池(兼调蓄),可按沉淀时间不小于 2 h 来控制。有条件的地方可根据当地雨水沉淀试验确定设计运行参数。

实际应用中,雨水沉淀时间应根据项目所在地的汇水面(下垫面)特性、雨水水质情况、降雨情况、工艺流程和用水要求等具体情况而定。

6.3.2　过滤

1)雨水过滤机理与效果

(1)雨水过滤机理

雨水过滤是使雨水通过滤料(如砂等)或多孔介质(如土工布,微孔管、网等),以截留水中的悬浮物质,从而使雨水净化的物理处理法。

这种方法既可作为用以保护后续处理工艺的预处理,也可用于最终的处理工艺。雨水过滤的处理过程主要是悬浮颗粒与滤料颗粒之间黏附作用和物理筛滤作用。

在过滤过程中,滤层空隙中的水流一般属于层流状态。被水流携带的颗粒将随着水流流线运动,当水中颗粒迁移到滤料表面上时,则在范德华引力和静电力相互作用,以及某些化学键和某些特殊的化学吸附力下,被黏附于滤料颗粒表面或者滤料表面上原先黏附的颗粒上。此外,也会有一些絮凝颗粒的架桥作用;在过滤后期,表层过滤作用会更明显。

(2)雨水过滤的效果

过滤不仅可以去除雨水中悬浮物,而且部分有机物、细菌、病毒等将随悬浮物一起被除去。残留在滤后水中的细菌、病毒等在失去悬浮物的保护或依附时,在滤后消毒过程中也容易被杀灭。直接过滤对 COD 的去除率较低,根据水质的不同有时可能仅为 25% 左右,而接触过滤可达 65% 以上,接触过滤对 SS 的去除率可达 90% 以上,对雨水中的氮、金属及病原体等污染物的去除率分别可以达到 TN>30%,金属>60%,细菌 35%～70%。

2)雨水过滤池的设计

(1)雨水过滤池的类型

广义的雨水过滤包括表面过滤、滤层过滤和生物过滤等 3 种方式。

①表面过滤。表面过滤是指利用过滤介质的孔隙筛除作用截留悬浮固体,被截留的颗粒物聚积在过滤介质表面的一种过滤方式。根据雨水中固体颗粒的大小及过滤介质结构的不同,表面过滤可以分为粗滤、微滤、膜滤。

粗滤以筛网或类似的带孔眼材料为过滤介质,截留的颗粒约在 100 μm 以上,雨水筛网和截污挂篮等粗滤在雨水处理中往往作为预处理或源头处理措施。前述的建筑物雨水管截污滤网即是一种粗滤装置。

微滤所截留的颗粒约为 0.1 ~ 100 μm,所用的介质有筛网、多孔材料等。在截污挂篮中铺设土工布即属此类。

膜滤所用过滤介质为人工合成的滤膜,电渗析法、纳滤法即属于这一类。膜滤在雨水净化中较少采用,仅在雨水回用有较高水质要求和有相应的费用承受能力时采用。

②滤层过滤。滤层过滤是指利用滤料表面的黏附作用截留悬浮固体,被截留的颗粒物分布在过滤介质内部的一种过滤方式。过滤介质主要是砂(如石英砂)等粒状材料,截留的颗粒主要是从数十微米大小到胶体级的微粒。

③生物过滤。生物过滤是指利用土壤植物生态系统的一种技术,是机械筛滤、植物吸收、生物黏附和吸附、生物氧化分解等综合作用截留悬浮固体和部分溶解性物质的一种过滤方式,因此效果较好。

狭义的雨水过滤仅指以粒状材料为过滤介质的滤层过滤,本节所论述的过滤即指这种过滤方式。

(2)雨水过滤的方式

用粒状材料的雨水滤池有多种方式,有代表性的是直接过滤和接触过滤。雨水水质较好时可以采用直接过滤或接触过滤。直接过滤即雨水直接通过粒状材料的滤层过滤;接触过滤是在进入过滤设施之前先投加混凝剂,利用絮凝作用提高过滤效果。

根据工作压力的大小可以选用普通滤池或压力过滤罐。

滤池由进水系统、滤料、承托层、集水系统、反冲洗系统、配水系统、排水系统等组成。

(3)预处理

雨水过滤通常需要预处理,保证滤池有足够的运行周期。常见预处理方式有:截污、弃流、沉淀等。

(4)滤料

雨水滤池滤料与常规水处理滤池相同,常用的有石英砂、无烟煤、纤维球等。滤料可以为单层,也可以为双层或多层。操作可上向流,也可下向流。为了适应雨水悬浮物浓度高、水质差异大、流量变化大等特点,滤料选择可考虑以下几个方面。

①滤料的机械强度高。

②滤料粒径可适当增大,相应的冲洗强度也应增大。

③由于雨水中颗粒分布随机性强,为保证过滤效果,可选择双层或多层滤料等。

(5)混凝剂

试验表明,使用聚合氯化铝作为混凝剂时出水效果更好,可选择聚合氯化铝作为雨水过滤的混凝剂。根据对北京屋面雨水试验结果,最佳投药量为 5 mg/L。该数据仅供参考,在工程实践中,可根据当地雨水特点,通过试验确定最佳投药量。

在最佳投药量下,通过接触过滤,屋面雨水的 COD 去除率一般可达 65%,SS 的去除率可达 90% 以上,色度的去除率可达 55%。

当然,根据当地实际情况,也可选择硫酸铝、三氯化铁等混凝剂。

(6)压力滤罐的设计

对于建筑屋面等小型雨水利用工程,由于水量小、水质变化大,选用压力滤罐更具灵活性。下面重点介绍压力过滤的设计要点,其余各种滤池的构造与设计可参考水处理专著或设计手册。

压力滤罐一般是将滤料填入罐体,并配有进、出水管,反冲水管和排水管等。这类压力滤罐按过滤水流方向有单向和双向之分;按反冲洗方式有水冲洗和气水反冲洗方式之分;按滤层有单层和双层之分;按罐体位置则有立式和卧式之分。

对雨水压力过滤,可选用立式单向双层过滤。一般下层滤料用粒径为 0.5~1.2 m 的石英砂,砂层厚度为 300~500 m,上层滤料为粒径 0.8~1.8 mm 的无烟煤或陶粒,厚度为 500~600 mm。滤速一般为 8~10 m/h。滤罐水头损失可达 5~6 m 水柱,反冲洗强度为 15~16 L/(s·m²)。配水系统可采用滤头,滤头布置一般为 50~60 个/m²。反冲洗可以选用水冲洗或气水反冲洗,对双层滤料所需气水量等参数最好通过试验确定。

压力式过滤罐的主要工艺尺寸和有关参数可按以下计算式确定:

①滤罐面积(F)

$$F = 1.04Q/v \tag{6-1}$$

式中　F——滤罐面积,m^2;

　　　Q——设计水量,m^3/h;

　　　v——滤速,m/h,一般采用 8~10m/h。

②滤罐内径

$$D = \sqrt{\frac{4F}{\pi n}} \tag{6-2}$$

式中　D——滤罐内径,m;

　　　n——选用滤罐个数。

③浑水区高度

$$H_3 = e_1 H_1 + e_2 H_2 + 0.1 \tag{6-3}$$

式中　H_3——浑水区高度,m;

　　　e_1——砂滤层膨胀率(%),一般采用 40%~50%;

　　　e_2——无烟煤或陶粒膨胀率(%),一般采用 50%~60%;

　　　H_1——石英砂滤料厚度,m;

　　　H_2——无烟煤或陶粒滤料厚度,m。

④罐体有效高度

$$H = H_1 + H_2 + H_3 \tag{6-4}$$

⑤进、出水管管径

$$d = \sqrt{\frac{4.16Q}{3\ 600\pi n v_1}} \tag{6-5}$$

式中 v——进、出水管管内流速,m/s,一般采用 $0.5 \sim 0.7$ m/s。

⑥反冲洗水量

反冲洗流量为

$$Q_c = Fq/n \tag{6-6}$$

反冲洗水量为

$$W = 60tQ_c/1\,000 \tag{6-7}$$

式中 Q_c——反冲洗流量,L/s;

q——反冲洗强度,$L/(s \cdot m^2)$,一般采用 $15 \sim 16$ $L/(s \cdot m^2)$;

t——反冲洗时间,一般采用 $5 \sim 8$ min。

6.3.3 消毒

1)雨水消毒方法选择

雨水经沉淀、过滤或滞留塘、湿地等处理工艺后,水中的悬浮物浓度和有机物浓度已较低,细菌的含量也大幅度减少,但细菌的绝对值仍可能较高,并有病原菌的可能。因此,根据雨水的用途,应考虑在利用前进行消毒处理。我国生活杂用水及景观环境用水的细菌学指标详见表6.2。

表 6.2 我国生活杂用水及景观环境用水的相关水质指标表

用途	生活杂用水	观赏性景观环境用水			娱乐性景观环境用水		
		河道类	湖泊类	水景类	河道类	湖泊类	水景类
细菌学指标 (个/L)≤	3(总大肠菌群)	1 000 (粪大肠菌群)		2 000 (粪大肠菌群)	500 (粪大肠菌群)		不得检出 (粪大肠菌群)
余氯* (mg/L)	接触30min后≥1.0 管网末端≥0.2	接触 30 min 后 ≥0.05					

注:① * 对于非加氯消毒方式无此项要求。

②对于需要通过管道输送再生水的非现场回用情况必须加氯消毒;而对于现场回用情况不限制消毒方式。

消毒是指通过消毒剂或其他消毒手段灭活水中绝大部分病原体,使雨水中的微生物含量达到用水指标要求的各种技术。雨水消毒也应满足两个条件:经消毒后的雨水在进入输送管前,水质必须符合相关用水的细菌学指标的要求;消毒的作用必须一直保持到用水点处,以防止可能出现的病原体危害或再生长。

雨水中的病原体主要包括细菌、病毒及原生动物胞囊、卵囊,能在管网中再生长的只有细菌,消毒技术中通常以大肠杆菌类作为病原体的灭活替代参数。消毒方法包括物理法和化学法,物理法主要有加热、冷冻、辐照,紫外线和微波消毒等,化学法是利用各种化学药剂进行消毒,常用的化学药剂有各种氧化剂(氯、臭氧、溴、碘、高锰酸钾等),几种常用消毒方法的比较详见表6.3。

表 6.3　几种常用消毒方法的比较

项目	效率			优点	缺点	适用对象
	对细菌	对病菌	对芽孢			
液氯	有效	部分有效	无效	便宜、可后续消毒,技术成熟	残毒、有味	常用方法
臭氧	有效	有效	有效	无色、无毒,效果好	价格贵、无后续作用,设备管理复杂	高质量水
二氧化氯	有效	部分有效	无效	无气味、效果好,有定型产品	维修管理要求高	中、小型工程
紫外线照射	有效	部分有效	有效	消毒速度快、效率高,不需要投加化学药剂	无后续作用,对浊度要求高	小规模
Br_2/I_2	有效	部分有效	无效	同氯	消毒速度慢,价格比氯贵	与人体接触的景观水体
次氯酸钠	有效			使用方便,投量容易控制	需要次氯酸钠发生器与投配设备	中、小型工程

2)雨水消毒

（1）液氯消毒

液氯与水反应所产生的次氯酸 OCl^- ,是极强的消毒剂,可以杀灭细菌与病原体,消毒的效果与水温、pH 值、接触时间、混合程度、雨水浊度及所含干扰物质、有效氯浓度有关。

①投加氯气装置必须注意安全,不允许水体与氯瓶直接相连,必须设加氯机。

②液氯气化成氯气的过程需要吸热,常采用水管喷淋。

③除采用自动计量外,氯瓶内液氯气化及用量需要监测,可将氯瓶放在磅秤上。

④加氯量一般据试验确定,无试验数据时,可参考下列情况选用:相当于生活污水一级处理排放水质时,投加氯量为 20~30 mg/L;水质相当于生活污水不完全二级处理排放水质时,投加氢量为 10~15 mg/L;水质相当于生活污水二级处理排放水质时,投加氯量为 5~10 mg/L。

⑤氯与消毒雨水的接触时间不小于 30 min。

⑥当水中氨氮含量较高时,可采用折点加氯。

（2）臭氧消毒

[O]具有极强的氧化能力,是氟以外最活泼的氧化剂,对具有顽强抵抗能力的微生物如病毒、芽孢等都有强大的杀伤力。[O]还具有很强的渗入细胞壁的能力,从而破坏细菌有机体链状结构导致细菌的死亡。

（3）次氯酸钠消毒

从次氯酸钠发生器发出的次氯酸可直接注入雨水中,进行接触消毒,有效氯产量一般为 50~1 000 g/h。

（4）紫外线消毒

水银灯发出的紫外光,能穿透细胞壁并与细胞质反应而达到消毒的目的,紫外线消毒器多为封闭压力式,主要由外筒、紫外线灯管、石英套管和电气设施等组成。紫外光波长为2 500~3 600 A的杀菌能力最强。因为紫外光需要照透水层才能起消毒作用,故水中的悬浮物、有机物和氨氮都会干扰紫外光的传播,水质越好,光传播系数越高,紫外线消毒的效果也越好。紫外线消毒也可作为规模较大的雨水利用工程的选择方案。

①为使水流能接触光线、有较好的照射条件,应在设备中设置隔板,使水流产生紊流。

②设备中水流力求均匀,避免产生短流,使水流处在照射半径范围之内。

③照射强度为 $0.19~0.25$ W·s/cm^2,水层的深度为 $0.65~1.0$ cm。

（5）二氧化氯消毒

二氧化氯(ClO_2)以自由基单体存在,对大肠杆菌、脊髓灰质炎病毒、甲肝病毒、兰泊氏贾第虫胞囊等均有很好的杀灭作用,效果优于自由性氯消毒,二氧化氯的残余量能维持很长时间。

①二氧化氯投加量与原水水质和用途有关,需通过试验确定。

②投加浓度必须控制在防爆浓度以下,二氧化氯溶液浓度可采用 $6~8$ mg/L。

③必须设置安全防爆措施(参见给水排水设计手册第3册)。

与生活污水相比,雨水的水量变化大,水质污染较轻,而且具有季节性,间断性,滞后性,因此宜选用价格便宜、消毒效果好、具有后续消毒作用以及维护管理简便的消毒方式,建议采用技术最为成熟的加氯消毒方式。小规模雨水利用工程也可以考虑紫外线消毒或投加消毒剂的方法。根据国内外实际雨水利用工程的运行情况,在非直接回用,不与人体接触的雨水利用项目中(如雨水通过段自然收集,截污方式,补充景观水体),消毒可以只作为一种备用措施。如果必须采用消毒措施,常用消毒技术的原理工艺流程和详细设计可查阅水处理专业书籍。

第7章
雨水利用

7.1 雨水利用的意义

雨水利用是一种综合考虑雨水径流污染控制、城市防洪排涝及生态环境的改善等要求,建立包括屋面雨水集蓄系统、雨水截污与渗透系统、生态小区雨水利用系统等,将雨水用作浇洒路面、灌溉绿地、蓄水冲厕等城市杂用水的技术措施,是城市水资源可持续利用的重要措施之一。

雨水通过"渗"涵养,通过"蓄"把水留在原地,再通过"净"把水"用"在原地。雨水在经过物理方法、化学方法、生物方法等措施净化之后,被尽可能地利用。不管是丰水地区还是缺水地区,都应该加强对雨水资源的利用。

1)水资源短缺的需求

水资源的缺乏已成为世界性的问题,水资源匮乏是不争的事实。如何循环使用水资源,减少水资源的浪费成为首要任务。随着水资源供需矛盾的日益加剧,越来越多的国家认识到雨水资源的价值,并采取了很多相应的措施,因地制宜地进行雨水综合利用。

2)城市发展的需求

城市化程度的提高,导致自然植被和土壤等覆盖的自然地表不断遭到破坏,自然地表被建筑、道路、停车场等人工构筑物所替代。雨水落到地面上后,通过传统城市中大面积的硬质不透水表面,不能下渗或来不及下渗的雨水通过地面收集后汇流进入雨水口,再通过收集管道收集后,迅速排入河道等自然水体。传统的雨水管理模式经常会造成城市内涝、雨水径流污染、雨水资源大量流失、生态环境破坏等主要问题。

城市中屋面的面积占去了整个城市硬质表面的 30% 左右,采用种植屋面可以吸收汇集部分雨水,通过渗透措施、滞留措施、蓄存和净化措施,增加城市雨水的回收利用,可以减缓雨水排放,间接放大了防洪排涝的标准,减少了自然灾害,同时也改善了城市水环境。

3)环境保护的需求

雨水收集利用对保持水土和改善生态环境发挥了重要的作用,不但减少了地下水开采,而且还可以补充部分地下水,减轻整个自然界水循环系统的压力,减少水土流失,对建设生态城市、保护环境都具有十分重大的意义。

7.2 雨水利用方式

根据《海绵城市建设技术指南》的要求,不同市政工程项目的雨水利用形式有如下规定:

①城市绿地、非机动车道、步行街雨水控制与利用形式应以入渗为主。

②城市广场、公园、体育场等公众休闲健身场所应考虑多种形式来进行控制与利用,根据各场所内实际情况,以入渗和收集回用为主。

③下凹式立体交叉道路、市区路段道路、城市河道雨水控制与利用形式应以调蓄排放为主。

④独立的市政工程场站的雨水控制与利用形式应以收集回用为主。

在实际工程中,应遵循技术规范相关要求,因地制宜,采用适宜、高效的雨水资源化利用技术与措施。雨水利用流程示意图,如图7.1所示。

根据雨水利用的目标来分类,可分为直接利用、间接利用和综合利用。

图7.1 雨水利用流程示意图

7.2.1 雨水直接利用

雨水直接利用是指将雨水收集后直接回用,通过屋顶、路面等收集雨水,经净化后用于冲洗厕所、浇洒路面、浇灌草坪、水景补水,甚至用于循环冷却水和消防水,从而可以缓解城市水资源紧缺的局面,是一种开源节流的有效途径。由于我国大多数地区降雨量全年分布不均,直接利用往往不能作为唯一水源满足要求,一般需与其他水源一起互为备用。雨水直接利用如图7.2、图7.3所示。

不同水质的雨水,其资源化利用方法也有所不同。落地前雨水水质较好,可以直接收集,作为城市景观用水回用;屋面和路面径流水质相对较差,可以采取相应的措施加以净化后再利用。多个建筑附近的雨水汇流后其水质会有所变化,可采用雨水湿地、生物滞留池等技术处理净化;对于我国西北干旱少雨地区,采用初期雨水截留、沉淀、过滤、消毒为一体的雨水净化装置是解决缺水型城市水资源问题的有效途径。

图 7.2　雨水直接利用——绿地浇洒

图 7.3　雨水直接利用——小区景观

7.2.2　雨水间接利用

雨水间接利用是指将雨水简单处理后,通过渗透措施下渗或回灌地下,补充地下水,如图7.4所示。在降雨量少而且不均匀的一些地区,如果雨水直接利用的经济效益不高,可以考虑选择雨水间接利用方案。结合各种低影响开发措施,通过不同形式的雨水利用,可以保护河流水系生态环境、补充地下水,促进地表水和地下水的健康循环和交换,进而间接补充城市水资源。

图 7.4　雨水间接利用-生物滞留带、植草沟等下渗

7.2.3　雨水综合利用

雨水综合利用是指根据实际情况和具体条件,将雨水直接利用和间接利用结合,在技术经济分析基础上最大限度地利用雨水。

1)小区雨水综合利用模式

小区雨水利用模式指依据小区内建筑、绿地和硬化地面的特点,采取适宜的入渗地下、收集回用或调控排放等措施进行雨水利用,其工艺流程示意如图7.5所示。

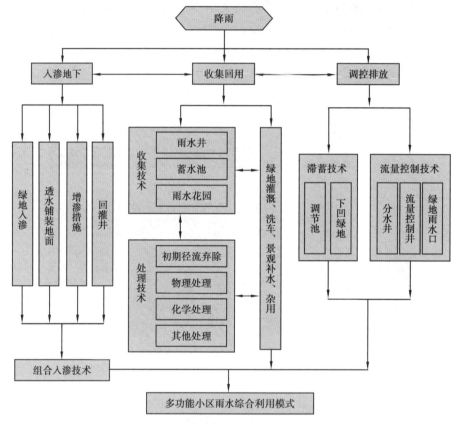

图7.5　小区雨水综合利用工艺流程图

2)公共区域雨水利用模式公共区域

公共绿地(含公园)、城市道路、广场措施包括滞蓄下渗、集蓄利用或调控排放等设施或其组合利用等,其工艺流程示意如图7.6所示。

3)河道及砂石坑雨水利用模式

河道及砂石坑雨水利用模式,是指在季节性河道、砂石坑等建设滞蓄措施下渗、集蓄利用或调控排放等设施,或其组合进行雨洪水综合利用,其工艺流程示意如图7.7所示。

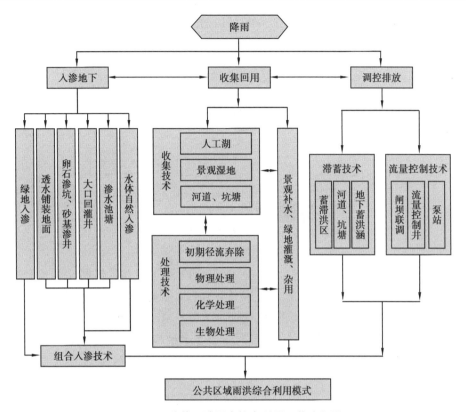

图 7.6　公共区域雨水综合利用工艺流程图

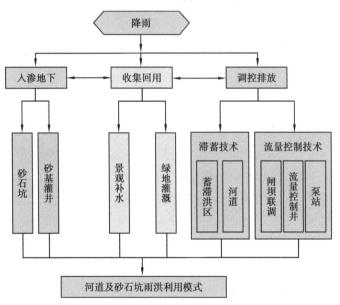

图 7.7　河道及砂石坑雨水利用工艺流程图

4) 基于精细化高效管理的雨水利用模式

基于精细化高效管理的雨水利用模式,是指通过建立城市雨水系统的数字化整体模拟系统,通过智能化的管理,入渗、回用或调控排放城区的雨水,其工艺流程示意如图7.8所示。

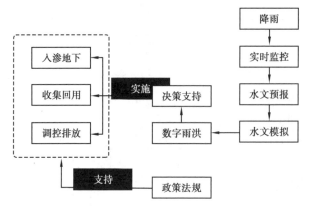

图7.8　高效管理的雨水利用流程示意图

其特点是利用现代化的预报技术、信息技术、模拟技术、监控技术等进行雨水管理,有充足时间提前进行雨水管理利用的准备,适用范围具有数字地图、管网资料的高度城市化区域。其效果可以提前对城市雨水系统进行诊断,以便通过工程措施改造和完善雨水系统;提前获得降雨过程及分布信息,提前预报积滞水点,并及时采取应对措施;通过寻求最佳调度点进行实时调控,做到安全行洪、适当下泄、高效利用城市雨水。

7.3　雨水利用工程设计与施工

7.3.1　雨水收集

雨水收集,是根据雨水重力流原理,收集屋顶雨水、路面雨水、广场、停车场雨水和绿地雨水,然后通过雨水管道将雨水引流到雨水系统当中,再经过滤、净化实现回用的目的。

雨水收集根据雨水源不同,大致分为两类:

一类是屋顶雨水。屋顶雨水相对干净,杂质、泥沙及其他污染物少,可通过弃流和简单过滤后,直接排入蓄水设施,进行处理后使用。

另一类是地面雨水。地面的雨水杂质多,污染源复杂。在弃流和简单过滤后,还必须进行沉淀才能排入蓄水系统。

地面雨水的汇集严格控制下沉花园与周边地下建筑的地面标高关系,即排水坡向:地下过街隧道、建筑出入口(室内)标高>建筑周边地面标高>路面及小广场标高>绿地及水景水面标高,确保降雨优先进入雨水收集系统。

人行道及小广场雨水口设在旁边绿地内,雨水箅子低于路面但高于周围绿地。在人行坡道、地下过街隧道及地下建筑出入口(即铺装地面最高处)设连续的线性排水沟。

关于雨水收集利用的工艺流程设计,可按如下思路:

①需要根据雨水收集利用所选择的方案来确定工艺流程,对预处理单元、储存单元、净化处理单元和回用单元等进行流程设计。

②首先是确定雨水收集的方法,一般是通过收集管流向整流井中,且需要在整流井中设计相应的构件,来阻挡雨水中夹杂的一些树叶、杂物等,通常可采用设置格栅方式,初期雨水流入到整流井中的雨水需要进行弃流处理。此外,整流井还被用于雨水收集利用系统蓄满时的溢流处理,通过它将水资源进行有效地利用。

③因为雨量具有不均衡性,所以下一步就应考虑控制雨量的均衡的方法。一般可以考虑利用整流井的雨水自流进入雨水调蓄池来进行调控。进入调蓄池的雨水经沉淀后,利用过滤装置将夹杂在雨水中的杂物进一步清除,符合水质要求后,才能够将其投放到蓄水池(清水池)中。

④完成雨水的配送。通常可以利用变频供水系统加压,配送至各用水点。

7.3.2　雨水利用工艺流程

在雨水利用系统的设计中应考虑以下原则:

①工艺流程设计需要结合当地的实际情况,如土壤渗透性、用地条件、年降雨量特征及运行管理等进行系统设计方案的选择。

②在确定雨水收集利用方案时,还应该结合该地雨水的可收集情况和利用雨水的情况进行详细分析。

③雨水收集利用系统在绿化方面还应该考虑自然入渗情况,将不符合绿地调蓄和渗透能力的雨水排入到合适的地方。

④在小区雨水收集利用系统设计时,还应该对水量平衡进行详细的分析,考虑雨水径流总量、回用水量和平衡分析等。

雨水利用主要包含雨水入渗、回用、调蓄排放等方式。因此,在雨水利用工艺流程设计时,一般有入渗、收集利用、调蓄排放、入渗+收集利用和入渗+调蓄排放等几种方案。下面分别对屋面雨水、道路雨水、公园雨水和停车场雨水的蓄渗、收集利用及调蓄排放列举几种常用的工艺流程:

(1)屋面雨水蓄渗

a.屋面雨水→埋地雨水管→雨水收集井→多孔渗透管→溢流至市政管网。

b.屋面雨水→雨水口→泥沙分离井→多孔渗透管→溢流至市政管网。

c.屋面雨水→下凹式绿地→溢流→雨水口→多孔渗透管→溢流至市政管网。

d.屋面雨水→下凹式绿地→干塘→溢流至市政管网。

e.绿色屋顶雨水溢流→雨水管→渗透井→埋地渗透池→溢流至市政管网。

(2)屋面雨水收集利用

a.屋面雨水→埋地雨水管→泥沙分离井→雨水储水池→回用。

b.屋面雨水→绿地→多孔渗透管→雨水储水池→回用。

c.屋面雨水→滤网→初期雨水弃流→景观水面。

d.屋面雨水→滤网→初期雨水弃流→蓄水池自然沉淀→绿化灌溉。

e.屋面雨水→滤网→初期雨水弃流→沉淀→过滤→消毒→回用。

(3)道路雨水蓄渗

a.道路雨水→透水路面→下渗→渗透管渠→溢流至市政管网。

b.道路雨水→泥沙分离井→中央绿化带(下凹式绿地)→溢流至市政管网。

c.道路雨水→下凹式绿地→泥沙分离井→渗透管渠→溢流至市政管网。

d.道路雨水→雨水口→泥沙分离井→渗透管渠→溢流至市政管网。

e.道路雨水→雨水预处理→生物滞留设施→渗透井→多孔渗透管→溢流至市政管网。

(4)道路雨水收集利用

a.道路雨水→透水路面→初期雨水弃流→下凹式绿地→处理回用。

b.道路雨水→雨水口→泥沙分离井→初期雨水弃流→雨水储水池→处理回用。

c.道路雨水→雨水口→泥沙分离井→初期雨水弃流→植草沟→处理回用。

(5)公园雨水蓄渗

a.公园雨水→植被缓冲带→植草沟→溢流至市政管网。

b.公园雨水→植被缓冲带→植草沟→渗透管渠→溢流至市政管网。

c.公园雨水→植被缓冲带→植草沟→下凹式绿地→蓄水池-→溢流至市政管网。

d.公园雨水→植被缓冲带→植草沟→干塘(或湿塘)→溢流至市政管网。

e.公园雨水→植被缓冲带→植草沟→雨水花园→溢流至市政管网。

f.公园雨水→透水路面→植草沟→干塘(或湿塘)→溢流至市政管网。

g.公园雨水→透水路面→泥沙分离井→渗透井→渗透管渠→溢流至市政管网。

h.公园雨水→生物滞留设施→雨水预处理→多孔渗透管→溢流至市政管网。

(6)公园雨水收集利用

a.公园雨水→植被缓冲带→植草沟→泥沙分离井→储水池→回用。

b.公园雨水→植被缓冲带→植草沟→雨水湿地→绿化浇洒。

c.公园雨水→透水路面→泥沙分离井→初期雨水弃流→沉淀→回用。

d.公园雨水→透水路面→泥沙分离井→初期雨水弃流→沉淀→雨水湿地→回用。

e.公园雨水→雨水口→泥沙分离井→初期雨水弃流→沉淀→过滤→消毒→回用。

(7)停车场雨水蓄渗

a.停车场雨水→透水路面→植草沟→泥沙分离井→渗透管渠→溢流至市政管网。

b.停车场雨水→透水路面→植草沟→下凹式绿地→蓄水池→溢流至市政管网。

c.停车场雨水→植草沟→溢流至市政管网。

(8)停车场雨水收集利用

a.停车场雨水→泥沙分离井→下凹式绿地→沉淀→回用。

b.停车场雨水→透水路面→植草沟→泥沙分离井→沉淀→过滤→绿化浇洒。

c.停车场雨水→透水路面→雨水口→初期雨水弃流→沉淀→过滤→消毒→回用。

7.3.3 雨水利用系统设计要求

雨水处理及利用系统的设计可参考《建筑与小区雨水控制及利用工程技术规范》(GB 50400)及《海绵城市建设技术指南》的要求。具体而言,雨水资源化利用可采用雨水入渗系统、收集利用系统、调蓄排放系统之一或其组合。雨水综合利用应根据当地水资源情况和经济发展水平合理确定,综合利用的原则如下:

①水资源缺乏、水质性缺水、地下水位下降严重、内涝风险较大的城市和新建开发区等宜

进行雨水综合利用。

②雨水利用设施的设计、运行和管理应与城市内涝防治相协调。此外,雨水处理构筑物及处理设备应布置合理、紧凑,满足构筑物的施工、设备安装、运行调试、管道敷设及维护管理的要求,并应留有发展及设备更换的余地,还应考虑最大设备的进出要求。

③雨水进入蓄水池、蓄水罐前,应进行泥沙分离或沉淀,去除径流中大颗粒污染物。针对不同的回用用途,雨水回用水质要求不同,水质处理方式宜采用沉淀、普通过滤、快速过滤等物理方法。对雨水回用水质较高要求时,应根据来水水质特点、回用水质要求,采用物理、化学等多种处理工艺组合对收集的雨水进行处理。雨水经收集处理后不可用作生活饮用水或流入与人体直接接触的水体。注重收集雨水的水质保持问题,根据项目对用水安全的要求,采取多种方式对水质进行检测,保证用水安全、可靠。雨水净化措施可参照第 6 章内容。

④兼具沉淀功能的钢筋混凝土蓄水池池底应设置集泥坑和吸水坑,池底应设不小于 5‰坡度坡向集泥坑,池底应设置排泥设施。当不具备设置排泥设施或排泥确有困难时,应设置冲洗设施,冲洗水源宜采用池水,并应与自动控制系统联动。

⑤雨水回用系统控制及利用系统设计,应设有超标雨水外排措施,并应进行标高控制,防止区域外雨水流入雨水回用系统。

⑥绿化喷灌系统分为人工浇洒和自动旋转喷头。人工浇洒宜采用胶皮管和绿化中已设计安装的供水接口连接进行灌溉,该浇洒方式对水质要求不高,一般需简单的沉淀就可达到人工浇洒的水质要求。

⑦雨水供水管道上不得装设取水龙头,并应采取下列防止误接、误用、误饮的措施。

a.雨水供水管外壁应按设计规定涂色或标识。

b.当设置取水口时,应设锁具或专门开户工具。

c.水池(箱)、阀门、水表、给水栓、取水口均应有明显的"雨水"标识。

7.3.4 雨水利用系统施工

以成品塑料模块蓄水池为例,介绍其施工流程。

1)施工前准备

①编制施工方案,进行施工技术交底。
②测量人员根据施工图纸放线。

2)基坑开挖

①应根据工程地质、水文地质、周边环境编制基坑土方开挖、支护、降水施工方案,开挖深度超过 5 m(含 5 m)或开挖深度虽未超过 5 m,但地质条件、周围环境和地下管线复杂,或影响毗邻建筑(构筑)物安全的基坑(槽)的土方开挖、支护、降水工程施工方案应组织专家论证。
②地基承载力应符合设计要求。
③基础表面应平整光滑,高程误差值控制在±20 mm。
④用级配沙石铺垫找平。

图 7.9　基坑开挖

3）复合土工膜敷设

①塑料储水模块外侧包裹防渗土工布（两布一膜），布为无纺布（机织塑料编织布），质量不得低于 100 g/m²；膜为 PE 膜，其厚度不得小于 1 mm，质量不得小于 400 g/m²。

②防渗土工布施工工艺：铺设、剪裁→对正、搭齐→压布定型→擦拭尘土→焊接试验→焊接→检测→修补→复检验收。

③防渗土工布搭接宽度应大于 500 mm，采用双道焊缝接缝方式，以提供多重保护，可以在焊层之间充气测试焊接效果。焊接后，应及时对焊缝焊接质量进行检测。

④铺设土工布时，应从最低部位开始向高位延伸。不要拉得过紧，应留足够余幅（大约1.5%），以防局部下沉拉伸。

图 7.10　敷设土工膜

4）塑料模块组合水池安装

①塑料模块单体安装时排列整齐，便于同层和上下层之间固定连接，按施工图纸要求雨水收集池长宽高尺寸安装塑料模块数量。

②同层储水模块之间用塑料模块横向固定卡连接，每个模块长边一侧使用的固定卡不少于 2 个，短边一侧使用的固定卡不少于 1 个。

③上下层储水模块之间用塑料模块纵向固定杆连接,每个模块单体上下层之间的固定杆不少于2只。

④储水模块在连接过程中,要尽量避免垂直连接,先铺设第一层,然后再逐层往上铺设。

图7.11　塑料模块安装

5)包裹焊接防渗土工布

在雨水收集池储水模块全部安装完成后,将事先焊接好的复合土工膜围裹在储水模块骨架周围,并按折痕将其折好。在顶面包裹时两侧搭接宽度大于500 mm,焊接按复合土工膜焊接技术要点进行焊接。

①预制套管与复合土工膜贴合面边长应不小于管道直径2倍,套管部分直径略大于管径。管道与HPDE套管使用双箍固定。

②复合土工膜开十字口,管道通过PE法兰连接入模块水池。

③接管道部分预留出足够余量,土工布开十字口,管道插接入模块内部,单箍扎紧。

6)各功能井及其连接管道安装

雨水井、雨水预处理装置、排泥提升井、清水提升井、放空阀门井、弃流井等安装施工时,高程、坐标应满足设计要求,管道之间的连接安装应严密。

图7.12　管道连接

7)土方回填

①基坑底部的混凝土垫层应保证水平,上部铺不少于 20 mm 中砂垫层。

②弃流井、阀门井的坐标可根据现场实际情况做适当调整。

③沉砂井基础的做法:采用原土或粗砂分层回填,人工或机械夯实,每层厚度不大于 500 mm。顶部做 200 mm 厚度、宽度不小于 1 500 mm 的混凝土垫层,混凝土强度等级不低于 C20。

④沉砂井与储水模块各连接管安装完后,在回填过程中先将沉砂井周围回填 500 mm 厚度的粗砂或石粉。用人工夯实后,再回填下一层。最后回填至管顶 500~700 mm 厚度采用人工夯实后,方可回填其他材料。

⑤设备间取水管处的回填做法与沉砂井取水管处的回填做法相同。

⑥储水模块透气管在回填过程中避免将立管压歪,保证立管垂直。

⑦水池顶部土工布表面区域均匀摊铺 200 mm 厚的纯净中砂,再采用干净无杂质的松散好土进行储水模块上表面的回填施工。每 300 mm 拍打密实,直至设计高度,禁止使用机械方法进行夯实作业,禁止用水冲灌或水浸泡。

⑧雨水收集水池四周回填物为粗砂和原土,回填时在靠近复合土工膜的一侧回填 100 mm 厚的粗砂,再在粗砂的外侧回填原土。不得回填带有石块等硬物的粗沙或石粉,以免硬物直接接触模块造成漏水现象发生。每次每层回填厚度为 300 mm,压实,直至顶面。

⑨施工完毕后必须进行满水试验。

图 7.13　回填

8)设备安装

①弃流过滤设备及电气设备到货后,由管理部门会同购置单位、使用单位(或接收单位)进行开箱验收。

②设备的安装应按照工艺要求进行。在线仪表安装位置和方向应正确,不得少装、漏装。设备中的阀门、取样口等应排列整齐,间隔均匀,不得渗漏。

③雨水设备控制电柜安装完毕后,应对整个雨水系统进行调试,直至系统运行正常。

④在设备调试合格后进行验收。

7.4　雨水利用工程评价

7.4.1　评价的要求和内容

1) 一般要求

①为了提高城市雨水利用的建设质量和管理水平,缓解城市水资源紧缺状况,促进城市雨水资源化,保障城市建设和经济建设的可持续发展,使雨水利用工程安全可靠、技术先进、经济适用,应对雨水利用工程进行方案评价。

②本书所述评价方法适用于城市范围内杂用水、景观环境用水、工业循环冷却用水等,为雨水集蓄利用目标的新建、改建和扩建的雨水集蓄利用工程和利用雨水补充地下水的雨水渗透工程的规划、设计、施工、验收和管理。

③雨水利用工程设计以城市总体规划及海绵城市专项规划为主要依据,从全局出发,处理好雨水直接利用与雨水渗透补充地下水、雨水安全排放的关系,处理好雨水资源的利用与雨水径流污染的关系,处理好雨水利用与污水再生水回用、地下自备井水与市政管道自来水之间的关系,以及集中与分散、新建与扩建、近期与远期的关系。

④雨水利用工程应做好充分的调查和论证工作,明确雨水的水质、用水对象及其水质和水量要求;应确保雨水利用工程水质、水量安全可靠,防止产生新的污染或危害。

2) 基本原则

评价城市雨水利用工程规划设计方案时,通常应遵循如下基本原则:

(1) 雨水利用应与雨水径流污染控制、城市防洪排涝、生态景观改善相结合

由于雨水利用作为生态用水和其他杂用水的补充水源,可以减少雨水排出量,削减洪峰,净化回用或渗透补充地下水,从而有效地减少雨水污染物的排出,所以进行雨水利用工程规划设计时,往往与雨水径流污染控制一起考虑,并兼顾城市防洪排涝、生态环境改善与保护等。

(2) 方案比选应遵循综合性原则,因地制宜,择优选用

城市雨水利用涉及水处理、景观园林、水利和环境生态等多专业内容,在选择利用或治理方案时,要特别注意地域及现场各种条件的差异,突出系统观点,协调好各专业的关系,切勿生搬硬套。

城市雨水利用技术措施应尽可能采用生态化和自然化的措施,符合可持续发展的原则。应兼顾近期目标和长远目标,资金等条件有困难时可以分阶段实施。

(3) 方案比选和决策时应兼顾经济效益、环境效益和社会效益

城市雨水利用不应仅限于经济效益,还应考虑到环境效益、社会效益等方面。要避免不讲效益、只走形式、"贪大求全"等不科学的做法。

规划设计要根据现场的气候及降雨、水文地质、水环境、水资源、雨水水质、给水排水系统、建筑、园林道路、地形地貌、高程、水景、地下构筑物和总体规划等各种条件,充分考虑集蓄利用

和各种渗透设施的优缺点及适用条件,通过水量平衡、水力计算和技术经济分析来确定方案。要兼顾经济效益和社会效益,考虑城市和区域环境、生态和美学、人和自然的统一和谐,力求最佳效果。

3)雨水利用工程评价的内容

城市雨水利用工程的评价包括技术、经济和环境影响等几方面的内容。

技术方面主要包括基础资料的准备、雨水利用系统的定性分析、水量指标与规模的评价、水质指标评价等。

经济评价包括财务评价和国民经济评价。雨水利用项目应以国民经济评价为主作为决策的依据。但对小型雨水利用项目可以简化。

大型雨水利用项目还应进行环境影响评价。

对通过竣工验收并经过一段时期的生产运营后,应对雨水利用工程项目进行后评价,通过对项目规划设计、项目实施、项目运营等情况的综合研究和总结,衡量和分析项目的实施运营与经济效益情况及其预测情况的差距,为今后改进项目的规划设计、立项、决策、施工、管理等工作积累经验。

7.4.2 规划设计的技术评价

1)基础资料的准备

(1)汇水面积情况

①建筑屋面面积、材料、型式(平屋顶、坡屋顶、屋顶花园等)及其完好程度;建筑屋面雨水排出方式等。

②各种道路面积、结构作法、渗透能力及其完好程度;道路高程与绿地高程的关系;道路雨水排除方式;雨水口设施完好程度;区域内道路清扫与垃圾管理水平等。

③绿地面积、植被类型及其覆盖程度;绿地施肥、喷洒农药情况;绿地高程与道路高程的关系;绿地裸露及其水土流失情况;绿地维护管理水平等。

④区域内水体面积、深度、容积;结构做法与防渗情况:水体水质保障情况;水体水源与耗损、漏失情况;水生植物情况、水体自净能力和调蓄能力;安全溢流能力等。

(2)水文地质与工程地质

①地下水位、高程,地下水坡降、流速、流向。

②土壤分布,土壤的物理力学性质,包括土的渗透系数、颗粒组成、比重、孔隙率、含水量、抗剪强度、土壤承载力、内摩擦角及其形变模量等。

③地下水的物理化学性质。

④地震等级、地震烈度、地震断裂带、滑坡、塌落段资料等。

(3)水文气象

①年均降雨量和年均蒸发量。

②降雨量和蒸发量分布(按月份)。

③河道洪水位、洪流量及其过程线、水位圊量关系曲线;历史洪水资料调查。

④当地气温。

⑤历年暴雨量资料及当地暴雨强度公式等。

（4）管线、河道湖泊等

①拟建区内部及外接管线排水体制。

②雨（污）水管线的规格、长度、走向、坡度；现有雨（污）水管线的使用情况和完好程度。

③拟建区域周边的管线（管渠）、河道、湖泊的平面布置与纵横断面图。为了保障区域最终安全排水或溢流，必须进行周边衔接位置的管线、河道、湖泊的断面的测量，并绘制纵横断面图。

（5）其他

①常用用水定额（绿化、喷洒、洗车、冲厕等）。

②自来水水价、中水水价、电价、药剂费。

③城市或区域总体规划、海绵城市专项规划、城市或区域排水规划及其相关规划资料。

④有关的防洪、排水、道路等使用情况及设计资料。

⑤有关地下人防工程资料。

⑥建筑材料来源、价格、运输条件及其当地概预算有关资料。

⑦有关河湖、地下水等管理法规等。

⑧冬季施工起止时间及其土壤冻结深度。

⑨其他有关资料。

2）雨水利用系统的定性分析

根据现场条件和不同雨水利用方式的特点，对城市雨水利用的类型和主要技术措施进行定性分析，城市雨水利用系统规划设计评价的基本内容包括两个方面。

①雨水利用工艺流程：工艺流程是指在达到所要求的处理程度的前提下，雨水利用系统各单元的有机组合，以及处理构筑物型式的选择。

②雨水利用工艺流程评价的主要依据是雨水处理后所要达到的程度，所收集径流雨水的水质和雨水处理设施的净化能力等。

③正确确定雨水处理的方案和工艺流程十分重要。在确定处理工艺流程时，应根据不同条件和要求选择处理构筑物的型式。雨水量的多少、场地的大小、地形及地下水位的高低等，都可能是影响处理构筑物选型的因素。应根据各相关因素和技术经济比较选出经济合理的优选方案，从系统和全局的观念出发，与水环境治理、污染控制和景观等相结合，制定出经济效益、环境效益最大的雨水综合利用方案。

3）城市雨水利用工程水量指标与规模的评价

雨水利用规模的合理与否直接关系到雨水利用工程的投资和经济性。雨水利用规模应根据可集蓄雨水总量、水量平衡情况、投资、场地等条件综合确定。对雨水利用工程规模的评价常用的指标包括雨水直接利用率、雨水间接利用率、雨水综合利用率等。

4)城市雨水利用水质要求

城市雨水利用的水质要求应根据处理后雨水的用途来确定。如绿化、冲厕、道路浇洒、消防、车辆冲洗、建筑施工等,应满足《再生水、雨水利用水质规范》(SZJG 32)、《城市污水再生利用城市杂用水水质》(GB/T 18920)和《城市污水再生利用景观环境用水水质》(GB/T 18921)的规范要求。渗透应满足地下水人工回灌水质控制标准等。当雨水利用有多种用途时,其水质应按最高水质标准确定。

7.4.3 经济评价

雨水利用工程经济评价包括投资与费用分析、效益分析、效益费用流量分析、常用经济指标的选择等。下面重点介绍效益分析相关内容。

1)节约用水带来的费用

雨水利用工程实施以后,每年增加渗透水量和回用水量,从而减少了自来水的使用量,可节约相应的自来水费。

2)消除污染排放而减少的社会损失

采用了雨水集蓄利用与渗透时,对初期雨水径流污染的控制或处理,一方面减少雨水径流对外界环境的污染;另一方面减少了进入市政雨水管道的水量,从而减少了排入受纳水体等外界环境的污染量。据分析,为消除污染每投入1元可减少的环境资源损失是3元,即投入产出比为1:3。

3)节省城市排水设施的运行费用

对城市雨水径流的污染控制、利用或渗透处理,可减少回用政管网排放雨水,减轻了市政管网的压力,也减少市政管网和城市排水设施的建设维护费用。

4)提高防洪标准而减少的经济损失

城市和住宅开发使不透水面积大幅度增加,使洪水在较短时间内迅速形成,洪峰流量明显增加,使城市面临巨大的防洪压力,洪灾风险加大,水涝灾害损失增加。雨水渗透、回用等措施可缓解这一矛盾,延缓洪峰径流形成的时间,削减洪峰流量,从而减小雨水管道系统的防洪压力,提高设计区域的防洪标准,减少洪灾造成的损失。

5)改善城市生态环境带来的收益

如果雨水集蓄利用工程在整个城市推广,有利于改善城市水环境和生态环境,能增加亲水环境,会使城市河湖周边地价增值;增进人民健康,减少医疗费用;增加旅游收入等。

6)节水可增加的国家财政收入

这一部分收入指目前由于缺水造成的国家财政收入损失。据了解,目前全国六百多个城市日平均缺水 1 000 万 m^3,造成国家财政收入年减少 200 亿元,相当于每缺水 1 m^3,要损失 5.48元,即节约 1 m^3 水意味着创造了 5.48 元的收益。

7)减少地面沉降带来的灾害

很多城市为满足用水量需要而大量超采地下水,造成了地下水枯竭、地面沉降和海水入侵等地下水环境问题。由于超采而形成的地下水漏斗有时还会改变地下水原有的流向,导致地表污水渗入地下含水层,污染了作为生活和工业主要水源的地下水。实施雨水渗透措施后,可从一定程度上缓解地下水位下降和地面沉降的问题。

7.4.4　环境影响评价

为了提高雨水利用项目的设计和建设质量,规范评价内容,对雨水利用项目还应进行环境影响评价,尤其是大规模的雨水利用工程。其主要目的是评价确定的雨水利用方案是否采取技术经济合理的环境保护措施,以最大限度地降低污染物排放和对生态环境的破坏,从环境保护的角度分析雨水利用项目是否可行。

雨水利用项目环境影响评价的主要内容如下:

①是否从环境影响受体的角度考虑与项目有关的自然、社会环境和环境质量状况,是否按环境要素描述环境保护目标。对特殊保护地区,如水源保护地、风景名胜区、自然保护区、历史文化保护地、水土流失重点预防区、国家重点保护文物等是否产生危害或不利影响,有无保护措施。

②雨水利用工程所使用建筑材料和设备是否符合国家当前的产业政策,是否属于国家明令禁止、限制、鼓励或允许使用的产品和工艺。

③雨水利用项目对环境保护方面的主要问题和制约因素是否分析清楚。

④雨水利用项目规划用地的环境合理性。

⑤雨水利用方案是否有更合理的替代方案,对拟采取的技术方案、环保对策是否进行过技术经济分析和合理性论证。

⑥是否对雨水回收、利用措施的技术可靠性进行过论证,是否有国内外运行实例,以确保有效。

⑦是否对雨水渗透可能造成的地下水污染进行了风险分析,是否采取了有效的污染防治措施。

⑧雨水弃流和溢流排放出路是否合理;雨水调蓄、溢流排放和区域防洪排涝能力是否满足要求。

⑨是否采取了有效的生态环境修复和保护措施。

⑩是否有环境保护监控措施,如回用和回灌水水质指标监测。

⑪公众参与程度如何,是否进行过公众调查。受影响公众是否能够了解雨水利用项目的有关情况并且有发表意见的渠道;公众意见是否得到客观公正的分析处理。

⑫雨水利用项目对生态敏感和脆弱区如天然湿地、水土流失重点治理及重点监督区或特殊生态环境区,如渔场等区域的影响程度如何等。

7.4.5　工程验收管理

1）一般要求

①城市雨水利用工程项目施工完毕后必须经过竣工验收合格后,方可投入使用。

②隐蔽工程必须经过中间验收合格后,方可进入下一道工序。

③中间验收应由施工单位会同建设单位、设计单位、质量监督部门共同进行。竣工验收应由建设单位组织施工、设计、管理(使用)部门、质量监督及有关单位联合进行。

④中间验收时应按相应的质量标准进行检验,并填写中间验收记录。

⑤竣工验收应提交的资料包括:竣工图及设计变更文件;主要材料和制品的合格证或试验记录;施工测量记录;混凝土、砂浆、焊接及水密性等试验、检验记录;管道的位置及高程的测量记录;设备的安装记录;水池的满水试验;管道的水压试验及闭水试验;中间验收记录;工程质量检验评定记录;工程质量事故处理记录;其他资料。

⑥竣工验收时,应核实竣工验收资料,并应进行必要的复验和外观检查,对下列项目应做出鉴定,并填写竣工验收鉴定书,包括构筑物的位置、高程、坡度、平面尺寸;结构强度、抗渗、抗冻的等级;水池的严密性;管道的位置和高程;管件及其附件等安装的位置和数量;回用水管道的冲洗水质检验;外观等。

⑦雨水利用工程竣工验收后,建设单位应将有关设计、施工及验收的文件和技术资料立卷归档。

2）城市雨水利用工程验收依据

城市雨水利用工程项目竣工验收的依据主要有:

①经上级主管部门批准的设计方案、施工图纸及其说明书、设备技术说明书。

②工程合同和招投标文件。

③图纸会审记录、设计修改签证和技术核定单。

④现行的施工技术验收标准和规范,质量评定标准,如《给水排水管道工程施工及验收规范》(GB 50268)、《给水排水构筑物工程施工及验收规范》(GB 50141)等。

⑤有关施工记录和构件、材料合格证明文件。

⑥引进技术或进口成套设备的项目,还应按照签订的合同和国外提供的设计文件等资料进行验收。

3）城市雨水利用工程验收标准

城市雨水利用工程竣工验收标准分为单位工程验收标准和整个单项工程竣工验收标准。

(1)构筑物工程

a.交付竣工验收的工程,均按施工图设计规定全部施工完毕,并经施工单位预验收和建设单位初验收,已符合设计、施工及验收规范要求。

b.构筑物室内外清洁,施工渣土已全部运出现场。

c.应交付的竣工图和其他资料,均已齐全。

（2）设备安装工程

a.设备安装工程的设备基础、机座、支架、工作台等属于结构工程部分已全部施工完毕,经检验符合设计和设备安装要求。

b.需要的工艺设备、动力设备和仪表等已按设计和技术说明书要求安装完毕,经检验其质量符合施工及验收规范要求,并经试压、检测和试运行,符合质量要求。

c.设备出厂合格证、技术性能和操作说明书,以及试车记录和其他技术资料齐全。

（3）管道工程

a.按设计要求施工完毕,经检验符合项目设计、施工及验收规范要求。

b.管道安装工程已通过闭水试验、试压和监测合格。

（4）雨水利用工程单项工程

a.设计中规定的工程,包括土建工程、设备安装工程、管道工程和附属配套工程等均已全部施工完毕,经检验符合设计、施工验收规范及设备技术说明书要求,并形成设计规定的生产能力。

b.经过单体试运转,能够保证水质、水量要求。

c.项目生产准备已基本完成,能够运行。

4）城市雨水利用工程验收程序及内容

城市雨水利用工程的竣工验收应遵循给水排水工程的一般程序。

城市雨水利用工程验收时,还应注意下列事项:

a.雨水净化构筑物大多为间歇运行。设计及运行管理也应注意这一特点。

b.雨水净化处理构筑物(如砂滤、土壤渗滤等)应根据清水池容积、用水强度和场地情况等综合确定,一般一场雨的一次过滤时间可控制在 24 h 以内。

c.雨水处理后回用有细菌等卫生学指标要求时应设消毒措施。药剂的储备量可按一个雨季的用量计算。

d.雨水渗透设施应离开建(构)筑物一定的安全距离,一般不小于 3 m。在道路下设计渗透管时,应注意不损坏路基和周边其他管道。

e.雨水渗透设施的应用还必须保证地下水源和地下建筑物的安全。

f.雨水回用系统的设计和运行应保证供水水质稳定,确保用水安全。

g.雨水水量随机性大,当不能保证水量需求时,应与其他水源互为备用。

h.雨水收集管、雨水回用水管等严禁与饮用水管道连接。雨水收集管和回用水管穿越有渗漏要求地段或建(构)筑物时应有防漏措施。埋地时应设置标志,明装时应涂上特定的标志颜色和"雨水"或"再生水"字样。

i.阀门井上井盖应铸上"雨水"或"再生水"字样。雨水管道上严禁安装饮用水器和饮水龙头。

j.雨水利用工程应设置水质和用水设备监测设施,或委托相关部门进行监测。监测项目和频率根据用水要求和降雨特点、径流汇水面表面特性等确定。

7.4.6 工程运行与维护管理

1）一般要求

①应定期对工程运行状态进行观察,发现异常情况应及时处理。

②在雨水利用各工艺过程(如调蓄池、截污挂篮等)中会产生沉淀物和拦截的漂浮物,应及时进行清理。雨水调蓄池清淤每年不小于一次,清水池清淤每两年不少于一次。

③人工控制滤池运行时,应注意观察清水池蓄水量,蓄水位达到设定水位时应及时停止运行。对雨水滤池还应有反冲洗等维护措施。

④对汇流管(沟)、溢流管(口)等应经常观察,进行疏掏,保持畅通。

⑤地下水池埋设深度不够防冻深度或开敞式水池应采取冬季防冻措施,防止冻害。

⑥地下清水池和调蓄池的人孔应加盖(门)锁牢。

⑦雨水利用设施必须按照操作规程和要求使用与维护,一般设专人管理。

2）雨水调蓄设施的维护与管理

雨水调蓄设施的维护与管理,具体参见第 5.2.4 节相关内容。

3）渗透设施的维护与管理

渗透设施的维护与管理,具体参见第 3 章相关内容。

4）其他设施的维护与管理

其他设施的维护与管理,参见本书相关内容。

5）城市雨水利用工程水质监测与用水管理要点

(1)水质监测

根据雨水利用的不同要求其水质监测指标也不尽相同,雨水利用工程运行过程中应对进出水进行监测,有条件时可以实施在线监测和自动控制措施。每次监测的水质指标应存档备查。

(2)安全使用

雨水处理后往往仅用于杂用水,其供配水系统应单独建造。为了防止出现误用和与饮用水混淆,应在该系统上安置特殊控制阀和相应的警示标志。

应尽量保持汇水面及其周围清洁。避免在汇水面(下垫面)上使用污染材料,不得在雨水汇集面上堆放污染物或进行可能造成水污染的活动。

(3)用水管理

雨水利用工程应提倡节约用水、科学用水。在雨量丰沛时尽量优先多利用雨水,节约饮用水;在降雨较少年份,应优先保证生活等急需用水,调整和减少其他用水量。

第 **8** 章
城市防涝与排放措施

理想状态下,径流总量控制目标应以开发建设后径流排放量接近开发建设前自然地貌时的径流排放量为标准。自然地貌往往按照绿地考虑,一般情况下,绿地的年径流总量外排率为15%~20%(相当于年雨量径流系数为 0.15~0.20)。因此,借鉴发达国家实践经验,年径流总量控制率最佳为 80%~85%。这一目标主要通过控制频率较高的中、小降雨事件来实现。

降雨经过渗透路面、下凹式绿地、雨水花园、生态滞留区、渗透池净化之后蓄起来的雨水一部分用于绿化灌溉、日常生活,一部分经过渗透补给地下水,多余的部分就经市政管网排进河流。不仅降低了雨水峰值过高时出现积水的概率,也第一时间减少了对水源的直接污染。在城市建设中,综合运用"渗、滞、蓄、净、用"等工程措施,科学合理地就地消纳雨水后,将超标的径流雨水通过城市雨水管渠系统(排涝系统),排放至自然水体,避免发生城市内涝。

海绵城市中的"排"放措施,是城市内涝防治系统的重要组成,利用城市竖向与工程设施相结合,排水防涝设施与天然水系河道相结合,地面排水与地下雨水管渠相结合的方式来实现,建立从源头到末端的全过程雨水控制与管理体系,共同达到内涝防治的要求。"排"放措施包括一般排放和超标雨水排放。一般排放系统应与超标雨水排放系统同步规划设计。

城市道路雨水管道工程设计参考给水排水管道工程相关专著、室外排水设计标准和设计手册,本章主要介绍城市内涝及排涝相关内容。

8.1　城市内涝概述

城市内涝是指由于强降雨或连续性降雨超过城市管网排水能力,致使城市内产生的积水不能及时排除而造成的灾害现象。

内涝的形成有其自然因素的存在,更与社会因素紧密相关。全球气候变暖使得极端降雨事件频发,加之城市建设中不透水下垫面的增加使得雨水下渗强度降低,地面产流量增加,汇流速度加快,雨水快速汇集至排水管网入水口,容易在雨水口附近产生积水,一些低洼地区就更容易产生积水,随着积水时间和深度的增加从而引发城市内涝灾害。两种地形容易产生城市内涝:一种是城市开发建设过程中形成的周边地区高程高于中心的低洼区域;另一种是降雨强度超过管网排水标准产生溢流或超出河道排涝能力产生漫溢地区。

8.2 城市内涝现状

1)"城市看海"

"城市看海"这句网上流行语不仅是人们对我国城市内涝现象最直观的感受,同时也从一定程度上反映了我国城市内涝的现状。2010 年,住房和城乡建设部对全国 351 个城市进行了城市排涝能力的专项调研,结果显示 2008—2010 年年间,有 62% 的城市发生过不同程度的内涝,其中内涝灾害超过 3 次的城市有 137 个,甚至扩大到干旱少雨的西安、沈阳等北方城市;在发生过内涝的城市中,最大积水深度超过 500 mm 的占 74.6%,积水时间超过半小时的城市占 78.9%,其中有 57 个城市的最大积水时间超过 12 h。

图 8.1 "城市划船"

2012 年 7 月 21 日,北京及其周边地区遭遇 61 年来最强暴雨及洪涝灾害,北京市平均降雨量达到 170 mm,城区平均降雨量 216 mm,为新中国成立以来最大一次降雨过程。根据北京市政府举行的灾情通报会的数据显示,此次暴雨造成房屋倒塌 10 660 间,160.2 万人受灾,经济损失 116.4 亿元。

图 8.2 2012 年北京暴雨

2018 年 7 月 11 日,成都市大部地方出现强降雨,全成都出现暴雨,成都中部、北部、东南部出现大暴雨,局部特大暴雨;主城区降雨达到 120～180 mm(大暴雨级别)。沱江流域的什邡、绵竹、广汉、青白江、彭州、金堂、龙泉驿、新都等平原地区普降大暴雨,个别点位出现特大暴雨。

图 8.3　2018 年成都特大暴雨

2021 年 7 月,河南省郑州市连遭暴雨袭击引发网友关注。2021 年 7 月 18 日 18 时至 21 日 0 时,郑州出现罕见持续强降水天气过程,全市普降大暴雨、特大暴雨,累计平均降水量 449 mm。根据第 10 场"河南省防汛救灾"新闻发布会消息,这次极端暴雨造成郑州市遇难 292 人,失踪 47 人,造成了生命财产的重大损失。

图 8.4　2021 郑州特大暴雨

此外,在 2013 年 7 月、2017 年 7 月、2022 年 8 月,昆明均出现了极端暴雨天气;2015 年 6 月南京洪水泛滥;在 2008 年 6 月、2014 年 5 月、2019 年 4 月,深圳遭遇罕见特大暴雨。这些极端天气均给当地造成了重大财产损失。

图 8.5　2017 年昆明特大暴雨

2015 年 8 月,国家防总通报称,当年全国已有 154 个城市因暴雨洪水发生内涝;据国家防总统计,2016 年全国已有 26 省(区、市)1 192 县遭受洪涝灾害,城市内涝有持续扩大的趋势。可见,内涝灾害已经成为我国许多城市共同面临的问题。

2)城市内涝的影响

在城市化的快速发展与气候变化双重影响下,我国北京、上海、广州、深圳、南京、杭州、武汉、济南等大中城市相继发生城市洪涝灾害事件,给当地的社会经济发展带来了很大的损失,并呈逐年上升的态势。

城市内涝灾害给城市生产、生活带来众多负面影响,其主要表现在:威胁城市社会财产安全、造成巨大经济损失;降低城市人居环境质量;增加城市交通负担、造成城市交通混乱;影响城市可持续发展,给生态文明建设造成负面影响。

目前,我国正处于城市化进程不断推进和深入的时期,目前城市化水平已超过 50%。根据世界银行预测,随着城市化快速发展,到 2030 年我国的城市化水平将超过 70%。随着城市化进程的不断推进,城市水安全问题日益突出。气候变化和人类活动直接影响了水循环要素的时空分布特征,使得城市特大内涝灾害问题日益严重。

8.3 城市内涝成因分析

城市内涝灾害频发,暴露出我国城市规划与建设中还存在许多问题。其中既有排水系统本身规划设计的问题,也有体制机制的原因,更有重建设轻管理的因素,再加上城市大规模开发建设,城市内涝危害更是日益加剧。综合起来看,造成城市内涝的主要因素可以归纳为自然因素、规划因素、工程因素、管理因素四类。

1)自然因素

(1)气候变化导致城市暴雨发生频繁

全球气候变暖导致极端降雨事件增多。我国国土面积广阔,降雨时空分布不均匀,每年夏季汛期大多数城市都面临着强降雨袭击的风险,短时间内的强降雨事件往往导致城市排水系统大面积瘫痪,排水不及时造成内涝灾害。城市快速发展带来的城市热岛效应、雨岛效应进一步影响了降雨的分布和强度,使得区域暴雨中心逐渐向城市化地区转移,城市发生高强度暴雨的可能性更大。

城市"热岛效应"不断增强,以及城乡环流加剧,使得城区上升气流加强;加之城市上空的尘埃随着人类活动的增加而增多,增加了水汽凝聚的核心,有利于雨滴的形成。在两者的共同作用下,我国南方城市尤其是大型城市暴雨次数增多、暴雨强度加大,城区出现内涝的概率明显增大。

(2)水循环系统遭到破坏

我国正处于经济高速发展的时期,城市硬化道路和建筑不断扩张,原有河道、湖泊等自然水体面积与数量急剧减少,城市范围内不透水区域越来越大,地面硬化率逐渐增加。城市建设破坏了城市排水方式和格局,增加了排水系统脆弱性。

部分河道被人为填埋或暗沟化,河网结构及排水功能退化;道路及地下管道基础设施建设,破坏了原来的排水系统,管道与河道排水之间的衔接和配套不合理,排水路径变化,排水格局紊乱,排水系统不完善。加之大量的地下停车场、商场、立交桥等微地形改变原先的水循环过程,有利于雨水积聚和洪涝的形成,也是城市洪涝最为严重的地点。

2)规划因素

(1)城市总体规划对涝灾重视程度不够

城市在规划时主要注重土地功能规划,对于河道、沟渠和池塘等天然蓄排系统的规划、保护以及利用往往缺乏有效管控,规划不合理是导致积水内涝的一个重要原因。很多城市为了满足发展对土地的需求,在总体规划过程中将许多湖泊、河道、坑塘的用地性质规划成建设用地,而不进行水域占补平衡的补偿,导致地面硬化率提高,雨水降落到地面后迅速汇集到城市低洼处从而产生内涝灾害。

城市原本不多的河流湖泊被填埋,降低了对雨水的调蓄能力,同时打破了原有的城市自然排水系统,延长了雨水的排河距离,特别是平原地区雨水出水口自然出流往往难以做到,采用了大量淹没式出流,致使排水不畅,引起上游积水。

(2)竖向标高不合理,形成低洼地,产生内涝

缺乏系统的竖向规划,造成个别地块建设标高不合理,形成低洼地或高洼地。各片区控规的竖向规划不协调,为了迁就现状,个别高地工程为减少土方量,标高高于周边地块,造成局部低洼地。

(3)城市治涝规划与其他专项规划协调性差

近年来极端降雨事件发生越来越频繁,城市进行了相应的提标改造,建设了雨水利用设施,虽然在一定程度上缓解了城市内涝,但建设耗资大、周期长,未能跟上城市化发展的脚步,且未与城市防洪、河道水系、道路交通、园林绿地、环境保护等其他规划相衔接。因此,解决城市内涝必须结合工程措施与非工程措施,做到蓄、滞、排等手段相结合,并做好与其他专项规划的协调。

(4)河道蓄水能力降低,生态环境遭到破坏

城市中的河道、湖泊除了基本的排水功能之外,还具有重要的储水蓄水功能。但随着城市化建设的快速推进,却出现了很多河道裁弯取直、驳岸硬化甚至小的河塘基本消失的现象。其带来的结果便是降雨稍大时,水位便急剧上升。河道蓄水能力降低,生态环境遭到破坏。

(5)地下的基础设施建设缺乏统筹规划

重视地上看得见的楼宇建设,轻视地下基础设施投入,是大多数城市的通病。"地下城市"关心不够,理念滞后,设施落后,相当多城市的地下管道欠账较多,导致部分排涝站与雨水系统不配套,地面积水难以快速汇集到排涝站,雨水泵站一抽就干,间歇工作,发挥不了应有的作用。

流域防洪、城市排涝、城市道路及雨水管道建设分属不同的部门管理,各做各的规划设计,地下的基础设施建设缺乏统筹规划。

(6)道路排水设计的问题

目前我国道路规划设计及排水规划设计在这方面还存在不少问题,制约了道路泄洪系统的构建。

a.城市道路系统规划缺乏暴雨径流行泄的考虑和论证。

b.道路与周边场地竖向关系不合理。

c.排水相关规范编制缺乏更明确的技术要求;道路断面形式与坡度不利于暴雨径流的安全行泄,或达不到内涝防治标准所要求的行泄能力。

传统的雨水排水系统设计主要由雨水口、管网与泵站组成,这种单一的快排模式已无法适应城市化快速发展的需求。大多数城市已建区缺乏关于雨水径流水质控制、超目标径流雨水排放及大排水系统设计等统筹规划。设计方法也相对滞后,缺乏对合理化公式适用条件的合理评估。

3)工程因素

(1)雨水管网设计标准不达标

雨水管网设计标准不达标,排水系统建设滞后。长期以来,城市建设中存在"重地上、轻地下"的观念,地下排水设施的投入严重不足,并且在进行城市管网系统设计时,设计重现期值远未达到规定标准或只是采用排水标准重现期的下限。大部分城市老城区管网设计重现期较低,多为1年一遇,甚至半年一遇;新建城区管网标准也多为1~3年一遇。对排水管网进行提标改造需在建成区开挖路面,工程量及投资较大,改造较为困难。

根据现行最新排水设计规范《室外排水设计标准》(GB 50014—2021)规定,一般根据重现期校核排除地面积水的能力,内涝防治设计重现期一般采用3~5年,重要干道、重要地区或短期积水即能引起较严重后果的地区,一般采用5~10年,经济条件较好或有特殊要求的地区宜采用规定的上限,目前不具备条件的地区可分期达到标准。特别重要地区可采用50年或以上。

随着城市化的快速发展,一个城市在每一轮规划调整时规模都会有所增加,根据《室外排水设计标准》(GB 50014—2021),规划人口50万以下的城市,内涝防治设计重现期可采用20年一遇的标准;而50万以上的城市,必须采用30~50年一遇的标准。因此,一个城市可能在老城区采用的是10年一遇的标准,而在次新区采用的是20年一遇的标准,到了规划新区采用的又是50年一遇的标准,再加上老城区人口稠密,排涝设施改造困难,所以老城区往往成了受涝的重灾区。

(2)强调外"排",忽略内"蓄"

城市硬化面积增加,地表径流随之增加。随着城市化建设强度的增加,水泥、混凝土等硬质铺装替代了天然的土地,地面硬化的比例越来越高,从而导致径流系数不断增大。提高了径流系数,降雨总量中有更多的雨水通过地表径流的方式排出,同时降雨也将用更短的时间快速地汇集到雨水管网系统和城市内部水系,增大城市雨水管网系统的压力。造成城市雨水管道设计标准越来越高,管道越建越大,仍满足不了排水要求的现状。雨水通过管道排水,路径短、速度快,造成城区暴雨产生、汇流历时明显缩短,内涝洪水的峰、量显著加大。

传统的市政排水强调快排,忽略自然水体本身的调蓄作用。随着城市的扩张与建设,一些河道、湖泊等天然水体被人工填埋,改为建设用地,而城市自身的调蓄能力在快速城市化建设中逐渐减小,城市内涝灾害更易发生。

（3）排水系统与排涝系统缺乏有效的衔接

城市的管道排水和河道排涝系统往往是独立进行设计。管道排水一般按照满管重力流设计,要求设计条件下河道水位对管道排水不产生顶托;城市河道排涝是按照河道不漫溢设计,并不考虑河道水位对管道排水的影响。因此,在很多情况下,管道排水与河道排涝系统会有明显不衔接的情况,加重城市内涝灾害损失程度。

（4）地下空间治涝措施薄弱,安全隐患较大

现阶段,城市地下空间防涝安全没有得到足够的重视,没有确定的地下空间防涝设计标准和规划。地下空间相对封闭,很难依靠重力自流排水,且逃生通道少,致使人员伤亡概率增加。

4）管理因素

（1）没有统筹管理

城镇内涝防治系统建设涉及多个部门,如市政部门、水利部门与交通部门等,在城市内涝防治过程中,各职能部门需要密切配合,在建设时落实本职能部门项目的过程中,需要各职能部门有效衔接城市内涝防治相关要求,各部门和专业缺乏有效配合与衔接也是积水内涝问题的主要成因。

（2）管理水平较低

管理的不善导致部分排水管道堵塞严重,造成排水路径受阻。多数地区雨水、污水同排,致使市政管网负荷加大,但由于管理水平的落后,市政管网未得到对应的改造,加上管网错接、断接、漏接严重,许多地区管网形成瓶颈效应,致使排水不畅,造成局部地区受淹。

（3）人为设置障碍降低河道行洪能力

随着人口增长和城市经济发展,沿河企业不断增加,滥占行洪滩地,在行洪河道管理范围内设置码头、桥梁等阻水建筑物,将工业垃圾任意排泄至河道,使得暴雨发生时河道的过流能力下降,水位壅高,对排水系统产生顶托,使得雨水难以及时排除,甚至倒灌至沿河低洼区域。

8.4　城市内涝防治

8.4.1　城市内涝防治指导思想

我国江南、华南、西南暴雨明显增多,多地发生洪涝地质灾害,各地区各有关部门坚决贯彻党中央决策部署,全力做好洪涝地质灾害防御和应急抢险救援等工作,防灾救灾取得积极成效。城市排水防涝系统是暴雨时保障人民生命财产与健康、社会经济稳定运行的重要基础设施。

2021 年 4 月,国务院办公厅印发了《关于加强城市内涝治理的实施意见》,针对消除全国新老城区内涝现象,提出 2025 年工作目标和 2035 年总体要求。行动计划体现了实施意见中"三个统筹"和系统解决城市内涝问题的指导思想,在总结经验教训的基础上细化了"十四五"

内涝治理工作的具体方向和重点内容。例如,在聚焦排水防涝设施、防洪工程设施、自然调蓄空间和排水防涝应急管理能力四个方面一一列出隐患排查要点,突出了摸清家底的重要性;为应急处置体系的建立划出重点,突出了增强应对超过内涝防治设计重现期降雨韧性的重要性;细化了每项工作的牵头部门和配合部门的责任分工,体现了排水防涝中多部门的协作和责权统一。这些细化的内容操作性强,为支撑实施意见的目标实现奠定了基础。

2022 年 5 月,住房和城乡建设部、国家发展改革委、水利部联合发布《"十四五"城市排水防涝体系建设行动计划》,结合近年来相关城市排水防涝的经验教训,明确了重点问题的改进方向和要求,为推进城市排水防涝系统高质量建设助力。

城市内涝防治,提高城市排涝能力,应遵循以下原则:

①规划统筹,完善体系。统筹区域流域生态环境治理和城市建设,统筹城市水资源利用和防灾减灾,统筹城市防洪和内涝治理,结合国土空间规划和流域防洪、城市基础设施建设等规划,逐步建立完善防洪排涝体系,形成流域、区域、城市协同匹配,防洪排涝、应急管理、物资储备系统完整的防灾减灾体系。

②全面治理,突出重点。坚持防御外洪与治理内涝并重、生态措施与工程措施并举,"高水高排、低水低排",更多利用自然力量排水,整体提升城市内涝治理水平。以近年来内涝严重城市和重点防洪城市为重点,抓紧开展内涝治理,全面解决内涝顽疾,妥善处理流域防洪与城市防洪排涝的关系。

③因地制宜,一城一策。根据自然地理条件、水文气象特征和城市规模等因素,科学确定治理策略和建设任务,选择适用措施。老城区结合更新改造,修复自然生态系统,抓紧补齐排水防涝设施短板;新城区高起点规划、高标准建设排水防涝设施。

④政府主导,社会参与。压实城市主体责任,明晰各方责任,加强协调联动,形成多部门合作、多专业协同、各方面参与的社会共治格局。加大投入力度,创新投融资机制,多渠道吸引各方面力量参与排水防涝设施投资、建设和专业化运营管理。

⑤建设目标。各城市因地制宜基本形成"源头减排、管网排放、蓄排并举、超标应急"的城市排水防涝工程体系,排水防涝能力显著提升,内涝治理工作取得明显成效;有效应对城市内涝防治标准内的降雨,老城区雨停后能够及时排干积水,低洼地区防洪排涝能力大幅提升,历史上严重影响生产生活秩序的易涝积水点全面消除,新城区不再出现"城市看海"现象;在超出城市内涝防治标准的降雨条件下,城市生命线工程等重要市政基础设施功能不丧失,基本保障城市安全运行;有条件的地方积极推进海绵城市建设。

8.4.2 城市排涝设施排查

全面摸清、系统认知城市排水防涝工程体系的现状是开展内涝治理的关键。

1)城市排水防涝设施

排查排涝通道、泵站、排水管网等排水防涝工程体系存在的过流能力"卡脖子"问题,雨水排口存在的外水淹没、顶托倒灌等问题,雨污水管网混错接、排水防涝设施缺失、破损和功能失效等问题,河道排涝与管渠排水能力衔接匹配等情况;分析历史上严重影响生产生活秩序的积水点及其整治情况;按排水分区评估城市排水防涝设施可应对降雨量的现状。

2) 城市防洪工程设施

排查城市防洪堤、海堤、护岸、闸坝等防洪(潮)设施达标情况及隐患,分析城市主要行洪河道行洪能力,研判山洪、风暴潮等灾害风险。

3) 城市自然调蓄空间

排查违法违规占用河湖、水库、山塘、蓄滞洪空间和排涝通道等问题;分析河湖、沟塘等天然水系萎缩、被侵占情况,植被、绿地等生态空间自然调蓄渗透功能损失情况,对其进行生态修复、功能完善的可行性等。

4) 城市排水防涝应急管理能力

摸清城市排水防涝应急抢险能力、队伍建设和物资储备情况,研判应急预案科学性与可操作性,排查城市供水供气等生命线工程防汛安全隐患,排查车库、建筑小区地下空间、各类下穿通道、地铁、变配电站、通信基站、医院、学校、养老院等重点区域或薄弱地区防汛安全隐患及应急抢险装备物资布设情况。加强应急资源管理平台推广应用。

8.4.3　系统建设城市排涝工程体系

城市排水防涝工程体系是一项系统工程,涵盖从雨水径流的产生到末端排放的全过程控制。其中雨水管渠设施应对短历时强降雨的大概率事件,承担雨水的转输、调蓄和排放,保证在设计降雨强度下地面不出现积水。目前我国设计标准与国际标准基本接轨,但已建成区雨水管渠提标改造困难诸多。要保证设施原有的排水能力,加强管网的清疏养护,避免设施功能性缺陷;禁止封堵雨水排口,避免设施功能丧失;严格限制人为壅高内河水位,避免下游顶托排水不畅。要因地制宜提高设施排水能力,按照国家标准改造或增设泵站,提高自排不畅的雨水系统以及立交桥区、下穿通道等易涝点的排水能力。

在健全排水防涝工程体系基础上,要建立城市排水防涝专业化运维队伍,加强资金保障。因地制宜推行"站、网、河(湖)一体"运营管理模式,鼓励将专业运行维护监管延伸至居住社区"最后一公里",解决居住小区内雨水管网无人维护无人管理的痛点问题。建立市政排水管网地理信息系统(Geographic Information System,简称 GIS),实行动态更新,满足日常管理应急抢险等功能需要。

系统建设城市排水防涝工程体系包括以下内容。

1) 实施河湖水系和生态空间治理与修复

保护城市山体,修复江河、湖泊、湿地等,保留天然雨洪通道、蓄滞洪空间,构建连续完整的生态基础设施体系。恢复并增加滨水空间,扩展城市及周边自然调蓄空间,按照有关标准和规划开展蓄滞洪空间和安全工程建设;在蓄滞洪空间开展必要的土地利用、开发建设时,要依法依规严格论证审查,保证足够的调蓄容积和功能。在城市建设和更新中留白增绿,结合空间和竖向设计,优先利用自然洼地、坑塘沟渠、园林绿地、广场等实现雨水调蓄功能,做到一地多用。因地制宜、集散结合建设雨水调蓄设施,发挥削峰错峰作用。

2）实施管网和泵站建设与改造

加大排水管网建设力度，逐步消除管网空白区，新建排水管网原则上应尽可能达到国家建设标准的上限要求。改造易造成积水内涝问题和混错接的雨污水管网，修复破损和功能失效的排水防涝设施；因地制宜推进雨污分流改造，暂不具备改造条件的，通过截流、调蓄等方式，减少雨季溢流污染，提高雨水排放能力。对外水顶托导致自排不畅或抽排能力达不到标准的地区，改造或增设泵站，提高机排能力，重要泵站应设置双回路电源或备用电源。改造雨水口等收水设施，确保收水和排水能力相匹配。改造雨水排口、截流井、阀门等附属设施，确保标高衔接、过流断面满足要求。

3）实施排涝通道建设

注重维持河湖自然形态，避免简单裁弯取直和侵占生态空间，恢复和保持城市及周边河湖水系的自然连通和流动性。合理开展河道、湖塘、排洪沟、道路边沟等整治工程，提高行洪排涝能力，确保与城市管网系统排水能力相匹配。合理规划利用城市排涝河道，加强城市外部河湖与内河、排洪沟、桥涵、闸门、排水管网等在水位标高、排水能力等方面的衔接，确保过流顺畅、水位满足防洪排涝安全要求。因地制宜恢复因历史原因封盖、填埋的天然排水沟、河道等，利用次要道路、绿地、植草沟等构建雨洪行泄通道。

4）实施雨水源头减排工程

在城市建设和更新中，积极落实"渗、滞、蓄、净、用、排"等措施，建设改造后的雨水径流峰值和径流量不应增大。要提高硬化地面中可渗透面积比例，因地制宜使用透水性铺装，增加下沉式绿地、植草沟、人工湿地、砂石地面和自然地面等软性透水地面，建设绿色屋顶、旱溪、干湿塘等滞水渗水设施。优先解决居住社区积水内涝、雨污水管网混错接等问题，通过断接建筑雨落管，优化竖向设计，加强建筑、道路、绿地、景观水体等标高衔接等方式，使雨水溢流排放至排水管网、自然水体或收集后资源化利用。

5）完善城市内涝应急处置体系，增强城市韧性

严重的城市内涝会引发交通中断、基站通信中断、二次供水中断等事故，严重影响居民的正常生活。面对全球气候变化、极端强降雨频发的挑战，行动计划提出实施应急处置能力提升工程、重要设施设备防护工程和基层管理人员能力提升工程，完善城市内涝应急处置体系，提升城市应对超标降雨的韧性，筑牢人民生命财产安全和城市防汛运行安全底线。

应急处置能力提升方面，要求建立城市洪涝风险分析评估机制，提升暴雨洪涝预报预警能力，强化重大气象灾害应急联动机制，完善综合和专项应急预案。随着技术的发展，气象暴雨预报精度越来越高，各级气象部门可根据本地实际情况，将 1 h 雨强纳入暴雨预警，实现和雨水管渠设计重现期标准的衔接。城市排水防涝工作也需要相应地完善应对短历时强降水应急方案，提高规范性和针对性。

重要设施设备方面，要求加强配备移动泵车、"龙吸水"排水抢险车等专业抢险设备，在地下空间出入口、下穿通道及地铁出入口等生命线工程和重点防涝区域设置应急挡水防淹设施设备。

此外,在基层管理人员能力提升方面,要求加强对基础设施运营单位和社区、物业基层管理的指导培训,提升其应急处置能力。同时,增强公众防灾避险意识和自救互救能力,做到应对突发事件临危不乱、有章可循。

8.4.4　统筹建设城市防洪和排涝体系

外洪进城、河湖水位过高都会影响城市排涝能力,因此需要加快构建城市防洪和排涝统筹体系,实施防洪提升工程、强化内涝风险研判、实施城市雨洪调蓄利用工程、加强城市竖向设计和实施洪涝"联排联调"。

1)洪涝相互联系,在一定条件下可以相互转化

洪水和内涝虽然有区别,但是二者都是由降雨引发的(除上游融雪等少数情况外),在一定条件下可以相互转化。比如,发生在某一个区域的降雨,每个城市如果都"以排为主",就会出现因上游排涝而加剧下游洪水灾害的风险。如果城市上游来水持续高水位,在城市遭遇强降雨时,可能会出现因洪水顶托而造成排水困难的现象,加剧城市内涝。

2)洪涝不统筹会导致很多问题

防洪不考虑排水防涝,导致排涝困难,加剧内涝。不少城市在城市防洪时都不断加高防洪堤,这虽然提高了城市防洪能力,但是也壅高了水位,导致城市内部遭遇强降雨时,只能依靠泵站排水,排涝难度加大,加剧城市内涝。

排涝时不考虑较高洪水位的制约,导致外洪通过排涝通道或者排水管网倒灌入城。一些城市在建设内部的排涝通道和排水管渠时,没有与所排入的防洪河道在水位方面做好衔接,在这些防洪河道处于高水位时,城市排涝会产生困难,甚至出现洪水倒灌入城的现象。

一些水库泄洪时机把握不好,暴雨时泄洪,导致下游地区雪上加霜,加剧内涝。近年来,暴雨来临时,一些城市在下游河道几乎快要满槽、城市内部排水已经出现困难的情况下,为了保障水库安全不得不在暴雨期间泄洪。这种调度方面的洪涝不统筹,可能成为"压死骆驼的最后一根稻草",造成下游地区雪上加霜,洪涝加剧。

3)洪涝统筹建设的路径

(1)实施防洪提升工程

加强堤防建设,并考虑与城市建设相统筹。立足流域全局统筹谋划,依据流域区域防洪规划和城市防洪规划,加快推进河道堤防、护岸等城市防洪工程建设。

统筹干支流、上下游、左右岸防洪排涝和沿海城市防台防潮等要求,合理确定各级城市的防洪标准、设计水位和堤防等级。完善堤线布置,优化堤防工程断面设计和结构型式,因地制宜实施防洪堤、海堤和护岸等生态化改造工程,确保能够有效防御相应洪水灾害。根据河流河势、岸坡地质条件等因素,科学规划建设河流护岸工程,合理选取护岸工程结构型式,有效控制河岸坍塌。对山洪易发地区,应加强水土流失治理,合理规划建设截洪沟等设施,以最大限度降低山洪入城风险。

（2）排水防涝与防洪要相互衔接

城市排水防涝要综合施策，不能以排为主。要按照海绵城市的理念，综合采取"渗、滞、蓄、净、用、排"等多种措施，尽可能减少峰值外排流量，降低对下游城市的影响。要提高城市内部调蓄能力，先蓄后排，多蓄缓排，蓄排结合，最大限度减小下游城市的防洪压力。

城市排水防涝要考虑防洪时高水位的影响，确保排得出、不倒灌。城市在编制排水防涝规划和相关工程设计时，要主动考虑防洪时高水位的影响，不能视而不见，必要时要增设泵站强排，并根据需要采取防倒灌措施。

城市防洪要考虑对排水防涝的影响，尽可能减少顶托。通过建设蓄滞洪区，充分利用水库调度削峰等方式降低洪水的峰值流量，给河道以足够的空间，降低洪水水位。

（3）建立洪涝耦合模型，系统识别城市内涝风险

洪涝统筹治理的重要措施之一就是要建立洪涝耦合的模型，在给定的设计暴雨下，在考虑洪涝相互影响相互作用的情况下，分析出暴雨导致内涝情况。

进一步增加对暴雨规律的研究，及时修订暴雨强度公式。暴雨强度公式是城市排水防涝中一些工程设计的基本依据。随着气候变化，一些地区的降雨规律也发生了明显变化，要及时修订暴雨强度公式，反映出这些变化和特征。

按照住房和城乡建设部与中国气象局联合发布的《关于做好暴雨强度公式修订有关工作的通知》与《城市暴雨强度公式编制和设计暴雨雨型确定技术导则》，研究确定长短历时的设计暴雨。

积极开展可能最大降雨（PMP）研究。学习东京等城市的经验，确定一个城市可能出现的最极端的降雨，通过模型分析这种降雨条件下的淹没情况，编制城市内涝风险图。

搭建内涝模型，明确边界条件，识别城市洪涝风险。建立河道、管网和地表耦合模型，明确洪水位、潮水位，加强模型参数的率定和验证，对关键参数进行调试，科学识别城市内涝风险。

（4）加强调蓄，削减洪涝峰值流量

对洪涝的调蓄有利于降低其峰值流量，这对于应对高重现期下的洪涝灾害十分重要。

要明确不同调蓄类型选取和建设的优先级顺序。综合考虑空间需求、建设成本等因素，要坚持"先自然后人工，先地上后地下，先浅层后深层，先兼用后专用"的原则，集中与分散相结合，因地制宜建设调蓄设施，提高防洪排涝能力。

严格保护并充分利用蓄滞洪区。按照防洪规划，严格落实蓄滞洪区建设和管控要求，不增加在蓄滞洪区内的建设量，对现存的应逐步疏解。严格保护蓄滞洪区，不主动调减、占用蓄滞洪区。有条件的城市逐步恢复因历史原因封盖、填埋的天然排水沟、河道等，扩展城市及周边自然调蓄空间。

在城市规划建设中要充分考虑调蓄的空间需求。城市在规划建设中要主动为水体寻找调蓄空间，加强对河湖水系、坑塘湿地的保护。结合城市更新，在低洼地、历史严重内涝点等位置，加强"留白增绿"，增加调蓄能力。合理布局并充分利用蓝绿空间进行调蓄。加强对低洼地的保护，优先将其作为公园、湿地或者其他蓝绿空间使用。在保障安全的前提下，适当承担周边城市建设用地的"客水"的调蓄功能。

加强设计，将广场、运动场等作为"兼职"调蓄空间。通过合理设计，利用广场、运动场等这些空间，发挥"兼职""临时"的调蓄作用。通过竖向优化、"耐淹"设计和加强管理，确保暴

雨时能够临时发挥调蓄作用。

根据需要因地制宜建设地下调蓄池(管)。根据需要在部分低洼地区建设专用地下调蓄池。在一些地下空间受限、无法建设调蓄池的地方,可因地制宜建设大口径的"调蓄管"。

严格论证慎重选择深层隧道调蓄空间。在上述措施都用尽的基础上,经过分析计算确有必要的,可以考虑深层的隧道调蓄空间。

(5)加强城市竖向设计,构建有利于防洪排涝的竖向格局

科学合理地对道路和场地竖向进行规划。合理确定每块场地和道路标高,构建"高低有序,高处能排,低处能蓄"的竖向格局,并和蓝绿空间布局做好衔接。优化调整排水分区,合理规划排涝泵站等设施,综合采取内蓄外排的方式,提升蓄排能力。

严格管控竖向。竖向规划一旦经过专家评审和批复,应得到严格执行和落实,既不能擅自降低标高,也不能擅自抬高标高。对于新建地块,合理确定竖向高程,避免无序开发造成局部低洼,形成新的积水点。对于现状低洼片区,通过构建"高水高排、低水低排"的排涝通道。

合理确定场地内部竖向,科学组织雨水汇流路径。合理设计场地内部竖向标高,避免出现局部低洼地。合理组织雨水径流,雨水口的布设要和竖向标高充分衔接。

优化重要设施局部竖向设计。对于重点需要防范内涝风险的场所(尤其是地下空间)的关键位置,比如地下室出入口、地铁出入口和通风口等,要加强、优化竖向设计,既要起到减少汇水区域的作用,也要挡水防止积水灌入。

对现在因竖向问题导致的内涝要加强综合治理。要综合采取"挡、截、蓄、排"相结合的方式,治理地势低洼处的内涝积水。

(6)积极推进洪涝联排联调

搭建洪涝统筹的调度平台。健全流域联防联控机制,推进信息化建设,在城市内涝模型的基础上,耦合城市洪水模型,搭建好洪涝统筹的调度平台。

要建立联排联调的工作机制。加强跨省、跨市、城市内的信息共享、协同合作,加强流域上下游在雨情、水情和调度方面的信息共享,建立机制,统筹防洪大局和城市安全。

积极探索洪涝联排联调的工作模式和调度方法。要统筹水资源利用和防灾减灾,优化水库的调度,最大限度减少暴雨期间泄洪。对一些承担调蓄功能的湖泊,要在降雨前及时腾出调蓄能力。提前将承担排涝功能的河道水位预降到位,避免"洪涝叠加"或形成"人造洪峰",根据雨情、水情适时调整调度方案。

8.4.5　完善城市内涝应急和管理体系

洪涝灾害的预测、预警、应急响应技术作为保障城市防洪排涝安全最重要的非工程措施之一,存在预报预警能力低、应急管理薄弱等问题。城市开发过程中土地利用方式的多样化,以及人类活动均给城市水文带来众多影响,使得城市水文特性更为复杂,暴雨洪水的预见期缩短,洪涝灾害损失严重。要对城市汛情作出正确的预测,合理地指导防汛抢险抗灾工作,必须能通过对雨情、水情、工情、灾情以及地理信息采集,建立城市洪涝预警、预报模型,并利用历史涝灾资料和实时涝情进行参数率定、模型验证和实时校正,迅速地处理大量信息和数据,及时地进行城市暴雨径流计算,可以针对不同雨型模拟城市可能的地面积水状况,在短时间内分析各种灾情后果并形成防汛决策预案,为城市防汛部门抢险、调度、决策提供科学依据。

1）实施应急处置能力提升工程

建立城市洪涝风险分析评估机制,提升暴雨洪涝预报预警能力,完善重大气象灾害应急联动机制,及时修订完善城市洪涝灾害综合应急预案,以及地铁、下穿式立交桥(隧道)、施工深基坑、地下空间、供水供气生命线工程等和学校、医院、养老院等重点区域专项应急预案,细化和落实各相关部门工作任务、预警信息发布与响应行动措施,明确极端天气下停工、停产、停学、停运和转移避险的要求。

2）实施重要设施设备防护工程

因地制宜对地下空间二次供水、供配电、控制箱等关键设备采取挡水防淹、迁移改造等措施,提高抗灾减灾能力。加强排水应急队伍建设,配备移动泵车、大流量排水抢险车等专业抢险设备,在地下空间出入口、下穿隧道及地铁入口等储备挡水板、沙袋等应急物资。

3）实施基层管理人员能力提升工程

加强对城市供水、供电、地铁、通信等运营单位以及街道、社区、物业等基层管理人员的指导和培训,提升应急处置能力,组织和发动群众,不定期组织开展演练,增强公众防灾避险意识和自救互救能力。在开展管网维护、应急排水、井下及有限空间作业时,要依法安排专门人员进行现场安全管理,确保严格落实操作规程和安全措施,杜绝发生坠落、中毒、触电等安全事故。

4）完善工作机制

落实政府排水防涝工作的主体责任,明确相关部门职责分工,将排水防涝责任落实到具体单位、岗位和人员。抓好组织实施,形成汛前部署、汛中主动应对、汛后总结整改的滚动查缺补漏机制。加强对城市排水防涝工作的监督检查,对于因责任落实不到位而导致的人员伤亡事件,要严肃追责问责。

5）加强排水防涝专业化队伍建设

建立城市排水防涝设施日常管理、运行维护的专业化队伍,因地制宜推行"站、网、河(湖)一体"运营管理模式,鼓励将专业运行维护监管延伸至居住社区"最后一公里"。充分发挥专家团队在洪涝风险研判、规划建设、应急处置等方面的专业作用。加强政府组织领导,强化城市管理、水利、自然资源、生态环境保护、交通等执法队伍协调联动。

落实城市排水防涝设施巡查、维护、隐患排查制度和安全操作技术规程,加强调蓄空间维护和城市河道清疏,增加施工工地周边、低洼易涝区段、易淤积管段的清掏频次。汛前要全面开展隐患排查和整治,清疏养护排水设施。加强安全事故防范,防止窨井伤人等安全事故,对车库、地下室、下穿通道、地铁等地下空间出入口采取防倒灌安全措施。在排查排水管网等设施的基础上,建立市政排水管网地理信息系统(GIS),实行动态更新,逐步实现信息化、账册化、智慧化管理,满足日常管理、应急抢险等功能需要。

6）强化监督执法

严查违法违规占用河湖、水库、山塘、蓄滞洪空间和排涝通道等的建筑物、构筑物。严格实施污水排入排水管网许可制度,防止雨污水管网混错接。依法查处侵占、破坏、非法迁改排水防涝设施,以及随意封堵雨水排口,向雨水设施和检查井倾倒垃圾杂物、水泥残渣、施工泥浆等行为。强化对易影响排水设施安全的施工工地的监督检查,及时消除安全隐患。

8.4.6 城市大排水系统

1）概念

大排水系统是应对超过地下管道（小排水）系统设计标准的强降雨或极端暴雨的排水设施,它是由地表自然冲沟、河道或地下管涵等排放设施组成的排水系统,用以应对超标雨水径流,也称为排涝系统或主排水系统。

大排水系统是衔接小排水系统和防洪系统的重要环节,或者说大排水系统就是防涝行泄通道。大排水系统的地表径流通道既可以是经过工程师的设计,称为"设计通道",也可以是因地形条件而自然形成,称为"默认通道"或"自然冲沟"。针对设计通道,为保证利用地表通道排水的安全性,对径流的流速和深度均应参照相关规范的规定。自然冲沟也应按标准进行校核,保证安全。当遭遇超过管道排水能力的大暴雨或特大暴雨时,大排水系统通过地表设施和地下设施相结合的方式来承担排涝任务,以保证城市交通、房屋等重要设施和人民生命财产免受灾害。

大排水系统通过地表排水通道或地下排水涵洞,排除极端暴雨形成的径流,对应的是内涝防治设计标准,如超大城市的暴雨重现期应按 50～100 年设计、大城市的暴雨重现期应按 30～50 年设计、中小城市的暴雨重现期应按 20～30 年设计。其设置的目的是减少低频次、高强度的暴雨可能导致的重大财产破坏或生命危险。

相对大排水系统而言,城市中还有小排水系统。小排水系统是应对常见降雨径流的排水设施,以雨水管网（管道、管沟、管渠）系统为主。设计暴雨重现期一般为 1～5 年,一般按满管重力流设计。

大排水系统构建是海绵城市建设和城市排水防涝综合规划设计的重要工作,规划阶段考虑大排水系统是综合规划体系构建的关键,由于我国长期在城市规划建设过程中对于超标降雨情境应对策略缺乏考虑,是导致内涝发生的原因之一。在新城建设或老城改造时,须统筹规划,将大排水系统纳入市政基础建设工程。

2）我国大排水系统构建存在的主要问题

近年来,随着海绵城市建设的持续推进及海绵城市专项规划编制的不断深入,对城市大排水系统的构建提出了更高的要求。大量新编、修编国家标准提出了大排水系统的相关设计要求,但相关规划及"迟来"的规范标准,对城市大排水系统的规划与设计指导等仍存在不足。城市大排水系统的工程实施案例也较少,原因在于以下几个方面。

图 8.6　城市大排水系统

(1)城市规划考虑不足

在城市总体规划及控制性详细规划层面偏重传统用地规划,缺乏对天然河道、自然沟渠、坑塘等天然蓄排空间的保护与利用,以及对排放、调蓄设施用地、竖向的相关要求;城市排水(雨水)防涝综合规划对不同降雨情景下的内涝风险分析不足,或对工程落地的指导性较差;城市排水工程规划缺乏对超标暴雨的应对措施及相关要求;城市竖向规划对区域整体防涝规划考虑不足;道路交通、绿地规划、水系等相关专项规划也缺乏蓄排设施的用地、竖向及蓝绿线的落实细化。目前,各地正在编制的海绵城市专项规划在一定程度上弥补上述不足,是强化各层级规划衔接性的重要机遇。

(2)相关专业、部门配合联动不够

城市大排水系统的构建需要城市规划、道路、园林、排水、防洪等政府管理部门及专业设计人员突破传统设计理念的制约,建立科学、有效的沟通及合作机制。源头减排系统、道路径流行泄通道、多功能调蓄公园、管渠的运行维护、应急预警、信息管理平台建设等综合实施尤其需要各部门建立有效的联动机制,并采用购买服务、PPP 等模式提高政府管理效率和质量。

(3)已建城区构建难度大

在一些高密度开发的已建城区,城市竖向、空间条件已经形成,部分内涝风险较高区域较难通过现有竖向、空间条件的调整来解决内涝问题。所以,老城区对现状管网、地表漫流情况等空间和竖向条件的评估尤为重要,是确定重点改造的区域和措施并进行多方案比选的基础。此外,利用道路路面作为径流行泄通道时,在地形坡度较大的情况下,容易形成道路洪水,需综合考虑上游源头减排及中途截流等措施,结合完善的预警系统建设进行解决。

(4)方案设计系统性较差

区域大排水系统的构建,容易忽视对地表漫流等径流行泄通道的分析和设计,以及对超负荷(有压流)运行状态下排水管渠系统排水能力的评估等,导致调蓄与排放系统竖向或设计标准不衔接,难以有效解决区域整体内涝风险。

我国过去缺乏对大排水系统的考虑和要求,多数城市在开发建设过程中都没有考虑建设大排水系统,这也是导致城市内涝严重的重要因素之一。新的排水规范给出明确要求后,在综合规划中如何合理构建大排水系统就成为一个关键问题,关系到排水防涝规划的合理性、可操作性及未来排水防涝系统的效果。在建成区重新构建这样的系统,以下几方面措施值得考虑:

一是确定主要的现状内涝点、范围及危害程度,在条件允许的情况下,综合考虑道路竖向、绿地大小和空间分布,通过适当的改造,建设地上多功能调蓄设施或行泄通道。如果条件不允许或地面改造工程的难度和代价太大,可针对重点区域选择高水截流、局部建设地下大型调节设施等方式。二是经过长期大暴雨或特大暴雨考验及细致的模拟分析和风险评估,可达到规范要求的防涝标准而不会产生内涝灾害的区域,是否可不进行大范围的改造,还值得业内讨论。三是结合新的规范标准,对主要的内涝隐患区域,合理构建源头控制、中段和终端控制相结合的内涝防治系统方案。

对新建城市或区域,按新的规范标准来构建包括大排水系统的排水防涝及海绵城市雨水系统,问题就相对简单。但关键是,如何在城市规划、绿线和蓝线规划、公园绿地规划、道路规划时就充分、合理地考虑并结合排水防涝、径流控制等要求,更多地采用绿色基础设施,保护水系和天然蓄水空间,为应对特大暴雨预留必要的空间和通道,避免重蹈旧城之覆辙,这也是未来城市发展和海绵城市建设的基本目标和要求。

3)大排水系统的规划

城市大排水系统规划应贯穿于城市总体规划与专项规划、控制性详细规划、修建性详细规划各个环节,在城市规划过程中,蓄排系统构建应结合当地降雨规律、地形特点及内涝风险等分析,统筹规划,合理布局。

①总体规划阶段,应明确大排水系统控制目标,预留和保护自然雨水径流通道及河流、湿地、沟渠等天然蓄排空间,提出用地布局及竖向相关要求。

②控制性详细规划阶段,应细化竖向控制,落实蓄排设施的调蓄容积、内涝防治重现期等控制指标,保障蓄排空间及其与周边竖向的衔接。为落实总体规划的要求,弥补控制性详细规划在用地之间、子系统之间指标、竖向衔接性的不足,在控制性详细规划编制的全过程,应协调海绵城市专项规划、排水防涝规划、绿地系统规划等专项规划,保障以汇水分区为基本单元,落实和细化竖向及空间布局,保障各子系统的完整性和衔接性,具体应对道路、绿地、水系蓄排设施的蓄排能力、上下游竖向衔接等进行重点分析。

③在修建性详细规划阶段及设计阶段,应进一步落实和细化蓄排设施的规模、平面位置及场地高程,保障大排水系统与各蓄排设施之间、与防洪系统之间衔接顺畅。

④做好用地与竖向规划的衔接。

城市大排水系统构建依赖城市整体用地、竖向规划。在规划阶段,地表蓄排系统应结合当地水文、地形条件及内涝风险等因素,统筹规划,合理布局。设计阶段根据内涝风险分析,评估区域现状排水能力、地表滞蓄及径流路径,确定内涝防治标准,依据场地现状条件选择大排水系统的形式等,然后利用水力计算、模型模拟等手段确定地表行泄通道或大型调蓄设施的规模、竖向关系。

大排水系统构建需要对城市整体竖向、用地进行分析,对不同地区的用地特征和竖向需求进行优化调整。海绵城市专项规划编制要求中提出分析自然生态空间格局,明确保护与修复要求。大排水系统规划也需要明确不同用地的保护、修复、调整。在此基础上将城市规划用地以竖向规划类型划定三种类型:保护型、控制型和引导型。

保护型的大排水系统竖向规划是结合现状地貌进行特征识别和整体保护,对于需作为城市排涝水系的沟渠、水塘、河道等加以保留和保护,禁止城市开发建设等行为影响水系防涝功能的正常发挥;控制型的大排水系统竖向规划是利用 GIS 分析现状高程,分析其竖向控制框架和薄弱环节,结合地形、径流汇集路径、道路行泄通道、内涝积水点改造等多种因素进行竖向、用地控制,同时根据城市绿线、蓝线、紫线等的控制要求,优化和完善大排水系统蓄排设施的布局、形式等;引导型的大排水系统竖向规划是识别城市的低洼区、潜在湿地区域,结合控制目标和建设需求,通过地形的合理利用和高程控制以减少土方量和保护生态环境为原则,确定大排水系统规划方案和设施,引导城市规划建设。

⑤专项规划衔接。

专项规划阶段应根据城市总体规划确定的目标,为详细规划阶段提出更明确的控制要求。城市大排水系统应与城市总体规划,排水、绿地、水系、道路与交通专项规划、排水防涝综合规划等相关规划协调,并针对城市专项规划提出规划衔接要点。

a.排水防涝综合规划。普查城市现状排水分区,对不同降雨情境下城市排水系统进行总体评估、内涝风险评估。根据大排水系统方案调整城市雨水管渠系统拓扑结构,确定城市防涝标准,落实大小排水系统建设目标。同时,开展地形 GIS 分析,明确地表漫流路径,优化径流行泄通道。

b.绿地系统规划。提出不同类型绿地的规划建设目标、控制目标,如用于调蓄周边客水的绿地调蓄容积等。分析绿地类型、特点、空间布局,合理确定调蓄设施的规模和布局,以确保城市绿地与周边集水区有效衔接,明确汇水区域汇入水量,满足可调蓄周边雨水的要求。

c.水系规划。充分利用城市天然及人工水体作为超标雨水径流的调蓄设施,满足总规蓝线和水面率要求,保证水体调蓄容量。根据河湖水系汇水范围,注意滨水区的调蓄功能,与湖泊、湿地等水体的布局与衔接,与内涝防治标准、防洪标准相协调。

d.道路交通规划。现状调研和模型模拟等方式确定城市积水点的位置、范围等,明确城市易积水路段径流控制目标。在道路断面、竖向设计时,应满足地表径流行泄通道的排水要求,在保证道路通行和安全的前提下充分利用道路自身和周边绿地设置地表行泄通道。

e.城市用地规划。对城市用地进行适用性评价,确保大排水系统蓄排设施合理布局,保留天然水体、沟渠等蓄排空间,对内涝风险严重区域需调整用地。

8.4.7　城市排涝工程设计

城市排涝工程包括城镇水体、调蓄设施和行泄通道等。城镇水体又包括河道、湖泊、池塘和湿地等天然或人工水体;调蓄设施又包括下凹式绿地、下沉式广场、调蓄池和调蓄隧道等设施;行泄通道又包括开敞的洪水通道、设计预留的雨水行泄通道,道路两侧区域和其他排水通道。为了更好地进行城市排涝工程设计,可参照下面步骤进行。

1)城市排水设施现状调查

为了更好地、有针对性地对城市排涝工程进行设计,需要对城市排水设施的现状进行调查,并对现状条件及限制性因素进行分析评估。

主要调查城市排水分区及每个排水分区的面积和最终排水出路,城市内部水系基本情况(如长度、流量、流域面积等以及城市雨水排放口信息现状)、城市内部水体水文情况(如河流的平常水位、不同重现期洪水的流量与水位、不同重现期下的潮位等)、城市排水管网现状(如长度、建设年限、建设标准、雨水管道和合流制管网情况)、城市排水泵站情况(如位置、设计流量、设计标准、建设时间、运行情况)。同时,对可能影响到城市排涝防治的水利水工设施,比如梯级橡胶坝、各类闸门、城市调蓄设施和蓄滞空间分布等也需要进行调研。

2)城市排水设施及其防涝能力现状评估

对于城市排水设施及其排涝能力,在现状调查与资料收集的基础上,采用水文学或水力学模型进行评估。其中,对于排水设施能力根据现状下垫面和管道情况利用模型对管道是否超载及地面积水进行评估;同时,需要通过模型确定地表径流量、地表淹没过程等灾害情况,获得内涝淹没范围、水深、水速、历时等成灾特征,并根据评估结果进行风险评价,从而确定内涝直接或间接风险的范围,进行等级划分,并通过专题图示反映各风险等级所对应的空间范围。

对于模型的应用,在此阶段应建立城市排水设施现状模型,包括排水管道及泵站模型(现状下垫面信息)、河道模型(蓄滞洪区)、现状二维积水漫流模型等,才能满足现状评估的需求。对于小城市,如果确无能力及数据构建模型,也可采用历史洪水(涝水)灾害评估的方法进行现状能力评估和风险区划分。

3)确定地表径流排涝通道

地表径流排涝通道的选择应依据当地水文条件、地形地貌分析,并通过不同降雨条件下的内涝风险评估等综合确定。

4)汇水区域水文分析

汇水区域水文分析包括下列内容:降雨资料分析;汇水区域边界、整体竖向、用地构成分析,明确地表排水方向;道路路网布局与竖向分析;调研分析排水管网和雨水口淤堵情况;明确汇水区关键节点竖向、断面控制要求,如汇流路径交叉点,道路交叉口等;分析其他相关的水问题,如内涝、污染、水资源流失等。

5)设计要点

城市排涝工程应与城市雨水管渠系统同步规划设计。城市排水系统规划、排水防涝综合规划等相关排水规划中,应结合当地条件确定海绵城市建设目标与建设内容,并满足《城市排水工程规划规范》(GB 50318)、《室外排水设计标准》(GB 50014)、《城镇内涝防治技术规范》(GB 51222)及《防洪标准》(GB 50201)等规范的相关要求。

①明确低影响开发径流总量控制目标与指标。通过对排水系统总体评估和内涝风险评估,明确低影响开发雨水系统径流总量控制目标,并与城市总体规划、详细规划中低影响开发雨水系统的控制目标相衔接,将控制目标分解为单位面积控制容积等控制指标,通过建设项目的管控制度进行落实。

②确定径流污染控制目标及防治方式。通过评估、分析径流污染对城市水环境污染的贡献率,根据城市水环境的要求,结合悬浮物(SS)等径流污染物控制要求确定年径流总量控制率,同时明确径流污染控制方式并合理选择低影响开发设施。

③明确雨水资源化利用目标及方式。根据当地水资源条件及雨水回用需求,确定雨水资源化利用的总量、用途、方式和设施。

④与城市雨水管渠系统及超标雨水径流排放系统有效衔接。最大限度地发挥低影响开发雨水系统对径流雨水的渗透、调蓄、净化等作用,低影响开发设施的溢流应与城市雨水管渠系统或超标雨水径流排放系统衔接。城市雨水管渠系统、超标雨水径流排放系统应与低影响开发系统同步规划设计,应按照《城市排水工程规划规范》(GB 50318)、《室外排水设计规范》(GB 50014)、《城镇内涝防治技术规范》(GB 51222)及《防洪标准》(GB 50201)等规范相应重现期设计标准进行规划设计。

⑤优化低影响开发设施的竖向与平面布局。充分利用城市绿地、广场、道路等公共开放空间,在满足各类用地主导功能的基础上合理布局低影响开发设施;其他建设用地应明确低影响开发控制目标与指标,并衔接其他内涝防治设施的平面布局与竖向,共同组成内涝防治系统。

6)城市内涝防治标准

根据室外排水设计标准,内涝防治设计重现期,应根据城镇类型、积水影响程度和内河水位变化等因素,经技术经济比较后按表8.1的规定取值,并应符合下列规定:

①人口密集、内涝易发且经济条件较好的城镇,宜采用规定的上限。

②目前不具备条件的地区可分期达到标准。

③当地面积水不满足表8.1的要求时,应采取渗透、调蓄、设置行泄通道和内河整治等措施。

④超过内涝设计重现期的暴雨应采取应急措施。

表8.1　内涝防治设计标准

城镇类型	重现期	地面积水设计标准
超大城市	100	1.居民住宅和工商业建筑物的底层不进水; 2.道路中一条车道的积水深度不超过15 cm
特大城市	50~100	
大城市	30~50	
中等城市和小城市	20~30	

确定内涝防治标准后,根据设计降雨资料,确定内涝防治、管渠设计暴雨强度,进而计算地表径流行泄通道的设计暴雨强度及对应的设计重现期。

7)排水分区的划分

(1)雨水管渠设计标准的排水分区

管网设计重现期对应的汇水区划分,主要以雨水出水口为终点,以雨水管网系统和地形坡度为基础,排水分区相对独立,不互相重叠。地势平坦的地区,按就近排放原则采用等分角线法或梯形法进行划分,地形坡度较大的地区,按地面雨水径流水流方向进行划分。主要采用泰森多边形工具自动划分管段或检查井的服务范围,再根据雨水系统出水口进行合并得到。

(2)内涝防治系统设计标准——大排水系统排水分区

对于大排水系统排水分区划分,其排水分区大于管渠排水分区,小于流域分区边界,划分方法单独依靠管渠排水分区划分是不合理的。需依靠模型通过管网与地形进行耦合,模拟地表漫流过程,查看最终出水口的上游汇水面漫流情况,将漫流的管渠排水分区相加,得出地表行泄通道的总汇水面积。

(3)防洪设计标准的排水分区

该排水分区为流域排水分区,以地形和河湖水系为主要依据,以河道、行政区界及分水线等为界线划定,汇水区之间没有公共边界,一般情况下是不变的。

8)降雨量的计算

详见第 2.4 节相关内容。

9)编制水力计算表

按照划分的计算断面,计算每个子汇水区域内的地表径流行泄通道是否满足设计要求,并编制水力计算表。

10)设计校核

当地表径流排涝通道的过水能力不满足设计要求时,需对纵向坡度、断面进行调整,或设计新的径流行泄通道,并重新进行水文、水力计算,确保满足设计要求。

11)排涝出水口设计水位

考虑城市的类型、积水影响程度和江河水位变化,根据排涝标准相同重现期的洪水位,以及排涝沟断面尺寸,综合确定排涝出水口水位。一般来说,排涝出水口最低水位宜高于相同重现期的洪水位 0.5~1 m。

排涝水位是排涝沟宣泄排涝设计流量时的水位。由于各地承泄区水位条件不同,确定排涝水位的方法也不同,但基本上分为下述两种情况:

①当承泄区水位较低,如汛期干沟出口处排涝设计水位始终高于承泄区水位,此时干沟排涝水位可按排涝设计流量确定,可以满足重力流自排,不会产生壅水现象。干沟(甚至包括支沟)的最高水位就应按壅水水位线设计,其两岸常需筑堤束水,形成半填半挖断面。

②在承泄区水位很高,易受河水或潮水顶托的排水管渠出水口应设置防倒灌设施,如设置拍门或鸭嘴阀等,避免域外洪水倒灌,同时内设排水泵站。

8.5　智慧排水系统概述

近 10 年来,随着人工智能、物联网、大数据、云计算等技术的发展及在各领域的应用,智慧城市快速发展,智慧交通、智慧水务等相关领域得到了广泛关注和研究。包含智慧水务在内的大多数"智慧+行业"的技术与解决方案的核心目标都是借助信息技术等手段,将依赖人工经验的"灰箱"管理模式升级为高效、稳定、精细的智能化管理,保障系统的高效性、稳定性、可靠性和经济性,提升管理和服务水平。

所谓智慧水务,是指通过互联网、数据采集系统和水质监测系统等监测设备实时监控水务系统的运行状态,并通过先进的新兴技术将繁琐的数据转换为可视化图形,实现对水的处理、生产、供配、输送及排放全过程的智慧化控制。智慧水务系统能够处理庞大的水务实时数据,并且根据数据分析的结果生成处理意见,进而形成更加实时、准确、科学的水务系统,以智慧化的方式解决水务行业的瓶颈问题。

总的来说,智慧水务就是将水务从过去单一、自动化程度低的状态,通过使用智能控制、数据分析、人工智能等新兴技术来实现数字化、规范化和智能化,从而应对当前水务行业中的各种问题。

智慧水务是水务行业的一次重大技术变革,水务企业及管理者结合信息化技术,突破传统水务的运行模式,以更加科学、快捷、智能的形式运作整个水务系统。智慧水务由传感器、物联网和人工智能三要素组成。传感器作为信息源头,物联网作为底层网络支撑,人工智能作为上层技术应用。

智慧水务包括智慧供水系统和智慧排水系统,其中智慧排水系统又分为雨水系统和污水系统。本节只介绍智慧排水系统相关内容。

8.5.1 智慧排水系统的特点

智慧排水系统是以时空信息为基础,充分利用感知监测网、物联网、云计算、大数据、移动互联网、工业控制、水力模型和水质模型等新一代信息技术,全方位感知城市排水系统设施及要素运行工况,集各业务单元运行、管理和决策分析于一体的市政排水管网地理信息系统。通过管网安全分析、排水管网及各类设施设备的集中监控、排水运行情况的实时模拟和预测,以线上管理指挥及时主动服务,以线下主动运维调控与在线信息整合,推动实现智慧排水,最终实现整个生产管理服务的最优化。

智慧排水系统的主要功能和特点如下。

1)高效管理多源可视化数据

智慧排水管理系统是一个复杂的系统,它用于存储和管理大量的数据和属性数据,不仅包括管网数据,而且将不同来源、不同数据格式和不同空间尺度(如地形数据、航拍图像、DEM等)的基础地理信息数据进行集成,从而改善传统管网数据单一、记录分散、不完整的状况,为市政管理部门的业务应用、决策分析和数据共享奠定了坚实的数据基础。多组数据叠加可视化显示,能更直观地了解排水管网周边交通、居民、水系、植被及地形分布。该数据库可以对不同历史时期的排水系统进行有效的管理,通过对比显示,可以清晰地发现数据之间的差异与联系,对未来城市的发展规划具有重要意义。在三维仿真技术和虚拟现实技术日益成熟的今天,管道点、管线数据自动进行三维建模,将道路、建筑物等三维模型叠加起来,实现管道数据任意角度的三维浏览,还原管网地上和地下的三维立体浏览,还原管网中地面和地下的三维立体场景。

2)提高巡检、养护工作效率和管理水平

智慧排水管理系统采用手持设备与网络相结合的方式,现场巡查、养护人员通过手持设备

将巡检信息和养护进度及时上传到监控中心,而监控中心的市政管理人员可通过网络及时了解巡查养护人员,对发现的排水管网问题进行动态监管。自动监控实现了巡检养护工作的高效执行,降低了管网维护费用,提高了人员反应速度,保障了管网安全高效地运行。

3)分析辅助决策

GIS 强大的空间分析功能完全依赖于地理空间数据库,排水管网完整的数据体系为查询分析、缓冲区分析、拓扑分析等提供了强有力的支撑,通过深层次的信息挖掘,解决了涉及用户关心的实际地理空间问题,为智慧排水管理系统规划、城市建设、防灾减灾等提供了辅助决策分析的合理性建议数据。

8.5.2　智慧排水系统建设的重要性

2013 年,国家发布《国务院办公厅关于做好城市排水防涝设施建设工作的通知》,要求积极应用地理信息、全球定位、遥感应用等技术系统,加快建立具有灾害监测、预报预警、风险评估等功能的综合信息管理平台。

按照住房和城乡建设部《关于印发城市排水防涝设施普查数据采集与管理技术导则(试行)的通知》(建城〔2013〕88 号)和《关于印发城市排水(雨水)防涝综合规划编制大纲的通知》(建城〔2013〕98 号)要求,为城市排水设施普查、设施管理、业务审批、养护管理、在线监控、应急调度、水利分析、规划支持等工作提供信息技术支撑,切实提高各城市排水防涝信息化水平与管控能力,加速各地建设海绵城市的步伐,与时俱进地将智慧排水系统纳入专项规划非常必要。

《城镇排水与污水处理条例》明确提出,要建立适合当地条件的排水设施地理信息系统,将现代地理信息和数字化技术运用到日常运行管理、风险控制和应急。

城市管理部门可借助信息系统实时掌握降雨强度、降雨分布、降雨量等信息,获得异常自动报警信息及处理方案;实时全面了解城市排水管道系统的运行状态,对管道排水能力和抢修现场进行智能化监管。

智慧排水项目建设主要分为 3 个阶段:基础设施建设阶段、智能化管理建设阶段和排水智慧化应用服务阶段。

8.5.3　智慧排水系统规划

1)总体思路

以现有排水系统及信息化建设成果为基础,积极融入新一代信息技术和先进的设计理念,建立集、排、治、处、防、控、管及公众服务于一体的多功能智慧型综合系统平台,使其达到国内领先的水平。

2)建设原则

①统筹规划、分步实施。
②普查竣测,相辅相成。

③长效机制,确保更新。

④需求引导,应用为先。

⑤统一标准、资源共享。

⑥多方投资、分级负责。

3) 建设目标

按照国务院办公厅和地方人民政府关于地下管网建设管理要求,遵循"标准统一、互联互通、资源整合、综合利用"原则,汇总梳理管网普查成果,充分整合现有成果,采用 GIS 技术、数据库、工作流、门户及移动办公等多种技术手段,依托局域网和互联网,以桌面端、网络端及移动终端 3 种方式,建设面向规划、运行、管理、监测和应急的排水管网信息系统,为城市规划、建设、运行和管理提供科学化的决策依据,为排水管线应急防灾能力、安全运行水平和社会服务的提升提供有效的技术保障。具体目标如下:

①排水防涝设施数字化。通过地下管线及设施物探进行相关数据采集入库,实现排水管网设施数字化管理。

②排水资源信息可视化。基于地理信息平台,实现管网信息、人员设备物资分布情况的可视化查看。

③排水防涝监测实时化。通过 SCADA 监测系统,实现监测信息(水位、闸位、流量等)的实时化监控与预警。

④排水防涝调度科学化。基于全面的数据,提供多种空间分析手段实现调度指挥科学化。

4) 建设内容

建立暴雨内涝监测预警体系,制订、完善城市排水与暴雨内涝防范应急预案,明确预警等级、内涵及相应的措施和处置程序,健全应急处置的技防、物防、人防措施。要实现上述建设目标,智慧排水系统主要建设内容包含以下几个方面。

①智慧排水动态感知。排水管网监测范围包括污水处理厂、城镇排水干管、重要支管、泵站、重要排放口、重要闸口及其他附属设施。常规监测项目包括水位监测、流速监测、流量监测、水质监测、雨量监测和视频监控等。

②智慧排水数据资源。包括排水管网普查及数字化入库等。系统建设过程中,需要同步建设排水综合数据库,对管辖范围内的排水管线数据进行统一管理,同时也为数据的共享服务与应用提供支持。在排水综合数据库的基础上,构建科学、规范的排水管网信息系统,除了提供对排水管线信息浏览、定位、分析和数据管理等基础应用外,还提供对外共享的功能服务、数据服务和二次开发接口等。

③网络与基础环境。包括网络建设、终端建设、其他辅助设施建设等。

④智慧排水支撑平台。包括智慧排水云平台、排水数据中心、应用支撑、模型服务等。建设平台运行的软硬件支撑环境,保证平台各项功能的正常使用,保障数据的保密和安全性。

⑤智慧排水业务应用。包括排水管理现状评估支撑应用、规划建设支撑应用、运行维护支撑应用、应急调度支撑应用、行政管理支撑应用 5 大类应用系统。

⑥智慧排水安全保障。包括应用安全、数据安全、网络安全、物理安全、安全管理等。按照

"统一规划、分工负责;综合防范、整体安全;分级保护、务求实效"的原则。建立综合安全服务体系,从物理、网络、系统、信息和应用等方面保证整体安全;建立标准统一、分级管理、适应应用需要、切实可行的网络安全保障体系。

⑦智慧排水标准体系。包括数据标准、接口规范、管理办法、政策法规等。为了保障排水综合数据库的标准统一、安全高效运行和及时维护更新,建立长效机制,需要制订统一的数据标准规范,实现对不同来源数据按照统一的标准进行管理与共享。

⑧智慧排水运行管理。包括数据更新维护、软件运行管理、设施运行管理、感知设备运行管理等。

8.5.4　智慧排水系统信息化建设

要逐步建立覆盖整个城市的排水防涝数字信息化管控平台。排水防涝系统的信息化建设主要包括以下几个方面。

1)数据的采集与管理

城市排水管网系统信息化建设离不开基础数据。科学表达城市排水管网系统基础信息的数据,包括描述排水管网物理属性的静态数据和描述运行工况的动态数据。城市排水管网系统静态信息化数据应包括描述管网基本属性的图形数据和属性数据、特殊管理需求的图形数据和属性数据。城市排水管网系统动态信息化数据应包括描述管网基本运行状态的图形数据和属性数据、特殊状况管理需求的图形数据和属性数据。

在采集数据前,应组织排水主管部门和相关从业人员学习《城市排水防涝设施普查数据采集与管理技术导则(试行)》,并按照该导则尽快开展现状普查。在数据的收集工作中,应重视信息核查,设专人对收集到的信息资料审核,确保信息资料的可靠性。

2)软件平台开发

在建立城市排水管网系统数据库的基础上,应积极开发适应城市排水设施建设和管理的软件平台,常见的有以下几种。

(1)地理信息系统(GIS)

GIS 是以地理空间数据库为基础,在计算机软硬件的支持下,对空间相关数据进行采集、管理、操作、分析、模拟和显示,并采用地理模型分析方法,适时提供多种空间和动态的地理信息,为地理研究和地理决策服务而建立起来的计算机技术系统。GIS 作为一种空间信息处理和分析技术,是在信息空间中构建与现实地理空间相对应的虚拟地理信息空间,并在管理和决策中应用的核心技术,具有广泛的应用前景。近年来,GIS 技术应用已从主要为直接应用地图进行管理和决策服务,逐步拓展到应用于给水排水企业与管理部门和为社会提供优质服务。地理信息平台包括图形信息和属性信息,因此在城市给水排水管网系统信息化建设和管理方面更具有优势。

(2)城市排水管网系统模型软件

城市排水管网系统模型软件是利用城市排水管网信息系统数据进行实际应用的专业工具,是将城市排水管网系统的水力学和水质演算的数字表达通过计算机实现的载体。城市排水管网系统模型又可以根据模型的特征分为宏观模型和微观模型、设计模型和管理模型、离线模型和在线模型等。城市应根据自身需求和条件选用适当的建模软件。城市排水管网系统模型软件的本质是城市排水管网系统水力学和水质过程的模拟仿真计算,其他的管理功能应属于基于城市排水管网系统模型的二次开发。

(3)基于 GIS 技术的城市排水管网系统管理软件

标准的 GIS 软件和城市排水管网系统模型软件均不包括城市排水管网系统的管理功能,其管理功能是通过基于 GIS 技术的城市排水管网系统管理软件二次开发和基于城市排水管网系统模型的二次开发实现的,部分商业软件可以提供城市排水管网系统管理功能的扩展模块或二次开发软件包。

基于 GIS 技术和城市排水管网系统模型的管理功能二次开发,对政府部门的管理和企业应用具有非常重要的意义。成功地应用于企业管理的软件系统不仅应包括比较标准的管理功能,还应包括企业文化、领导艺术和员工参与等。而城市管理、工程规划设计与施工管理等部门需要的城市排水管网系统信息管理模型,则应强调标准化、规范化。基础数据的多层异构分布式管理模式是构建城市综合信息管理平台的关键技术。

3)硬件系统建设

城市排水管网系统信息化建设不仅需要软件平台,还需要硬件平台的支撑。硬件系统包括城市排水管网系统的泵站、阀门等运行调度控制设备、自控系统、数据采集与监视控制系统(Supervisory Control And Data Acquisition,SCADA)、计算机网络设备、有线与无线信息传输设备、视频设备和显示设备等。新建和改造的排水设施应根据需要设置计算机网络系统、在线信息采集系统、自控系统、视频监控与图像显示系统、有线与无线信息传输系统。

4)管理技术

城市排水管网系统信息化平台标准化和规范化管理是支撑信息化事业可持续发展的重要组成部分。城市排水管网系统信息化建设是信息时代的需要,是历史的必然。为了保证城市排水管网系统信息化事业的可持续发展,必须建立科学的标准化和规范化的管理体系与规章制度,避免造成浪费和信息流失。

重点建立水文测报通信体系,保证各观测站点的水文资料及时、准确地传递到防涝指挥中心。在指挥中心建立计算机数据库,管理水文测报数据处理,包括资料的分析整理、统计、计算,逐步实现自动化。要配备有线和无线通信传呼设备,如电话、电传等防汛通信,在紧急情况下,还可使用公安、广播、电视、人民防空等部门的设施。配备计算机与上级防涝指挥部门联网,及时接收区域性的洪水信息以及上级的各项指令,形成城市防涝的作战体系。

第9章
海绵城市建设评价标准

海绵城市是在城市落实生态文明建设理念、绿色发展要求的重要举措,有利于推进城市基础建设的系统性,有利于将城市建成人与自然和谐共生的生命共同体。海绵城市建设是新时代城市转型发展的需要,能够推进生态文明建设、绿色发展,推动城市发展方式转型,提升城市基础建设的系统性。为推进海绵城市建设改善城市生态环境质量、提升城市防灾减灾能力、扩大优质生态产品供给、增强群众获得感和幸福感、规范海绵城市建设效果的评价,住房和城乡建设部组织专家编制了国家标准《海绵城市建设评价标准》(GB/T 51345—2018)。

海绵城市建设评价应遵循海绵城市建设的技术路线与方法,目标与问题导向相结合,按照"源头减排、过程控制、系统治理"理念系统谋划,因地制宜,灰色设施和绿色设施相结合,采用"渗、滞、蓄、净、用、排"等方法综合施策。本章内容主要对标准进行解读,在工程实践中,需按照《海绵城市建设评价标准》(GB/ T 51345—2018)执行。

9.1 海绵城市建设评价的基本规定

①海绵城市建设的评价以城市建成区为评价对象,其总体评价内容包括对建成区范围内的源头减排项目、排水分区及建成区整体的海绵效应进行评价。

城市建成区指城市行政区内实际已成片开发建设、市政公用设施和公共设施基本具备的地区。海绵城市建设优先选择城市积水内涝、水体污染等问题突出的区域。根据积水点、雨水排放口和合流制溢流排放口上溯,科学划定排水分区并制定海绵城市建设方案,落实对应工程项目,推进区域或流域整体治理,实现建成区整体"小雨不积水、大雨不内涝、水体不黑臭、热岛有缓解"的目标。应分别对建成区范围内的源头减排项目、排水分区及建成区整体的海绵效应进行评价。

②海绵城市建设评价的结果按排水分区为单元进行统计,达到评价标准要求的城市建成区面积占城市建成区总面积的比例。城市建成区面积以《中国城市统计年鉴》评价年的数据为准。

③海绵城市建设的评价内容由考核内容和考查内容组成,达到评价标准要求的城市建成区应满足所有考核内容的要求,考察内容应进行评价但结论不影响评价结果的判定。

海绵城市建设对于缓解地下水位下降与城市热岛效应具有重要作用,但同时由于城市地下水位与热岛效应受到多重因素的影响,存在一定的不确定性,短期监测难以较准确判定其变化趋势,也难以将其和海绵城市建设和其他相关因素建立定量或定性的对应关系,故虽对地下水埋深变化趋势和城市热岛效应进行评价,但评价结论不影响评价结果的判定。

④海绵城市建设评价需对典型项目、管网、城市水体等进行监测,以不少于1年的连续监测数据为基础,结合现场检查、资料查阅和模型模拟进行综合评价。

水文特征具有丰水年、平水年、枯水年3个典型特征年份,但水文变化是以年为一个周期,所以评价标准要求进行至少1年的连续监测,鼓励有条件的地方适当延长监测时限。城市雨水工程基于统计学意义上的城市水文进行设计,实际降雨径流水量、水质的随机性与不确定性均很大,采用大量实际暴雨监测来评估工程设施的设计工况或标准是不现实的,故采用监测与模型模拟、设计施工资料查阅和现场检查相结合的方法对海绵城市建设效果进行综合评价。

⑤对源头减排项目实施有效性的评价,应根据建设目标、技术措施等,选择有代表性的典型项目进行监测评价。每类典型项目应选择1~2个监测项目,对接入市政管网、水体的溢流排水口或检查井处的排放水量、水质进行监测。

为了节约评价成本和时间,提高评估效率,选择具有典型代表性的项目进行监测评价,借此可以总结当地海绵城市建设的典型做法,也为城市整体水环境和内涝等水文水力评估模型的参数率定与验证提供数据支撑。实践中,可进一步在监测项目内选择对应汇水范围明确、便于安装监测设备的典型设施进行监测,为模型参数输入等提供数据支撑。典型项目的类型主要包括建筑小区、道路、停车场、广场、公园与防护绿地。其中,所选建筑小区类监测项目指居住、商业和工业用地等用地类型的监测项目。

典型项目与监测项目主要参照以下原则进行选择:①位于同一个排水分区内;②对解决排水分区内的积水、径流污染、合流制溢流污染等问题具有较显著效果;③项目采用的技术措施和规模具有代表性;④管网资料齐全,对管渠缺陷进行检测并完成修复工作。

9.2 海绵城市建设评价的评价内容

通过恢复自然水文特征来实现海绵城市建设的目标。自然水文特征的评价主要从径流体积、峰值流量、频率、水质等4个方面来进行,也是海绵城市建设评价的主要内容。

海绵城市建设评价内容与要求中的年径流总量控制率及径流体积控制、源头减排项目实施有效性、路面积水控制与内涝防治、城市水体环境质量、自然生态格局管控与水体生态性岸线保护应为考核内容,地下水埋深变化趋势、城市热岛效应缓解应为考查内容。

9.2.1 年径流总量控制率及径流体积控制

（1）新建区

城市新建区指以新建项目为主的城市建设区域，新建区易在城市规划、设计阶段落实体积控制要求，故新建区以维系生态本底条件下的水文特征为原则确定径流体积控制目标，不得低于"我国年径流总量控制率分区图"所在区域规定的下限值，以及所对应计算的径流体积。

（2）改建区

城市改建区是指以改扩建项目为主的城市建设区域。体积控制要求的落实程度受多方面因素影响，因项目而异，故改建区整体以解决城市积水和内涝、径流污染和合流制溢流污染等问题为出发点，根据改扩建条件，经技术经济比较确定径流体积控制规模，有条件的改建区，在以问题为导向的基础上，可参照新建区标准确定径流体积控制目标，最大限度地维系生态本底条件下的水文特征，不宜低于"我国年径流总量控制率分区图"所在区域规定下限值及所对应计算的径流体积。

年径流总量控制率可根据所在区域自然状态下的降雨径流系数确定。若当地水文资料不全，可根据我国年径流总量控制率分区图确定当地的年径流总量控制率。干旱少雨地区，自然渗透能力强，年径流总量控制率尽可能取上限值；在多雨地区，地下水位高，渗透能力差，可取下限值。

9.2.2 源头减排项目实施有效性

项目实施的有效性是支撑城市建成区整体建设成效的基础，需要对建筑小区、道路、停车场、广场、公园与防护绿地建设项目实施的有效性进行评价。

1）建筑小区

①年径流总量控制率及径流体积控制：新建项目不应低于"我国年径流总量控制率分区图"所在区域规定下限值，及所对应计算的径流体积；改扩建项目经技术经济比较，不宜低于"我国年径流总量控制率分区图"所在区域规定下限值及所对应计算的径流体积；或达到相关规划的管控要求。

②径流污染控制：新建项目年径流污染物总量（以悬浮物 SS 计）削减率不宜小于 70%，改扩建项目年径流污染物总量（以悬浮物 SS 计）削减率不宜小于 40%；或达到相关规划的管控要求。

③径流峰值控制：雨水管渠及内涝防治设计重现期下，新建项目外排径流峰值流量不宜超过开发建设前原有径流峰值流量；改扩建项目外排径流峰值流量不得超过更新改造前原有径流峰值流量。

④新建项目硬化地面率不宜大于 40%；改扩建项目硬化地面率不应大于改造前原有硬化地面率，且不宜大于 70%。

建筑小区项目应充分结合地形地貌进行竖向设计，尽可能采用地面汇流方式组织降雨径流，减少管网使用。或采取断接排水管网等方式，实现"渗、滞、蓄、净、用"的径流控制过程，使降雨径流在径流体积、峰值流量、污染达到控制要求后溢流排入市政管网。

实践中,部分新建项目或改扩建项目由于空间和竖向条件不足、建设难度和成本较高等原因,难以达到"我国年径流总量控制率分区图"所在区域规定下限值,需要根据项目条件,经技术经济分析综合确定项目年径流总量控制率指标。针对此类情况,评价标准提出达到相关规划的管控要求时,也满足评价标准的评价要求。相关规划主要包括海绵城市专项规划、控制性详细规划等。

国内外大量研究和实践表明,中小降雨径流产生的径流污染负荷较大。径流污染变化的随机性和复杂性较大,因此,径流污染一般通过径流体积进行控制。

降雨径流污染主要与大气降尘、汽车尾气、下垫面特征等有关,成分较为复杂,其中,悬浮物(SS)往往与其他污染物指标具有一定的相关性,故可用悬浮物(SS)作为径流污染物控制指标。各城市可监测分析本地典型下垫面或用地类型条件下悬浮物(SS)与其他污染物指标的相关关系。

径流年悬浮物(SS)总量削减率与下垫面降雨径流的悬浮物(SS)浓度本底值、初期冲刷(初期雨水)现象是否显著、设施悬浮物(SS)浓度去除能力等相关。我国降雨径流的悬浮物(SS)浓度普遍较高,且源头下垫面的初期冲刷现象往往较管网末端明显。初期雨水中携带的悬浮物可被源头减排设施有效处理,故源头减排设施对降雨径流的年悬浮物(SS)总量削减率一般较高。《海绵城市建设技术指南》中采用年径流总量控制率与设施悬浮物(SS)去除率的乘积粗略计算年悬浮物(SS)总量削减率,该方法未考虑初期冲刷等因素对悬浮物(SS)总量削减率的影响,计算结果较实际往往偏小。各地可通过监测获取各种降雨事件条件下城市各类用地或不同下垫面的悬浮物(SS)浓度与径流流量随降雨量的变化曲线,估算不同降雨量下悬浮物(SS)的场降雨平均浓度,进而根据径流体积控制设施的悬浮物(SS)浓度去除率,估算一定年径流总量控制率下的年悬浮物(SS)总量削减率。

美国多个州的年总悬浮物(TSS)总量削减率为80%~95%。综合考虑我国径流污染实际情况,在保证设施悬浮物(SS)去除能力的前提下,提出新建项目的年径流总量控制率不低于"我国年径流总量控制率分区图"所在区域规定的下限值时,项目的年悬浮物(SS)总量削减率不小于70%;改扩建项目根据项目实际条件,通过最大限度提高控制的不透水下垫面面积和相应的年径流总量控制率目标,可使项目的年悬浮物(SS)总量削减率不小于40%。实践中,难以通过径流体积控制径流污染时,也可采用除砂、土工织物截污等物理处理方式控制径流污染;为保证项目整体的径流污染控制水平,应最大限度对项目内的所有不透水下垫面尤其是道路、停车场等径流污染相对严重的不透水下垫面采取径流污染控制措施。

除气候因素外,新建项目开发建设前水文特征的主要影响因素包括不透水下垫面面积、地形地貌、土壤特性等,上述资料缺乏或难以作为开发建设前水文特征分析的基准条件时,可按不透水下垫面面积占场地总面积的比值为5%作为开发建设前水文水力分析的基准值,地形地貌与土壤特性等也可根据相关资料或开发建设后条件做合理假定。

一般情况下,二类居住用地的绿地率为30%~35%,建筑密度(屋面面积比)为35%~40%,硬化地面面积占比为25%~35%,故除屋面外的不透水硬化地面与地面总面积的比值为42%~54%,鼓励将部分不透水硬化地面建设为可渗透地面,故评价标准提出新建项目硬化地面率不宜超过40%。

2）道路、停车场及广场

（1）道路

应按照规划设计要求进行径流污染控制；对具有防涝行泄通道功能的道路,应保障其排水行泄功能。

（2）停车场与广场

①年径流总量控制率及径流体积控制：新建项目不应低于"我国年径流总量控制率分区图"所在区域规定下限值,及所对应计算的径流体积；改扩建项目经技术经济比较,不宜低于"我国年径流总量控制率分区图"所在区域规定下限值及所对应计算的径流体积。

②径流污染控制：新建项目年径流污染物总量（以悬浮物 SS 计）削减率不宜小于70%,改扩建项目年径流污染物总量（以悬浮物 SS 计）削减率不宜小于40%。

③径流峰值控制：雨水管渠及内涝防治设计重现期下,新建项目外排径流峰值流量不宜超过开发建设前原有径流峰值流量。

改扩建项目外排径流峰值流量不得超过更新改造前原有径流峰值流量。

由于硬质铺装较多,是快速形成降雨径流,导致排水集中、内涝和径流污染的重要区域。因此应通过海绵城市建设措施控制径流体积、峰值流量和径流污染,减轻对城市生态和环境的影响。对于新建项目,应采用物理、生态处理等多种方式控制道路、停车场及广场降雨径流,对于改扩建项目,可参照新建项目要求控制降雨径流。

3）公园与防护绿地

①新建项目控制的径流体积不得低于年径流总量控制率90%对应计算的径流体积,改扩建项目经技术经济比较,控制的径流体积不宜低于年径流总量控制率90%对应计算的径流体积。

②应按照规划设计要求接纳周边区域降雨径流。

③公园与防护绿地：新建、改扩建公园与防护绿地项目的规划设计,在不损害或降低绿地的休闲、应急避难等主体功能的基础上,通过接纳周边客水,协同解决区域积水和洪涝、径流污染和合流制溢流污染等问题,发挥公园与防护绿地的径流控制、蓄洪滞洪等功能。实践中,公园与防护绿地的规模、竖向条件、主体功能等差异较大,难以全面要求其接纳周边客水,故提出应按照规划设计要求接纳周边区域降雨径流。

9.2.3　路面积水控制与内涝防治

通过源头减排能够达到削减降雨径流峰值流量和错峰的效果,以缓解城市排水防涝压力,同时利用山水林田湖草格局管控、竖向控制、超标降雨径流控制系统构建的协同作用缓解内涝压力。

通过海绵城市建设、"灰绿结合"的措施手段,城市雨水排水及内涝防治工程系统达到现行国家标准《室外排水设计标准》（GB 50014）与《城镇内涝防治技术规范》（GB 51222）的规定,有效应对城市积水防涝问题。

①灰色设施和绿色设施应合理衔接,发挥绿色设施滞峰、错峰、削峰等作用。

②雨水管渠设计重现期对应的降雨情况下,不应有积水现象。

③内涝防治设计重现期对应的暴雨情况下,不得出现内涝。

9.2.4 城市水体环境质量

①灰色设施和绿色设施应合理衔接,应发挥绿色设施控制径流污染与合流制溢流污染及水质净化等作用。

②旱天无污水、废水直排。

③控制雨天分流制雨污混接污染和合流制溢流污染,并不得使对应的受纳水体出现黑臭;或雨天分流制雨污混接排放口和合流制溢流排放口的年溢流体积控制率均不应小于50%,且处理设施悬浮物(SS)排放浓度的月平均值不应大于 50 mg/L。

④水体不黑臭:透明度应大于 25 cm(水深小于 25 cm 时,该指标按水深的 40%取值),溶解氧应大于 2.0 mg/L,氧化还原电位应大于 50 mV,氨氮应小于 8.0 mg/L。

⑤不应劣于海绵城市建设前的水质;河流水系存在上游来水时,旱天下游断面水质不宜劣于上游来水水质。

雨天径流污染、分流制雨污混接污染及合流制溢流污染是城市水体污染的主要污染源之一。通过海绵城市建设措施控制降雨径流,一方面可以缓解径流污染、分流制雨污混接污染、合流制溢流污染控制的压力;另一方面也有利于从源头解决混接、合流管网雨污分流难的问题。

黑臭水体治理的技术路线:控源截污、内源治理、生态修复、活水保质、长"治"久清,海绵城市建设在控制径流污染与溢流污染、岸线生态修复与末端水质净化、活水保质等方面都能发挥其应有的作用,"灰绿结合"有利于降低工程造价和运维成本。

雨污混接排放口和合流制溢流排放口的年溢流体积控制率指多年通过混接改造、截流、调蓄、处理等措施削减或收集处理的雨天溢流雨污水体积与总溢流体积的比值。其中,调蓄设施包括生物滞留设施、雨水塘、调蓄池等;处理设施指末端污水处理厂和溢流处理站。处理工艺包括"一级处理+消毒""一级处理+过滤+消毒""沉淀+人工湿地"及污水处理厂全过程处理等。

我国不同地区城市降雨特征、管网运行情况、受纳水体水环境容量、溢流污染本底情况等差异较大,应经技术经济分析后合理确定溢流污染控制标准。具体控制指标除年溢流体积控制率外,还可选择年均溢流频次和年污染物总量削减率作为控制指标。

我国雨天溢流污染控制工程经验和数据积累尚不足,评价标准是在结合美国合流制溢流污染控制经验做法的基础上,针对我国国情,提出分流制雨污混接污染和合流制溢流污染控制指标和标准。控制指标及其标准根据水体接纳的污染物类别和水环境质量要求,并考虑是否便于评估和管理等因素进行确定,美国合流制溢流污染控制系统的控制标准主要为年均溢流频次或年溢流体积控制率、年总悬浮物(TSS)或生化需氧量(BOD)总量或浓度削减率,粪大肠杆菌、pH 值、悬浮物(SS)、生化需氧量(BOD)、溶解氧(DO)浓度排放限值等。美国多个州年均溢流频次控制标准为 1~4 次、年溢流体积控制率为 80%~90%,美国费城市、波特兰市的总悬浮物(TSS)排放浓度的月平均限值分别为 25 mg/L、30 mg/L。我国南方某海绵城市建设试点城市年均溢流频次控制标准为不超过 15 次、年溢流体积控制率约 70%。

9.2.5 自然生态格局管控与水体生态性岸线保护

①城市开发建设前后天然水域总面积不宜减少,保护并最大程度恢复自然地形地貌和山水格局,不得侵占天然行洪通道、洪泛区和湿地、林地、草地等生态敏感区;或应达到相关规划的蓝线绿线等管控要求。

②城市规划区内除码头等生产性岸线及必要的防洪岸线外,新建、改建、扩建城市水体的生态性岸线率不宜小于70%。

自然生态格局管控与水体生态性岸线保护按照现行国家标准《城市水系规划规范》(GB 50513)的规定,生态性岸线指为保护生态环境而保留的自然岸线或经过生态修复后具备自然特征的岸线。

水体生态修复包括生态基流恢复、生物多样性恢复及其环境营造等复杂的内容。生态性岸线作为城市排水系统末端重要的截污和水质净化空间,是水体生态修复中的重要内容之一,所以评价标准提出对水体生态性岸线保护的评价要求。

9.2.6 地下水埋深变化趋势

城市不透水铺装切断了雨水入渗通道,雨水下渗量减少,地下水补给减少,导致地下水位下降。海绵城市建设可使径流雨水充分回补地下或经处理后回补河道,维系河道基流,年均地下水(潜水)水位下降趋势应得到遏制。

9.2.7 城市热岛效应缓解

城市热岛效应形成的主要因素包括城市硬化下垫面的增加与自然植被的减少、机动车尾气排放等人类活动产生的热排放、区域气候变化的影响等。海绵城市建设倡导在城市开发过程中更好地保护自然植被,增加可渗透下垫面,修复自然水文循环,对缓解城市热岛效应有重要作用。评价时,夏季按6—9月的城郊日平均温差与历史同期(扣除自然气温变化影响)相比应呈现下降趋势。

9.3 海绵城市建设的评价方法

通过恢复自然水文特征,来实现海绵城市建设的目标。自然水文特征的评价主要从径流体积、峰值流量、频率、水质等四方面来进行,也是海绵城市建设评价的主要内容。

海绵城市建设评价内容与要求中的年径流总量控制率及径流体积控制、源头减排项目实施有效性、路面积水控制与内涝防治、城市水体环境质量、自然生态格局管控与水体生态性岸线保护为考核内容,地下水埋深变化趋势、城市热岛效应缓解为考查内容。

9.3.1 年径流总量控制率及径流体积控制

年径流总量控制率及径流体积控制应采用设施径流体积控制规模核算、监测、模型模拟与现场检查相结合的方法进行评价。

1)设施径流体积控制规模核算的规定

①应依据年径流总量控制率所对应的设计降雨量及汇水面积,采用"容积法"计算得到渗透、滞蓄、净化设施所需控制的径流体积,现场实际检查各项设施的径流体积控制规模应达到设计要求。

②渗透、渗滤及滞蓄设施的径流体积控制规模

$$V_{in} = V_s + W_{in} \tag{9-1}$$

$$W_{in} = KJA_s \tag{9-2}$$

式中 V_{in}——渗透、渗滤及滞蓄设施的径流体积控制规模,m^3;

V_s——设施有效滞蓄容积,m^3;

W_{in}——渗透与渗滤设施降雨过程中的入渗量,m^3;

J——水力坡度,一般取1;

A——有效渗透面积,m^2;

t_s——降雨过程中的入渗历时,h,为当地多年平均场降雨历时,资料缺乏时,可根据平均场降雨历时特点取 2~12 h;

K——土壤或人工介质的饱和渗透系数,m/h,根据设施滞蓄空间的有效蓄水深度和设计排空时间计算确定,由土壤类型或人工介质构成决定。不同类型土壤的渗透系数可按现行国家标准《建筑与小区雨水控制及利用工程技术规范》(GB 50400)的规定取值。

③延时调节设施的径流体积控制规模

$$V_{ed} = V_s + W_{ed} \tag{9-3}$$

$$V_{ed} = V_s + W_{ed} \tag{9-4}$$

式中 V_{ed}——延时调节设施的径流体积控制规模,m^3;

W_{ed}——延时调节设施降雨过程中的排放量,m^3;

T_d——设计排空时间,h,根据设计悬浮物(SS)去除能力所需停留时间确定;

t_p——降雨过程中的排放历时,h,为当地多年平均场降雨历时,资料缺乏时,可根据平均场降雨历时特点取 2~12 h。

渗透与渗滤设施的有效滞蓄容积 V,指顶部蓄水层的滞蓄容积,延时调节设施的有效滞蓄容积 V_s 指承担径流污染控制功能的底部调节空间的容积,调蓄水体、水池等滞蓄设施的有效滞蓄容积为储存容积,不包括仅承担峰值流量控制功能的调节容积。

以沉淀作用为主去除悬浮物(SS)等污染物时,延时调节设施的设计排空时间根据保证悬浮物(SS)去除能力所需沉淀时间确定,资料缺乏时,可取 40 h,对于加油站、城市道路等重金属污染较高的区域,设计排空时间可取 72 h;以渗滤作用为主去除悬浮物(SS)等污染物时,延时调节设施的设计排空时间参照生物滞留设施或砂滤池的设计排空时间确定。

渗透系数取决于设施渗透能力的相应土壤层或人工介质层的渗透系数。

2)项目实际年径流总量控制率评价的规定

①应现场检查各项设施实际的径流体积控制规模,核算其所对应控制的降雨量,通过查阅

"年径流总量控制率与设计降雨量关系曲线图"得到实际的年径流总量控制率。

②应将各设施、无设施控制的各下垫面的年径流总量控制率,按包括设施自身面积在内的设施汇水面积、无设施控制的下垫面的占地面积加权平均,得到项目实际年径流总量控制率。

③对无设施控制的不透水下垫面,其年径流总量控制率应为 0。

④对无设施控制的透水下垫面,应按设计降雨量为其初损后损值(即植物截留、洼蓄量、降雨过程中入渗量之和)获取年径流总量控制率,或按下式估算其年径流总量控制率:

$$\alpha = (1 - \varphi) \times 100\% \tag{9-5}$$

式中　α ——年径流总量控制率,% ;

　　　φ ——径流系数。

无设施控制的透水下垫面包括透水铺装、普通绿地等。径流系数指年均外排总径流量与年均降雨总量的比值,即年径流系数,该数据缺乏时,可按现行国家标准《建筑与小区雨水控制及利用工程技术规范》(GB 50400)对不同下垫面类型的雨量径流系数的规定进行取值。

3)监测项目的年径流总量控制率的评价方法

①应现场检查各设施通过"渗、滞、蓄、净、用"达到径流体积控制的设计要求后溢流排放的效果。

②在监测项目接入市政管网的溢流排水口或检查井处,应连续自动监测至少 1 年,获得"时间-流量"序列监测数据。

③应筛选至少 2 场降雨量与项目设计降雨量下浮不超过 10%,且与前一场降雨的降雨间隔大于设施设计排空时间的实际降雨,接入市政管网的溢流排水口或检查井处无排泄流量,或排泄流量应为经设施渗滤、沉淀等净化处理后的排泄流量,可判定项目达到设计要求。

如遇特别枯水年、丰水年时,监测时限可适当延长 1 年。

4)排水分区年径流总量控制率评价的规定

①采用模型模拟法进行评价,模拟计算排水分区的年径流总量控制率。

②模型应具有下垫面产汇流、管道汇流、源头减排设施等模拟功能。

③模型建模应具有源头减排设施参数、管网拓扑与管渠缺陷、下垫面、地形,以及至少近 10 年的步长为 1 min 或 5 min 或 1 h 的连续降雨监测数据。

④模型参数的率定与验证,应选择至少 1 个典型的排水,在市政管网末端排放口及上游关键节点处设置流量计,与分区内的监测项目同步进行连续自动监测,获取至少 1 年的市政管网排放口"时间-流量"或泵站前池"时间-水位"序列监测数据。各筛选至少 2 场最大 1 h 降雨量接近雨水管渠设计重现期标准的降雨下的监测数据分别进行模型参数率定和验证。模型参数率定与验证的纳什(Nash-Sutcliffe)效率系数不得小于 0.5。

⑤应将城市建成区拟评价区域各排水分区的年径流总量控制率按各排水分区的面积加权平均,得到城市建成区拟评价区域的年径流总量控制率。

9.3.2 源头减排项目实施有效性

1) 建筑小区项目实施有效性评价的要求

①年径流总量控制率及径流体积控制应按第 9.3.1 节的规定进行评价。

②径流污染控制应采用设计施工资料查阅与现场检查相结合的方法进行评价,查看设施的设计构造、径流控制体积、排空时间、运行工况、植物配置等能否保证设施悬浮物(SS)去除能力达到设计要求。设施设计排空时间不得超过植物的耐淹时间。对于除砂、去油污等专用设施,其水质处理能力等应达到设计要求。新建项目的全部不透水下垫面宜有径流污染控制设施,改扩建项目有径流污染控制设施的不透水下垫面面积与不透水下垫面总面积的比值不宜小于 60%。

③径流峰值控制应采用设计施工、模型模拟评估资料查阅与现场检查相结合的方法进行评价。

④硬化地面率应采用设计施工资料查阅与现场检查相结合的方法进行评价。

降雨径流污染随降雨事件变化的随机性和复杂性较大,径流污染主要通过径流体积进行控制。采用大量监测的方法进行径流污染控制效果评估,技术要求和评价成本较高,故在年径流总量控制率及径流体积控制评价达标的基础上,项目的径流污染控制采用评估设施径流污染控制能力和核查采取控制设施的不透水下垫面面积比例的方式进行评价,影响设施径流污染控制能力的因素主要包括设计构造、径流控制体积、排空时间、运行工况及植物配置。

排空时间是影响设施污染物去除能力的重要因素之一,雨水渗滞设施的设计排空时间通过衡量悬浮物(SS)去除效果、径流体积控制效果、植物耐淹性能,并考虑蚊蝇滋生问题进行确定。实践中,生物滞留设施的设计排空时间一般取 12 h,考虑设施运行过程中表层堵塞问题,表层种植土的饱和渗透系数需进行适当保守设计,保证设施运行初期实际排空时间不大于 6 h,并据此确定土壤类型或人工介质构成;砂滤池的设计排空时间一般取 24 h;延时调节设施的设计排空时间可取 40 h、72 h,或根据生物滞留设施、砂滤池的设计排空时间确定。当实际排空时间大于设计排空时间时,需进行相应维护。

源头不透水下垫面的初期冲刷现象一般较为明显,即控制初期降雨径流可达到较高的径流污染控制效率,国内外的研究和实践表明,按一定年径流总量控制率对应的设计降雨量进行设计的源头减排设施,可高效收集初期降雨径流中悬浮物(SS)总量的 80%。在此基础上,如果设施的悬浮物(SS)去除能力达到 85% ~ 90%,则对于新建项目,当年径流总量控制率达到"我国年径流总量控制率分区图"所在区域规定的下限值时,至少可控制全部不透水下垫面上产生的占全年 70% 的悬浮物(SS)总量;对于改扩建项目,控制至少 60% 的不透水下垫面面积,并根据项目条件最大限度提高年径流总量控制能力,也可实现不小于 40% 的年悬浮物(SS)总量削减目标。

2) 道路、停车场及广场项目实施有效性评价的规定

①年径流总量控制率及对应的径流体积控制应按第 9.3.1 节的规定进行评价。

②径流污染、径流峰值控制应按第 9.3.2 节的规定进行评价。

③道路排水行泄功能应采用设计施工资料查阅与现场检查相结合的方法进行评价。

3)公园与防护绿地项目实施有效性评价的规定

①年径流总量控制率及对应的径流体积控制应按第9.3.1节的规定进行评价。

②公园与防护绿地控制周边区域降雨径流应采用设计施工资料查阅与现场检查相结合的方法进行评价,设施汇水面积、设施规模应达到设计要求。

9.3.3　路面积水控制与内涝防治

灰色设施和绿色设施的衔接应采用设计施工资料查阅与现场检查相结合的方法进行评价。

路面积水控制应采用设计施工资料和摄像监测资料查阅的方法进行评价,并应符合下列规定。

①应查阅设计施工资料,城市重要易涝点的道路边沟和低洼处排水的设计径流水深不应大于15 cm。

②应筛选最大1 h降雨量不低于现行国家标准《室外排水设计标准》(GB 50014)规定的雨水管渠设计重现期标准的降雨,分析该降雨下的摄像监测资料,城市重要易涝点的道路边沟和低洼处的径流水深不应大于15 cm,且雨后退水时间不应大于30 min。

城市重要易涝点位置见《住房和城乡建设部关于公布2018年全国城市排水防涝安全和重要易涝点整治责任人名单的通知》(建城函〔2018〕40号),此外,各城市应通过现场调研和模型模拟相结合的方法动态确定新增易涝点。

美国多个城市的排水设计手册对道路积水深度及允许淹没的路幅宽度均有设计要求。例如,丹佛市要求在雨水管渠设计重现期对应的设计暴雨下,城市主干道边沟积水深度不超过15 cm,保证道路双向各有一条车道不积水,且道路双向最大允许淹没的路幅宽度均不超过两条车道。参照美国丹佛等城市的设计要求,评价标准提出重要易涝点的道路边沟及低洼处的排水设计中,用于水力计算的设计径流水深或水头不大于15 cm,并据此对实际暴雨下重要易涝点的积水情况进行评价。

③内涝防治应采用摄像监测资料查阅、现场观测与模型模拟相结合的方法进行评价,并应符合下列规定。

a.应具有下垫面产汇流、管道汇流、地面漫流、河湖水系等模拟功能。

b.模型建模应具有管网拓扑与管渠缺陷、下垫面、地形,以及重要易涝点积水监测数据和内涝防治设计重现期下的最小时间段为5 min总历时为1 440 min的设计雨型数据。

c.模型参数的率定与验证,应选择至少1个典型的排水分区,在重要易涝点设置摄像等监测设备,在市政管网末端排放口及上游关键节点处设置流量计,与分区内的监测项目同步进行连续自动监测,获取至少1年的重要易涝点积水范围、积水深度、退水时间摄像监测资料分析数据及市政管网排放口"时间-流量"或泵站前池"时间-水位"序列监测数据;应各筛选至少2场最大1 h降雨量不低于雨水管渠设计重现期标准的降雨下的监测数据分别进行模型参数率定和验证;模型参数率定与验证的纳什(Nash-Sutcliffe)效率系数不得小于0.5。

d.模拟分析对应内涝防治设计重现期标准的设计暴雨下的地面积水范围、积水深度和退水时间,应符合现行国家标准《室外排水设计标准》(GB 50014)与《城镇内涝防治技术规范》(GB 51222)的规定。

e.查阅至少近 1 年的实际暴雨下的摄像监测资料,当实际暴雨的最大 1 h 降雨量不低于内涝防治设计重现期标准时,分析重要易涝点的积水范围、积水深度、退水时间,应符合现行国家标准《室外排水设计标准》(GB 50014)与《城镇内涝防治技术规范》(GB 51222)的规定。

9.3.4 城市水体环境质量

①灰色设施和绿色设施的衔接应采用设计施工资料查阅与现场检查相结合的方法进行评价。

②旱天污水、废水直排控制应采用现场检查的方法进行评价,市政管网排放口旱天应无污水、废水直排现象。

③雨天分流制雨污混接污染和合流制溢流污染控制应采用资料查阅、监测、模型模拟与现场检查相结合的方法进行评价,并应符合下列规定。

a.应查阅项目设计施工资料并现场检查溢流污染控制措施实施情况。

b.应监测溢流污染处理设施的悬浮物(SS)排放浓度,且每次出水取样应至少 1 次。

c.年溢流体积控制率应采用模型模拟或实测的方法进行评价,模型应具有下垫面产汇流、管道汇流、源头减排设施等模拟功能,模型建模应具有源头减排设施参数、管网拓扑与管渠缺陷、截流干管和污水处理厂运行工况、下垫面、地形,以及至少近 10 年的步长为 1 min 或 5 min 或 1 h 的连续降雨监测数据;采用实测的方法进行评价时,应至少具有近 10 年的各溢流排放口"时间-流量"序列监测数据。

d.模型参数率定与验证应按第 9.3 节相关内容进行,应各筛选至少 2 场最大 1 h 降雨量接近雨水管渠设计重现期标准的降雨下的溢流排放口"时间-流量"序列监测数据分别进行模型参数率定和验证。应模拟或根据实测数据计算混接改造、截流、调蓄、处理等措施实施前后各溢流排放口至少近 10 年每年的溢流体积。

④水体黑臭及水质监测评价的规定如下:

a.水质评价指标的检测方法应符合现行行业标准《城镇污水水质标准检验方法》(CJ/T 51)的规定。

b.应沿水体每 200~600 m 间距设置监测点,存在上游来水的河流水系,应在上游和下游断面设置监测点,且每个水体的监测点不应少于 3 个。采样点应设置于水面下 0.5 m 处,当水深不足 0.5 m 时,应设置在水深的 1/2 处。

c.每 1 周至 2 周取样应至少 1 次,且降雨量等级不低于中雨的降雨结束后 1 d 内应至少取样 1 次,连续测定 1 年;或在枯水期、丰水期应各至少连续监测 40 d,每天取样 1 次。

d.各监测点、各水质指标的月平均值应符合第 9.2 节内容中对应指标的规定。

城市水体环境质量监测断面、监测点、采样点等参照现行行业标准《地表水和污水监测技术规范》(HJ/T 91)、《水质采样方案设计技术规定》(HJ 495)的相应规定。降雨量等级根据现行国家标准《降雨量等级》(GB/T 28592)确定。

9.3.5　自然生态格局管控与水体生态性岸线保护

自然生态格局管控应采用资料查阅和现场检查相结合的方法进行评价,并应符合下列规定:

①应查阅城市总体规划与相关专项规划、城市蓝线绿线保护办法等制度文件,以及城市开发建设前及现状的高分辨率遥感影像图。

②应现场检查自然山水格局、天然行洪通道、洪泛区和湿地、林地、草地等生态敏感区及蓝线绿线管控范围。

③城市开发建设前后天然水域总面积不宜减少,自然山水格局与自然地形地貌形成的排水分区不得改变,天然行洪通道、洪泛区和湿地等生态敏感区不应被侵占;或应达到相关规划的管控要求。

水体生态性岸线保护的评价,应查阅新建、改建、扩建城市水体项目的设计施工资料,明确生态性岸线的长度与占比,现场检查生态性岸线实施情况。

新建、改建、扩建水体生态性岸线率为生态性岸线长度与除必要的生产岸线及防洪岸线长度外的水体岸线总长度的比值。

9.3.6　地下水埋深变化趋势

①应监测城市建成区地下水(潜水)水位变化情况,海绵城市建设前的监测数据应至少为近 5 年的地下水(潜水)水位,海绵城市建设后的监测数据应至少为 1 年的地下水(潜水)水位。

②地下水(潜水)水位监测应符合现行国家标准《地下水监测工程技术规范》(GB/T 51040)的规定。

③应将海绵城市建设前建成区地下水(潜水)水位的年平均降幅 Δh_1 与建设后建成区地下水(潜水)水位的年平均降幅 Δh_2 进行比较,Δh_2 应小于 Δh_1;或海绵城市建设后建成区地下水(潜水)水位应上升。

④当海绵城市建设后监测资料年数只有 1 年时,获取该年前 1 年与该年地下水(潜水)水位的差值 Δh_3,与 Δh_1 比较,Δh_3 应小于 Δh_1,或海绵城市建设后建成区地下水(潜水)水位应上升。

9.3.7　城市热岛效应缓解

①应监测城市建成区内与周边郊区的气温变化情况,气温监测应符合现行国家标准《地面气象观测规范空气温度和湿度》(GB/T 35226)的规定。

②海绵城市建设前的监测数据应至少为近 5 年的 6—9 月日平均气温,海绵城市建设后的监测数据应至少为 1 年的 6—9 月日平均气温。

③应将海绵城市建设前建成区与郊区日平均气温的差值 ΔT_1 与建成后建成区与郊区日平均气温的差值 ΔT_2 进行比较,ΔT_2 应小于 ΔT_1。

9.4 海绵城市建设绩效评价与考核指标

海绵城市建设是落实生态文明建设的重要举措,是实现修复城市水生态、改善城市水环境、提高城市水安全等多重目标的有效手段。为科学、全面评价海绵城市建设成效,依据《海绵城市建设技术指南》,住房和城乡建设部制定了海绵城市建设绩效评价与考核办法。

海绵城市建设绩效评价与考核分3个阶段:

1)城市自查

海绵城市建设过程中,各城市应做好降雨及排水过程监测资料、相关说明材料和佐证材料的整理、汇总和归档,按照海绵城市建设绩效评价与考核指标做好自评,配合做好省级评价与部级抽查。

2)省级评价

省级住房和城乡建设主管部门定期组织对本省内实施海绵城市建设的城市进行绩效评价与考核,可委托第三方依据海绵城市建设评价考核指标及方法进行。绩效评价与考核结束后,将结果报送住房和城乡建设部。

3)部级抽查

住房和城乡建设部根据各省上报的绩效评价与考核情况,对部分城市进行抽查。

海绵城市建设绩效评价与考核指标分为水生态、水环境、水资源、水安全、制度建设及执行情况、显示度6个方面,具体指标、要求和方法列举如下:

(1)水生态——年径流总量控制率

①要求:当地降雨形成的径流总量,达到《海绵城市建设技术指南》规定的年径流总量控制要求。在低于年径流总量控制率所对应的降雨量时海绵城市建设区域不得出现雨水外排现象。

②方法:根据实际情况,在地块雨水排放口,关键管网节点安装观测计量装置及雨量监测装置,连续不少于1年、监测频率不低于15 min(次)进行监测;结合气象部门提供的降雨数据、相关设计图纸、现场勘测情况、设施规模及衔接关系等进行分析,必要时通过模型模拟分析计算。

③性质:定量(约束性)。

(2)水生态——生态岸线恢复

①要求:在不影响防洪安全的前提下,对城市河湖水系岸线、加装盖板的天然河渠等进行生态修复,达到蓝线控制要求,恢复其生态功能。

②方法:查看相关设计图纸、规则,现场检查等。

③性质:定量(约束性)。

（3）水生态——地下水位

①要求：年均地下水潜水位保持稳定，或下降趋势得到明显控制，平均降幅低于历史同期。

②方法：查看地下水潜水位监测数据。年均降雨量超过 1 000 mm 的地区不评价此项指标。

③性质：定量（约束性、分类指导）。

（4）水生态——城市热岛效应

①要求：热岛强度得到缓解，海绵城市建设区域夏季（按 6—9 月）日平均气温不高于同期其他区域的日平均气温，或与同区域历史同期（扣除自然气温变化影响）相比呈现下降趋势。

②方法：查阅气象资料，可通过红外遥感监测评价。

③性质：定量（鼓励性）。

（5）水环境——水环境质量

①要求：不得出现黑臭现象。海绵城市建设区域内的河湖水系水质不低于地表水环境质量标准Ⅳ类标准，且优于海绵城市建设前的水质，当城市内河水系存在上游来水时，下游断面主要指标不得低于来水指标。地下水监测点位水质不低于《地下水质量标准》Ⅲ类标准，或不劣于海绵城市建设前。

②方法：委托具有计量认证资质的检测机构开展水质检测。

③性质：定量（约束性）。

（6）水环境——城市面源污染控制

①要求：雨水径流污染、合流制管渠溢流污染得到有效控制。雨水管网不得有污水直接排入水体；非降雨时段，合流制管渠不得有污水直排水体；雨水直排或合流制管渠溢流进入城市内河水系的，应采取生态治理后入河，确保海绵城市建设区域内的河湖水系水质不低于地表Ⅳ类。

②方法：查看管网排放口，辅助以必要的流量监测手段并委托具有计量认证资质的检测机构开展水质检测。

③性质：定量（约束性）。

（7）水资源——污水再生利用率

①要求：人均水资源低于 500 m^3 和城区内水体水环境质量低于Ⅳ类标准的城市，污水再生利用率不低于 20%，再生水包括污水经处理后，通过管道及输配设施、水车等输送用于市政杂用、工业农业、园林绿地灌溉等用水，以及经过人工湿地、生态处理等方式，主要指标达到或优于地表Ⅳ类要求的污水处理厂尾水。

②方法：统计污水处理厂（再生水厂、中水站等）的污水再生利用量和污水处理。

③性质：定量（约束性、分类指导）。

（8）水资源——雨水资源利用率

①要求：雨水收集并用于道路浇洒、园林绿地灌溉，市政杂用，工农业生产、冷却等的雨水总量（按年计算，不包括汇入景观、水体的雨水量和自然渗透的雨水量），与年均降雨量（折算成毫米数）的比值，或雨水利用量替代的自来水比例等。达到各地根据实际确定的目标。

②方法：查看相应计量装置、计量统计数据和计算报告等。

③性质：定量（约束性、分类指导）。

（9）水资源——管网漏损控制

①要求：供水管网漏损率不高于12%。

②方法：查看相关统计数据。

③性质：定量（鼓励性）。

（10）水安全——城市暴雨内涝灾害防治

①要求：历史积水点彻底消除或明显减少，或者在同等降雨条件下积水程度显著减轻。城市内涝得到有效防范，达到《室外排水设计标准》规定标准。

②方法：查看降雨记录、检测记录等，必要时通过模型辅助判断。

③性质：定量（约束性）。

（11）水安全——饮用水安全

①要求：饮用水水源地水质达到国家标要求，以地表水为水源的，一级保护区达到《地表水环境质量标准》Ⅱ类标准和饮用水源补充、特定项目的要求；二级保护区水质达到《地表水环境质量标准》Ⅲ类标准和饮用水源补充、特定项目的要求；以地下水为水源的，水质达到《地下水质标准》Ⅲ类标准的要求。自来水厂出厂水、管网水和龙头水达到《生活饮用水卫生标准》的要求。

②方法：查看水源地水质检测报告和自来水厂出厂水、管网水、龙头水水质检测报告。检测报告须有资质的检测单位出具。

③性质：定量（鼓励性）。

（12）制度建设及执行情况——规划建设管控制度

①要求：建立海绵城市建设规则（土地出让、"两证一书"）、建设（施工图审查、竣工验收等）方面的管理制度和机制。

②方法：查看出台的城市控详规、相关法规、政策文件等。

③性质：定性（约束性）。

（13）制度建设及执行情况——蓝线绿线规定与保护

①要求：在城市规划中划定蓝线绿线并制定相应管理规定。

②方法：查看当地相关城市规划及出台的法规、政策文件。

③性质：定性（约束性）。

（14）制度建设及执行情况——技术规范与标准建设

①要求：制定较为健全、规范的技术文件，能够保障当地海绵城市建设的顺利实施。

②方法：查看地方出台的海绵城市工程技术、设计施工相关标准、技术规范、图集、导则、指南等。

③性质：定性（约束性）。

（15）制度建设及执行情况——投融资机制建设

①要求：制定海绵城市建设投融资、PPP管理方面的制度机制。

②方法：查看出台的政策文件等。

③性质：定性（约束性）。

（16）制度建设及执行情况——绩效考核与奖励机制

①要求：对于吸引社会资本参与的海绵城市建设项目，建立按效果付费的绩效考评机制，

与海绵城市建设成效相关的奖励机制等。对于政府投资建设,运行,维护的海绵城市建设项目,需建立与海绵城市建设成效相关的责任落实与考核机制等。

②方法:查看出台的政策文件等。

③性质:定性(约束性)。

(17)制度建设及执行情况——产业化

①要求:制定促进相关企业发展的优惠政策等。

②方法:查看出台的政策文件、研发与产业基地建设等情况。

③性质:定性(鼓励性)。

(18)显示度——连片示范效应

①要求:60%以上的海绵城市建设区域达到海绵城市建设要求,形成整体效应。

②方法:查看规划设计文件、相关工程的竣工验收资料。现场查看。

③性质:定性(约束性)。

第 *10* 章

海绵城市设计案例

《海绵城市建设技术指南》提出了海绵城市建设低影响开发雨水系统构建的基本原则、规划控制目标、技术框架,明确了城市规划、工程设计、建设、维护及管理的内容、要求和方法,并提供了部分实践案例。

为全面了解海绵城市的设计理念、工程措施和建设效果,本章简要介绍全国海绵城市建设第一批试点城市的典型案例,分别是迁安、池州、萍乡、济南、南宁、重庆、遂宁和西咸新区。

10.1 迁安海绵城市建设案例——君和广场改造工程

10.1.1 项目概况

迁安作为北方能源型缺水城市,在海绵建设中,本着低影响开发、经济适用、景观化、人性化的原则,积极发挥"渗、滞、蓄、净、用、排"的作用,在具体项目设计中体现城市特色,因地制宜地建设有华北地区特色的海绵城市。

君和广场位于迁安市西南位置,属于迁安市海绵城市建设试点区的南部,汇水分区内年径流总量控制率为78%,地块面积约 24.4 万 m^2。

①气候特点:迁安市属温带半湿润大陆性气候。春季干旱少雨;夏季酷暑炎热,雨量集中;秋季昼夜温差显著;冬季严寒,干燥多风。

②降雨径流:迁安市多年平均降雨量 672.4 mm。最大年降雨量 1 070.9 mm(1959 年),最小降雨量 393.4 mm(1982 年);雨量集中,降雨多出于 6—9 月,占全年降雨量的 80% 以上。每年夏季多出现暴雨或连阴雨,易造成水灾。

③洪涝特点:由于特殊的地理位置和气候特征,迁安市洪涝灾害的特征是时间短、强度大、突发性强、季节性强、山洪诱发山地灾害等。

④水资源特点:迁安市水资源匮乏,人均占有本地水资源量仅为 436 m^3,属于水资源贫乏地区;迁安市地下水资源相对较丰富,且水质优良;过境水量较多,多年平均蓄引提水量是本地水资源可利用的 3.3 倍多。

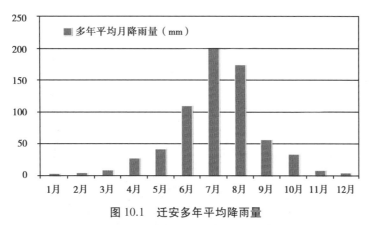

图 10.1　迁安多年平均降雨量

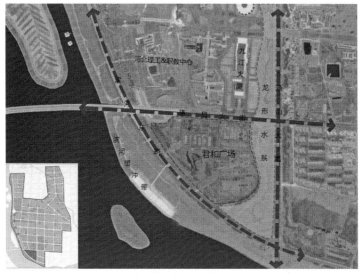

图 10.2　君和广场区位图

10.1.2　现状分析

作为海绵建设住宅类的典型设计,君和广场具有商住混合、高密度、不透水区域面积大、商住面积对等、商业区雨水控制能力不足等特点。

1)用地类型

商业区绿地率为 19%,住宅区绿地率为 39%,综合绿地率为 29%。

2)区域现状

一期商业区:红星美凯龙家居博览中心及外部停车场已建成并投入使用;其他商业建筑主体工程已完工;部分道路混凝土垫层已铺设;北侧绿化已完工。如图 10.4 所示。

一期住宅区:建筑主体工程除 1#楼以外均已完工;地下车库及车库出入口已完工;部分路缘石已砌筑;景观工程部分处于施工初期,如图 10.5 所示。

图 10.3　用地类型示意图

图 10.4　区域内商业区现状

图 10.5　区域内住宅区现状

3）设计条件

①可利用内容：种植池缘石打孔，利用现有坡地引导雨水汇集到种植池。

②可利用内容：现场有条件做地形设计，利用已建成的排水沟做较好的排水引导。

图 10.6　现状条件　　　　　　　　　图 10.7　现状条件

③可利用内容：利用现有景观水池，加入雨水净化设备，形成雨水回收利用过程中重要的组成及展示部分。

④可利用内容：利用现在的雨水口，改造利用为海绵设施的溢流口。

图 10.8　现状条件　　　　　　　　　图 10.9　现状条件

10.1.3　设计原则和目标

1）设计原则

充分利用生物滞留池、下沉式绿地、雨水花园等分散式生态措施实现径流总量减排、径流污染控制、峰值流量消减、雨水资源合理回用、水体生态环境改善等多个目标。

2）设计目标

①水资源。通过海绵设施的建设，增加项目区内雨水渗透量，补充地下水体，同时开展雨水回用系统建设，充分利用雨水资源，减少市政用水量。

②水环境。通过生态净化截留措施的设置，实现对雨水径流污染物的有效控制，径流污染控制率（以 SS 计）达到 50%，同时使回用雨水达到景观用水水质要求。

③水安全。保证项目区内超标雨水排放，使项目区达到 20 年一遇 24 h 降雨不淹没成灾

的防洪排涝目标。

10.1.4　总体设计

1）总体布局

总体布局如图 10.10 所示。

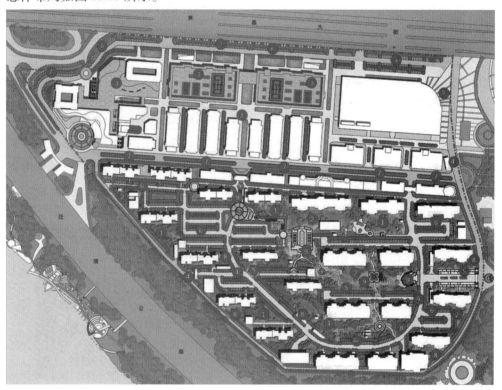

图 10.10　总体布局图

图例说明：①下沉式绿地；②雨水花园；③绿色屋顶；④车行路；⑤透水铺装；⑥生态停车位；⑦生物滞留带；⑧植草沟；⑨景观水系

2）水景

现状有 3 处水景，由景观小溪连通，利用竖向水流由西向东，再通过动力设备将水循环至水景。进行海绵设计时，在现状基础上加入雨水净化模块，将住宅区雨水收集净化后作为水系的供给及补充。

3）竖向及排水管线

结合现状竖向及雨水汇集点，因地制宜地利用、改造周边绿地，布置相应的海绵设施。商业区雨水控制能力不足，利用地势最低点集中收集处理雨水。

整个地块共有 3 个雨水排放口：商业区 2 个，住宅区 1 个。利用现状有条件的雨水口，改造为海绵设施的溢流口，并在需要进行雨水调蓄的终端建设调蓄池集中收集雨水。

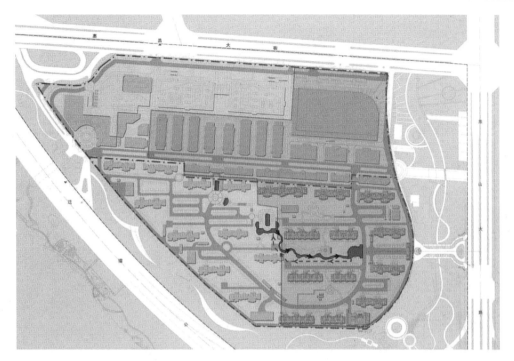

图 10.11　水景示意图

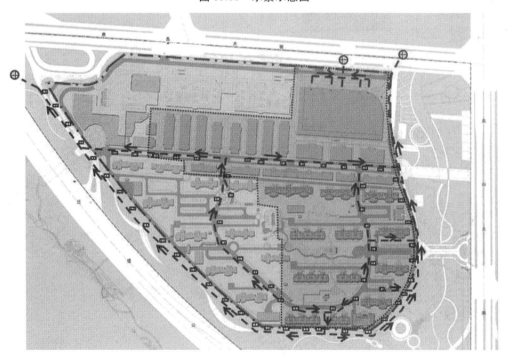

图 10.12　竖向及排水管道示意图

4)住宅区雨水系统流程

住宅区雨水系统流程如图 10.13 所示。

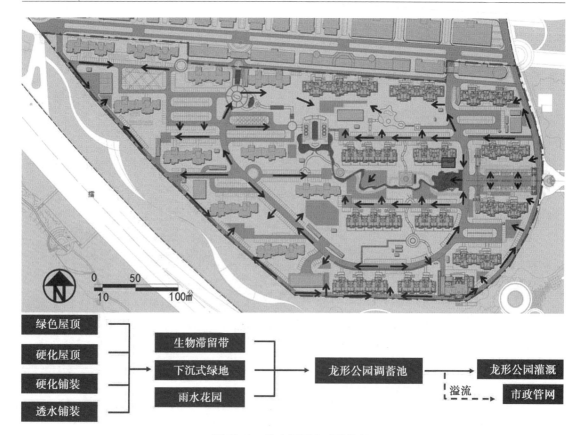

图 10.13　住宅区雨水系统流程

5）局部设计

局部设计如图 10.14 及图 10.15 所示。

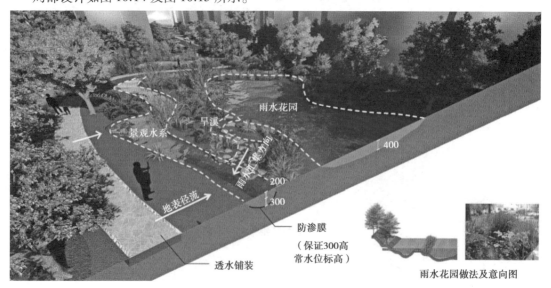

图 10.14　局部设计图

图 10.15　局部设计图

6）种植策略

①因地制宜地选用植物品种，主要为乡土植物。

②因季候不同，选择不同季相的植物，合理搭配，营造美好的植物景观效果。

③营造多样空间，采用自然式种植与规则式种植相结合；乔灌草相结合的多种植物配置形式，或点缀或渲染景观空间环境。

图 10.16　植物选择

10.1.5　建设效果

雨水花园、下凹式绿地、植草沟的建设效果如图 10.17—图 10.19 所示。

图 10.17　雨水花园

图 10.18　下凹式绿地

图 10.19　植草沟

10.2　池州海绵城市建设案例——齐山大道改造工程

10.2.1　项目概况

池州市海绵城市建设示范区是中心城核心区域 18.5 km² 的范围,覆盖了池州市主要建成区(老城区)和典型新城区(天堂湖新区),其中老城区 10.68 km²,占比 58%,天堂湖新区为 7.82 km²,占比 42%。试点区域年径流总量控制率为 72%,对应设计降雨量 24.2 mm,年 SS 总量去除率 40%。项目平面图如图 10.20 所示。

图 10.20　项目区位及平面示意图

齐山大道改造工程位于池州市重要的生态敏感区,设计全长约 3.9 km,道路两侧有南湖和月亮湖,月亮湖水质常年处于Ⅲ类水,南湖为Ⅳ类水。道路北侧紧邻石城大道,是以已建居住小区为主的老城区。道路南侧以新建居住小区为主,并有一条铁路经过,道路有齐山公园、陵阳大道、铁路桥、高速转盘等客水汇入。

10.2.2　现状分析

1)降雨

池州市多年平均降雨量 1 483 mm,多年平均降雨天数为 142 d。降雨时空分布不均,年内出现暴雨的时间一般在 4—7 月,主汛期在 6—7 月,降雨量占全年的 29.7%。6 月中旬至 7 月上、中旬为"梅雨期",近三十年中,梅雨量大于 300 mm 的年份占48%。

2)汇水流域与现状排水能力分析

如图 10.21 所示,设计区域共有 5 处积水点。

积水点一、二是道路局部低洼点;积水点三因为横坡小,排水不畅,导致积水深度20 cm;积水点四是由于纵坡大,大量客水汇入,同时也是铁路桥低点,无大排水通道,积水面积4 000 m²,积水深度达 50 cm;积水点五是由于道路纵坡大,客水汇入、道路低点,无大排水通道,积水面积为300 m²,积水深度在 20 cm 左右。

图 10.21　现状排水及内涝示意图

10.2.3　设计原则和目标

该项目重点解决道路积水、雨水径流污染、外围客水等问题,以达到解决道路积水内涝和保护周边湿地生态的双重目的。在改造过程中充分体现生态、海绵的建设理念,选择适合场地特点的海绵技术设施,尽量保留其生态本底,恢复原有的水文过程;同时也还需满足海绵城市绩效考核要求,达到海绵城市控制指标要求。

水质控制目标为年 SS 总量去除率达到 50%;中小降雨减排目标为年径流总量控制率达到 83%,对应设计降雨量 37.1 mm;暴雨排水控制目标为大排水系统满足 30 年一遇降雨;超标降雨控制目标是解决历史积水点问题,对外围客水进行有效控制。

10.2.4　总体设计

1)道路典型断面设计

道路典型断面如图 10.22 所示。

图 10.22　道路典型断面设计图

2)利用雨水塘和生态调蓄池处置外围客水

改造段道路较低,为历史积水段,外部绿地坡度较缓,宽度大于 50 m。通过本次改造首先将齐山大道东侧陵阳大道的道路客水收集在道路交叉口东北侧的雨塘,通过溢流管道排入西侧的生态调蓄塘;而齐山大道本段的道路雨水则漫流到植草沟,再传输到生态调蓄塘,最终通过溢流口排入末端湖体,如图 10.23 所示。

3)植草沟传输+末端综合净化调蓄

由于南段城市绿地宽度小于 10 m,空间有限。设计中将此段雨水通过植草沟及雨水管道汇流至末端综合生态设施。在旋流沉砂池处理后,再进入梯级净化绿地,通过换料层净化进入雨水前置塘,再溢流至调蓄湿地,经过植物吸附净化,最终排入末端湖体,如图 10.24 所示。

图 10.23　道路局部设计图

图 10.24　植草沟传输至末端净化调蓄

4)末端湖体处理超标径流

该场地位于齐山大道东侧,此处地势较低,容易积水。设计中利用生物滞留带滞蓄道路雨水,超标径流通过地表漫流至旁边的植草沟,再流经过雨水花园处理,最终排入东侧末端的湖体。

图 10.25　道路雨水末端处理

5)现状水塘处理外部客水

该场地位于陵阳大道北侧,陵阳大道有大面积的客水在此处排入齐山大道,也是场地较大的积水点之一。设计中利用现状的水塘,将陵阳大道东侧的雨水汇流至此,形成自然的调蓄空间。设计溢流管道与西侧的生态调蓄塘连接,最终排入西侧末端的齐山湖。

图 10.26　外部客水处理示意图

10.2.5　建设效果

道路实施前后对比如图 10.27 所示,实施后效果如图 10.28 所示。

图 10.27　道路实施前后对比图

图 10.28　道路实施后效果

2016 年自 6 月 30 日 20 时至 7 月 5 日 8 时,池州市出现连续强降水天气,最大累计降水量达 566.0 mm,最大小时雨量 67.2 mm。此次强降雨历时长、瞬时雨强大。在本次降雨过程中,齐山大道的植草沟、生物滞留带、排水通道等海绵设施发挥了应有的作用。

图 10.29　强降雨后效果

10.3　萍乡海绵城市建设案例——市建设局改造工程

10.3.1　项目概况

萍乡市海绵城市示范区共 32.98 km²,其中老城区 12 km²,老城区改造是萍乡海绵城市建设的难点,而老城区建筑小区改造更是难中之难。

萍乡市建设局位于萍乡市老城区安源跃进北路,占地面积为 9 688 m²,其中建筑面积 1 660 m²,水面面积约 1 187 m²,建筑密度为 17.1%,绿化率 42%。该小区含建设局机关办公区、机关食堂区、机关家属楼区三部分,其改造工程同时受益于机关办公人员和小区居民。萍乡市建设局市海绵城市改造是萍乡市首个建筑小区海绵城市改造样板工程,对于推进老旧小区海绵城市改造具有极为重要的影响意义。

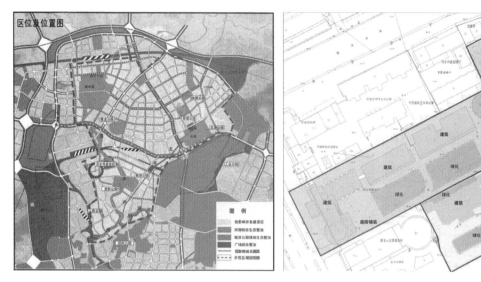

图 10.30　项目区位及平面图

10.3.2　现状分析

①改造前铺装多为不透水材料且年久失修,地面下雨时长时间积水,地表凹凸不平,影响居民出行。

图 10.31　现状铺装

②基础设施薄弱老旧失修,雨污合流,管网淤泥堵塞,盖板塌陷。

③改造前小区的景观品质较差,唯一的水池不能承接周边的雨水,形成一潭死水,水体污染严重,夏季温度升高,富营养化导致水污染爆发,散发异味。

④改造前原绿地多稍高或平高于地面,绿地未充分发挥渗、滞、蓄的功能,且植被多为单一的乔木和草坪,未构建丰富的乔灌草植物层次。树池缘石高于周边地面。

图 10.32 现状排水沟及树池   图 10.33 现状绿地

10.3.3 设计原则和目标

根据《萍乡市海绵城市专项规划》,市建设局作为蚂蝗河流域的源头控制任务区,根据萍乡市海绵城市示范区数字化整体模型指标分解确定,市建设局径流总量控制率为 75%,径流污染 SS 去除率需达到 50% 以上。设计目标有以下 3 点:

①将水留下来。通过低影响开发措施将项目区域年径流总量 75% 的雨水径流留在当地,缓解蚂蝗河流域合流制溢流污染的污染物排放。

②让水清起来。通过低影响开发措施对项目区雨水径流进行净化,并改善项目区的社区环境和社区生态。

③让水活起来。将雨水作为活水资源,收集、净化后集蓄至池塘,并通过循环系统让水流动起来,将原本的一潭死水变成水丰、水清、水活的景观水体。

10.3.4 总体设计

1)设计措施

①屋面雨水断接,接入生物滞留池。将建筑物雨水管断接后引入到生物滞留池进行水质净化。

②硬化、破损的铺装改造为透水、舒适、生态的透水铺装。将路面雨水及绿地雨水通过雨水收集引入生物滞留池进行水质净化。

③构建雨水积蓄—净化—利用循环系统。生物滞留池出水经植草沟引入景观水池中,利用循环泵将雨水回送至生物滞留池进行循环净化;当水池雨水超过设计容量时,多余水量通过溢流管井排入市政管网。径流控制量见表 10.1,总体布局如图 10.34、图 10.35 所示。

表 10.1　径流控制量表

设施	生物滞留池	雨水花园	下凹式绿地	透水铺装	植草沟	透水路面	调蓄水面
规模	331.8 m²	14 m²	703.7 m²	1 218 m³	32.9 m³	1 035.4 m³	—
控制径流量	49.77 m³	0.7 m³	35.54 m³	0	0	0	59.4 m³
合计	151.60 m³(反算相当于 22.9 mm 设计降雨量,即实现市建设局范围内的 75% 径流总量控制率)						

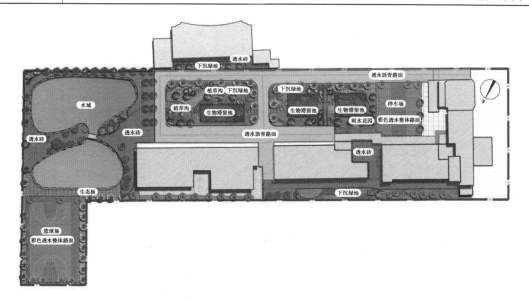

图 10.34　总体设计平面图

图 10.35　措施平面布置图

2)设计细节

①在有条件的建筑屋顶进行改造,建设绿色屋顶,可以净化雨水、滞留雨水并缓解热岛效应,对改善人民的居住条件、改善生态效应有着极其重要的意义。

图 10.36 绿色屋顶

②雨水花园的前置塘配合卵石过滤措施对雨水径流进行拦截过滤,再自然溢流至生物滞留池。植物以水旱两生、植物根系较发达的鸢尾为主。

图 10.37 雨水花园改造示意图

③生物滞留池承接雨水花园初期净化后的溢流雨水,因积水时间比雨水花园短,植物以净化、耐涝的多种水生植物配置而成。

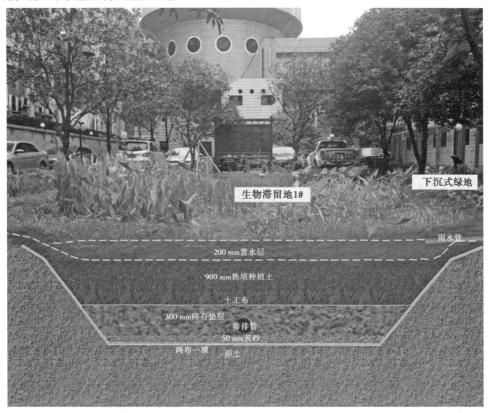

图 10.38　生物滞留池改造示意图

④透水铺装改造。将非透水、破损的铺装改造为透水铺装,透水基层材料取自当地水泥厂、陶瓷厂等废弃材料,透水性能好,成本低,与萍乡产业转型升级紧密结合。

图 10.39　透水铺装和透水路面

⑤景观水池生态化改造。对池底内源污染底泥清淤;对驳岸进行适度生态化改造,增加溢流设施。将经 LID 设施净化后的雨水引入景观水池作为水源,净化的雨水经进水口进入景观水池岸线,采用低于场地的竖向设计便于雨水径流进入。

图 10.40 池底清淤处理及雨水引入管

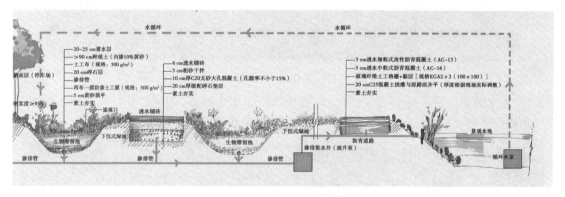

图 10.41 雨水利用流程图

⑥绿地改造。对绿地竖向进行调整,使其整体低于地面高程,并增加雨水花园、生物滞留池、植草沟等下沉式绿地。

绿地植物配置尽量利用现状长势较好的乔灌木,不做大的调整。增加下沉式绿地的分布,在下沉式绿地内增加具备较强净化能力、耐水耐旱、少维护、低成本的水生植物和部分耐湿灌木,形成乔灌草相结合的多层次的植被群落。

保留乔木

保留乔木

夹竹桃

八角金盘

千屈菜

美人蕉

石菖蒲

海　芋

红叶石楠

再力花

矮芦苇

鸢　尾

萱　草

千屈菜

洒金珊瑚

图 10.42　绿地改造及植物配置

10.3.5　建设效果

通过 11 个月水质监测数据显示,项目出水口径流总量控制率为 79%,水质明显提升,其中 SS 去除率达到了 74.9%。景观水体水质和生态环境明显改善,内涝积水问题全部消除,居民出行顺畅。

①雨水花园效果。渗排管雨水进入雨水花园净化后,溢流至生物滞留池,如图 10.43 所示。

②透水铺装和生态树池改造,如图 10.44 所示。

③景观水池改造后效果。水质明显改善,引入雨水作为水源供水有了保障,景观效果明显提升,如图 10.45 所示。

图 10.43　改造后的雨水花园

图 10.44　改造后的透水铺装和生态树池

图 10.45　改造后的景观水池

10.4　济南海绵城市建设案例——小区改造工程

10.4.1　项目概况

　　山东省经济技术开发中心宿舍位于济南市海绵城市建设试点区域西泺河流域上游,属于山前坡地区域。项目于 1996 年建成,整体地势东高西低,南高北低,高差约 16 m,建筑面积29 000 m²,绿地率 25%,属于现状绿化条件较好的小区。小区现状无雨水管网,小区绿地、屋面、道路雨水径流以地表漫流的形式,经小区西入口及南侧与千佛山南路交会处排至市政道路。

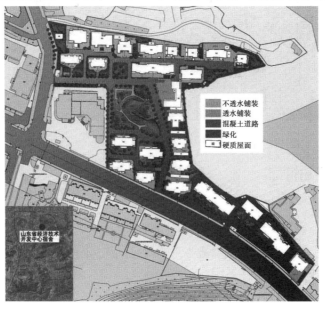

图 10.46　项目平面图

10.4.2　现状分析

1)促渗保泉

小区位于促渗保泉区,承担源头促渗保泉的主要职责,而小区现状不透水硬化面积大,雨水无法进入绿化带,没有利用良好的土壤渗透条件,无法起到蓄渗补给地下水的作用。

2)内涝防治

小区位于济南市海绵城市建设试点区域西泺河流域上游,属于山前坡地区域。由于下游城市内涝防治设施不完善,因此下游平原地形区域易涝点较多,源头减排可一定程度缓解下游内涝风险。小区及相邻千佛山西路道路坡度大,没有雨水管网,雨季时,小区雨水径流排向道路,造成道路行洪。

3)雨水无回用

小区没有再生回用水源,现状绿地浇灌和景观水池补水全部使用自来水,每年的水费开支约 6 万元,雨水资源利用可一定程度减少居民物业费支出。

4)其他问题和需求

小区现状部分铺装破损严重、绿化景观效果较差。

图 10.47　项目区域现状图

10.4.3　设计原则和目标

1)设计原则

结合海绵城市低影响开发的原则,重点考虑绿色优先、重视灰色,地上与地下结合、景观与功能并行的设计原则。

2）设计目标

（1）体积控制目标

小区位于西泺河流域上游，根据济南市海绵城市专项规划，流域的年径流总量控制率为75%。经过对流域建筑与小区整体调研发现，现状绿地率为25%，在流域中属于整体条件较好的小区，本着连片治理、整体达标的原则，因地制宜地加大雨水调蓄力度，最大限度地减少雨水外排，起到源头促渗、截流的效果。因此，结合流域整体情况及小区自身可实施性，最终确定该小区的年径流总量控制率为85%。

（2）流量控制目标

为减缓小区内涝、减少马路行洪，设计利用生物滞留设施、蓄水模块等设施控制径流体积，起到延长汇流时间，同时削减径流峰值流量的作用，实现 3 年一遇暴雨，峰值出现时间延长30 min。

（3）径流污染总量目标

通过径流体积减排，该小区年 SS 总量削减率不低于60%。

（4）环境改善目标

项目结合破损路面修复铺设透水铺装，结合植被覆盖率提高建设生物滞留设施，提升绿化品质，从而达到改善小区居民生活环境的目标。

10.4.4　总体设计

1）总体布局

结合项目需求，为更好地实现促渗保泉，解决局部积水问题，结合土壤渗透性能，优先选择以渗透为主的技术（如雨水花园等），根据汇水情况，通过集中与分散相结合的布置方式对雨水进行汇集。针对不透水铺装面积大、局部路面破损等问题，选择透水铺装进行改造。依据绿色优先、重视灰色、地上与地下结合、景观与功能并行的布置原则，结合业主单位需求，经方案比较，选取综合效益最优的方案完成该小区设计布局，如图 10.48 所示。

由于场地纵向坡度大、雨水流速快，对屋面和道路汇集的雨水通过横向截水沟进行截流，有效地将雨水引入绿地中的调蓄设施。根据项目情况修建雨水收集回用设施，如雨水桶、蓄水模块，用于景观水池补给和绿地浇灌，减少自来水用量。

因小区无雨水管网，超出设计降雨量的雨水径流，通过地表漫流的形式排出小区，进入新建市政雨水管网。

2）采用湿生植物旱种的植物景观策略

在雨洪时期，植草沟、雨水花园和生物滞留区的区域聚水时植物生长，在干旱期间满足植物景观作用，雨洪来临充分发挥湿生植物的特性进行雨水净化。主要地被植物包括鸢尾、千屈菜、黄菖蒲、细叶芒、芦苇、花叶芦竹等。

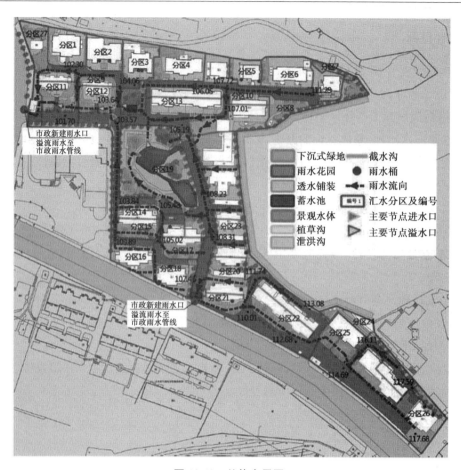

图 10.48　总体布局图

图 10.49　雨水净化、滞留、回用流程图

10.4.5 建设效果

　　小区竣工后,对居民的生活环境起到了良好的改善效果,结合海绵城市改造,清理了小区所有的卫生死角并提升了绿化效果,消除了所有的道路积水点并实现了雨水资源收集回用。经过 2016 年一年雨季的考验,该项目海绵城市改造的效果得到了业主单位和居民的充分认可。改造后的效果如图 10.50、图 10.51 所示。

图 10.50　改造效果之一

图 10.51　改造效果之二

10.5　南宁海绵城市建设案例——那考河(植物园段)片区

10.5.1　项目概况

那考河(植物园段)片区总面积为 8.9 km²,位于南宁海绵城市试点区域的北部上游,其功能定位为生态保护与生态修复示范区。那考河下游竹排江穿过南宁埌东 CBD 核心片区,流经广西药用植物园 AAAA 级景区、国际会展中心、民歌湖—南湖景区等重要节点。

图 10.52　项目区位图

10.5.2　现状分析

1)河道水体黑臭

根据那考河水质检测数据,那考河采样点水质均低于地表水 V 类水质标准。同时,对比城市黑臭水体分级的评价指标,采样点水质均劣于重度黑臭指标。原因分析有以下几个方面:

①上游污染——上游污水污染。

②外源污染——污水直排入河,雨水径流污染。

③内源污染——河底淤泥。

④生态缺失——河道丧失自净能力。

2)行洪能力不足

那考河为重要的行洪河道,其防洪标准为 50 年一遇,但由于建筑垃圾倾倒、私搭乱建等挤占了河床,河道断面过流能力远不能满足行洪要求。

图 10.53　现状河流

10.5.3　设计目标

①片区内那考河(植物园段)黑臭水体治理,主要断面水质指标达到地表水Ⅳ类水标准。

②片区年径流总量控制率不低于80%,年径流污染控制率不低于50%。

③河道满足 50 年一遇防洪标准。

④片区达到 50 年一遇内涝防治标准。

10.5.4　总体设计

1)上游污染控制

上游污染控制包括工程措施以及划定禁养区。

工程措施:该河段为那考河下游河段,上游污染是片区重要的污染源,上游位于城市规划区外,尚未开展工程整治工作,为减少上游污水对片区整治河段的影响,采取了临时截流处理措施。在片区红线入流断面处设置溢流堰,将污水雍高,经截流管进入新建污水厂处理。

划定禁养区:南宁市兴宁区政府制定了《开展竹排冲上游流域那考河段沿岸周边环境整治工作方案》,划定那考河流域内为禁养区,流域外延 2 km 为限养区,并通过环保、水利、农业部门联合执法的方式进行监督落实。

2)外源污染控制

(1)雨水径流污染控制

片区内的雨水径流污染主要来自建筑与小区、道路、公园绿地等地块外排雨水,通过汇水区内的源头减排减少排入那考河的雨水径流污染量。源头减排的主要方案为地块年径流总量控制,减少外排雨水量,同时利用海绵设施削减雨水径流污染,实现径流污染控制。年径流总量控制按照《南宁市海绵城市示范区控制规划》进行。

●透水砖路面:满足当地 2 年一遇暴雨强度下,持续降雨 60 min,表面不产生径流的透(排)水要求。

● 下沉式绿地：下沉式绿地主要设置在透水性差的路面和广场周边，用于截留、净化雨水径流。

● 植草沟：植草沟结合景观工程主要布置于那考沿岸游步道附近，地表径流经过植草沟的渗透和过滤，去除大部分的悬浮颗粒和部分溶解性有机物。

图 10.54　透水铺装及植草沟

● 净水梯田：结合自然地形，在岸坡上因地制宜地建设净水梯田用于场地雨水和排水口溢流雨水的净化处理。

● 湿塘和雨水湿地：一方面可用于场地内收集的雨水的调蓄净化，另一方面用于附近排水口溢流污水净化处理。

图 10.55　净水梯田及雨水湿地

（2）河岸排水口污染控制

根据排水口类型和管径，分为 3 种污染控制方案：

①污水直排口以及 DN500 以下的合流制排水口：分流制雨水口，通过截流管全部截流，混合污水输送至污水厂处理。

②DN500 以上合流制排水口：通过沿岸铺设截流管并设置截流井，将旱流污水及截流倍数以内的雨水截流，混合污水通过截流管输送至污水厂处理。超过截流能力的部分，经河岸排水口污染控制措施净化处理后，排放至那考河。

③DN500 以上分流制雨水口：根据雨水口与河道常水位间的高差、雨水口周边用地条件等多方面因素，将红线范围内雨水口分成 4 种类型，采取"一口一策"因地制宜地设置不同的调蓄净化设施，将雨水生态净化后排放至那考河。

图 10.56　雨污水管道建设

（3）新建污水处理厂

新建污水厂近期处理规模为 5 万 m³/d，出水达到《城镇污水处理厂污染物排放标准（GB 18918—2002）》一级 A 标准，部分指标接近Ⅳ类水标准。

（4）尾水净化工程

污水处理厂尾水尚无法满足《地表水环境质量标准（GB 3838—2002）》Ⅳ类水标准的要求，选用垂直流潜流湿地工艺，将尾水进一步净化提升，再补充至那考河。

3）内源污染控制

内源污染控制主要为河道清淤及底泥原位改性修复。

（1）河道清淤

清淤深度依据现场勘测结果，并考虑保留生态底泥，清理后的淤泥进行无害化处理。

（2）底泥原位修复

河道整治初期底泥中的富营养源持续释放污染水体，为完善河道的水生态系统，对河底泥体进行原位改性修复。

4）河道生态修复方案

（1）生态岸线建设工程

生态岸线分为 3 种驳岸类型：石砌挡墙驳岸、桩基支护垂直驳岸和生态缓坡驳岸。

考虑植物的生存条件，对于常水位、5 年一遇水位、50 年一遇水位分别进行不同类别植物的配种。

（2）生态补水工程

那考河可利用的生态补水水源有两种，分别为生态净化后的污水处理厂尾水和净化后的雨水。污水处理厂尾水作为生态补水水源和植物浇灌，该水源水量均匀，可进行长期稳定的补水；净化后的雨水水量无法控制，作为生态补水的有效补充。

（3）景观水体调蓄工程

在河道内设置溢流坝（堰）及水闸，以实现河道景观壅水及防洪排涝功能。溢流坝如图10.57所示。

图 10.57　溢流坝

5）河道行洪能力提升工程

第一级平台，高程按3~5年一遇洪水位设置，汛期时洪水可漫过一级平台，以扩大行洪断面，增强排涝能力；第二级平台，高程按20年一遇洪水位设置，根据实际条件和功能定位，可为健康运动、大型广场、停车场等提供平台；第三级平台，高程按50年一遇洪水位设置，提高河道防洪标准，增强防灾减灾能力，消除市区防洪治涝隐伏的危险。

通过三级平台的设计，满足河道50年一遇的行洪要求。

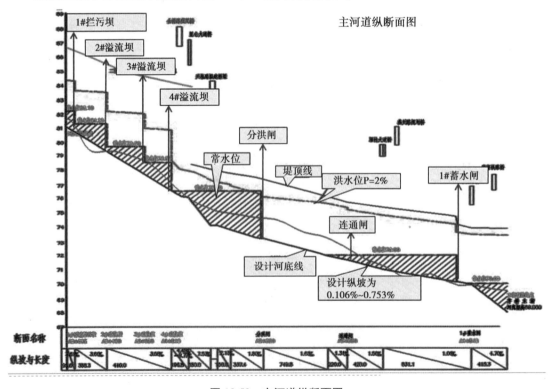

图 10.58　主河道纵断面图

10.5.5　建设效果

1）河道水质达标

那考河的河道水质指标已接近或基本满足地表Ⅳ类水水质指标。

2）河道行洪能力达标

主河道最小行洪断面为 25 m，支线最小行洪断面为 10 m。经水利模型分析，河道行洪、片区防涝能力满足设计标准的要求。

3）海绵城市建设达标

片区年径流总量控制率不低于 80%，年径流污染控制率不低于 50%。

4）景观提升效果明显

片区的河道综合整治，通过湿地建设、景观绿化、生态驳岸建设等，明显提升了河道景观效果。

5）经济效益

借助那考河河道综合整治，带动了周边房产增值和土地升值。

建成区的雨水花园如图 10.59 所示，雨水湿地如图 10.60 所示，河堤生物滞留带如图 10.61 所示，综合设施如图 10.62 所示。

图 10.59　雨水花园

图 10.60　雨水湿地

图 10.61　河堤生物滞留带

图 10.62　综合设施

10.6　南宁海绵城市建设案例——石门森林公园

10.6.1　项目概况

石门森林公园坐落在城区密集建设区,属于海绵城市试点"雨水资源综合利用示范区",周围均为现状建成区,包括 10 个居住小区和一座公共建筑。项目平面如图 10.63 所示。

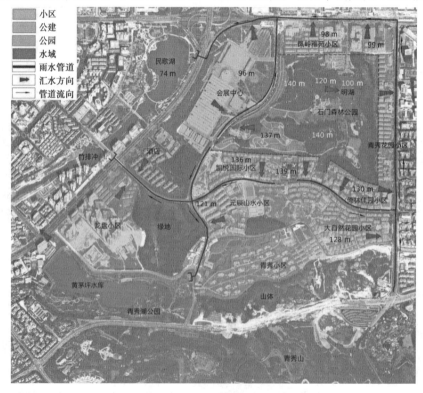

图 10.63　项目平面示意图

1)降雨情况

南宁降水较丰富,多年平均降水量为 1 298 mm,平均降雨天数 122 d。南宁市年径流总量控制率为 70%、75%、80%、85%,对应的设计降雨量分别为 22.7 mm、26.0 mm、33.4 mm 和40.4 mm。

2)工程地质状况

①石门森林公园为膨胀岩土分布区,岩土类型多种多样,局部含有地下水。
②公园内的岩土主要为填土、第四系冲洪积的黏性土、碎石土以及第三系泥土等。
③天然土层以黏土和粉质黏土为主,透水性较低。
④公园两侧山体有泉水汇入。

10.6.2　现状分析

1)自然汇水分析

①将公园划分为 4 个主要的汇水分区,分别是明湖汇水分区、东盟博览园汇水分区、北门停车场汇水分区以及边缘汇水分区,如图 10.64 所示。
②园内以明湖为最低点,除少量山脊线外侧区域,大部分场地雨水径流最终汇入明湖。

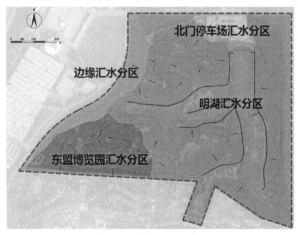

图 10.64　汇水分析图

2)现状存在的主要问题

①区域雨水径流排放碎片化。周边地块各自排往市政雨水管道;公园不承接区域任何客水;明湖水体缺少流动,水质有所下降,在夏季高温天气条件下,容易发生富营养化现象。
②园区厕所有生活污水渗入现象。
③现状供排水附属设施不足。绿地浇灌主要为人工,缺少绿地喷灌设施。

3)改造需求

（1）区域年径流总量控制率指标要求

区域年径流总量控制率目标不低于 80%，对应 33 mm 设计降雨；周边小区各自单独进行海绵化改造，难以实现目标要求。

（2）下竹排冲需要清洁的雨水资源补给

民歌湖为重要景观水体，现状水质为劣 V 类，需要上游洁净的雨水补给。

（3）公园自身的提升需求

公园年久失修，自身需要进行改造提升；公园现状水体水质较差；给排水设施及铺装陈旧，局部道路积水。

4)改造优势条件

（1）地形适宜引入周边客水

公园位于该区域的较低位置，有两个天然的通道，在高程和竖向上可以引入周边小区客水，在实现周边区域海绵城市建设目标的同时，也可以作为景观水体的重要补充水源。

（2）具有天然的水体调蓄空间

明湖位于公园的最低点，面积为 2.3 公顷，现状库容约 8 万 m^3。通过水位的综合调度，为周边地块提供天然的雨水滞蓄空间。

（3）具有丰富的植被净化雨水

明湖汇水区，林地面积 28.6 公顷，草地面积 9.1 公顷。经过改造后，可以对客水和园区内雨水径流起到良好的净化作用。

10.6.3 设计思路和目标

1)设计思路

通过构建海绵体系，建设雨水花园、旱溪、雨水湿地等海绵体，提升石门森林公园景观水体水质，提高区域水环境质量。明湖的汇水分区系统如图 10.65 所示，北门汇水分区系统如图 10.66 所示。

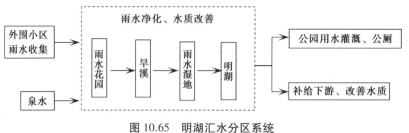

图 10.65　明湖汇水分区系统

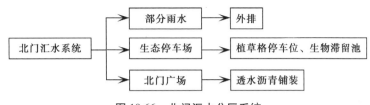

图 10.66　北门汇水分区系统

2)设计目标

①根据承载容量及周边小区竖向标高条件,消纳公园周边部分居住小区客水。
②水质指标:明湖溢流口水质力争达到《地表水环境质量标准》Ⅳ类水体。
③年径流总量控制率指标:≥85%。
④局部设施改造和景观提升。

10.6.4　总体设计

1)客水收集和净化系统

客水收集如图 10.67 所示。

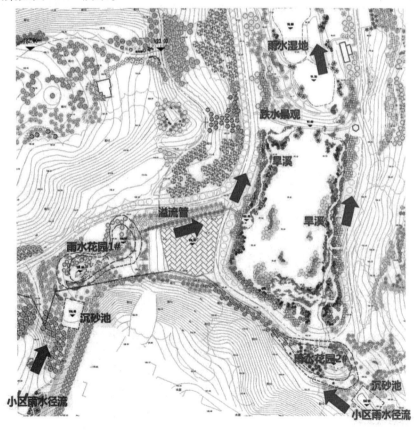

图 10.67　客水收集示意图

2）南门雨水花园

在南门设置雨水花园，面积为 1 964 m²。蓄水深度设计为 100 mm，设置 100 mm 砂层防止砂质壤土流失，设置 300 mm 砾石层，用穿孔管引导溢流雨水下渗至下游管道。在雨水花园中，雨水、客水得到滞留缓排和净化。

图 10.68　南门雨水花园雨水处理流程图

3）东南雨水花园

将原状东南区老旧泉眼、南门区谷地改造为雨水花园并预留管道接入外来客水。面积约 1 776 m²，蓄水深度设计为 100 mm，设置 300 mm 砾石层便于排水和调蓄，用穿孔管引导溢流雨水下渗至下游管道。

图 10.69　东南雨水花园雨水处理流程图

4）明湖旱溪

在雨水湿地上游的东西两侧各增加一条旱溪,利用溪水植物和鹅卵石打造生态景观,主要功能为传输两个雨水花园净化后出水,以及暴雨时雨水花园的溢流出水。两条旱溪宽度分别为 2 m,深度约为 0.4 m。根据微地形适当弯曲,以降低流速,两侧配置低矮灌木等景观植物品种。

图 10.70　旱溪

5）明湖雨水湿地

将现状废弃的游泳池改造为新建湿地,用于处理外围小区客水以及明湖北侧雨水,构建良好的水循环系统。结合场地高程,充分利用泳池低洼地形,以及北侧陡坎高差,构建梯级雨水湿地系统,如图 10.71 所示。

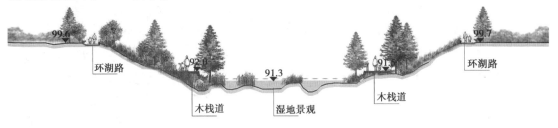

图 10.71　雨水湿地断面图

6）明湖环湖步道植草沟

沿园路设置植草沟,收集路面汇水,雨水经滞留、净化后,排入明湖。

10.6.5　建设效果

将景观提升巧妙融入海绵城市的建设,打造城市溪流、湿地景观,满足市民亲水的需要。

图 10.72　改造后的雨水花园

图 10.73　改造后的雨水湿地

10.7　重庆海绵城市建设案例——悦来新城会展公园

10.7.1　项目概况

会展公园占地面积为 52 hm²,本次改造面积为 11 hm²。所在场地原为岩石坡地,坡度为 1:4~1:2.5,覆土厚度在 1 m 左右,土层较薄。公园地势总体是由东南向西北方向逐步抬升,园区制高点位于公园中部,高程为 324.50 m。考虑到地质结构安全因素,在公园低影响开发雨水系统体系构建过程中,不宜采用"渗""滞"等方式进行雨水调控。事实上,对于山地城市尤其是重庆地区,岩石坡地居多,表面覆土深度不高。对这类岩石坡地进行海绵城市改造时,过度增大土壤含水率,有诱发地质灾害的风险,因此传统的"渗""滞"理念难以实施,也不宜使用,悦来新城会展公园的海绵城市改造工程在此方面具有良好的示范意义。

10.7.2　设计理念

会展公园是典型的山地城市绿地公园,利用公园中地势较低的场地、水塘建设生态草沟、雨水花园、生态湿地等雨水净化和调蓄设施,结合道路和场地坡度确定主要径流方向,合理布置雨水收集设施,实现雨水调蓄、净化和回用。

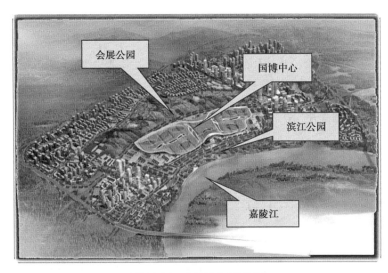

图 10.74　会展公园区位图

总体来说,会展公园的设计理念是尊重原方案的功能布局,结合公园现状,灵活选取适宜海绵城市措施,在保障公园地质结构安全的前提下构建雨水管理控制体系,使其改造后在国博片区承担雨水调蓄和雨水回用功能。从而达到如下目标:

①控制雨水污染,实现雨水资源化。优化场地周边和公园内部的雨水径流走向,实现雨水调蓄、净化和回用,达到减少雨水资源流失、控制水体污染和缓解周边区域排水压力的目标。

②改善公园生态环境,发挥其作为科普阵地的功能。在满足公园主要功能的前提下,通过实物展示、科普介绍等方式,全面展示园区雨水利用的相关技术和设施,提高公众的水资源管理意识。

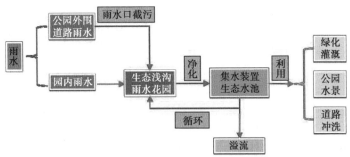

图 10.75　会展公园海绵城市改造思路图

采用"雨水景观塘+集水模块"集成的模式,实现雨水净化、滞蓄、回用。经现场踏勘,确定会展公园海绵城市设施改造思路如下:

①公园北端小剧场内增设"雨水景观塘+集水模块"。

②公园南端雕塑广场内增设"雨水景观塘+集水模块"。

③将现有山顶水湾打造为"雨水景观塘"。

④利用水泵提升和植草沟转输将"山顶水湾景观塘"和"雕塑广场景观塘"联动起来,形成景观水体群。

⑤会议展览馆二期广场内增设一处水景,将雨水回用作为景观用水。

10.7.3 总体设计

依据地理位置分布,会展公园海绵城市改造工程分南北两区实施,其中,北区改造工程只有小剧场;南区改造工程包括雕塑广场、山顶水湾以及会议展览馆。

1)公园北端小剧场采用"雨水景观塘+集水模块"

通过现状雨水管网截留、植草沟截留转输等汇水方式,将北区周边学堂路半幅道路、融创项目3号地块以及小剧场周边绿地的雨水,汇集到中部的雨水景观塘中。配合雨水回用系统,实现雨水回用,节水率可以达到17%~27%。改造措施示意图如图10.76所示。

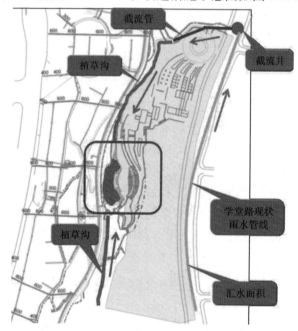

图10.76 会展公园北端改造措施分布图

2)将山顶水湾改造成雨水景观塘

山顶水湾的雨水景观塘采用自流汇水、现状雨水管网截留、顶管进入山顶水湾等汇水方式,将山顶水湾周边公园绿地、会议展览馆以及叠彩山项目地块的雨水汇集到山顶水湾雨水景观塘。通过雨水回用系统,节水率可以达到27.61%~38.13%。山顶水湾改造如图10.77所示,改造后效果如图10.78所示。

3)公园南端雕塑广场采用"雨水景观塘+集水模块"

通过新建植草沟截流转输,将广场雨水汇入雨水景观塘。利用雨水回用系统,节水率可以达到8.33%~12.86%,如图10.79所示。

南区雨水塘位于会展公园南入口处,本工程在现状洼地基础上打造为雨水塘,占地面积为4 700 m²,蓄水深度平均为0.7 m。雨水塘下方安装集水模块,集水模块容积为470 m³。主要收集南区公园绿地雨水,汇流面积为4.44万 m²。收集的雨水经塘内多种水生植物净化及埋地式一体机过滤、消毒处理后,通过泵站提升回用于公园的绿化浇灌及道路冲洗。雨水塘同蜿蜒的生态草沟结合,在满足雨水滞缓、净化、收集功能的同时,也形成了公园风景亮点。

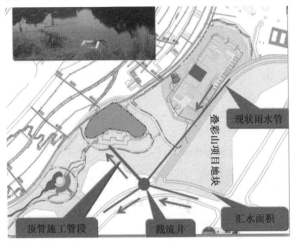

图 10.77　山顶水湾改造示意图

图 10.78　改造后的山顶雨水景观塘

4)雕塑广场与山顶水湾的联动设计

通过水泵将山顶水湾的雨水提升至植草沟,沿途经过圆台广场和拉膜广场时,广场内设计景观水体,最后转输至雕塑广场;同时雕塑广场集水模块的雨水可经水泵提升回补山顶水湾水体,如此形成两者联动,实现水体良性循环。雕塑广场改造示意图如图 10.80 所示。会展公园设计效果图如图 10.81 所示。

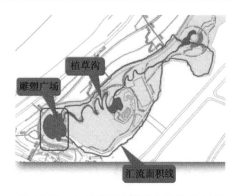
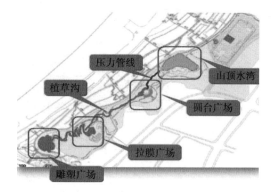

图 10.79　会展公园南端改造措施分布图　　图 10.80　会展公园雕塑广场改造措施分布图

图 10.81　会展公园效果图

10.7.4　建设效果

1)实现雨水污染控制和雨水资源化目标

组织场地周边和公园内部的雨水径流走向,实现雨水调蓄、净化和回用,达到减少雨水资源流失、控制水体污染和缓解周边区域排水压力的目标。

2)改善公园生态环境,发挥公园科普阵地的功能

在满足公园主要功能的前提下,通过实物展示、科普介绍等方式,全面展示园区雨水利用的相关技术和设施,提高公众环保意识。

图 10.82　会展公园广场

图 10.83　会展公园雕塑广场雨水塘

图 10.84　会展公园航拍图一

图 10.85　会展公园航拍图二

10.8　遂宁海绵城市建设案例——观音文化园及芳洲路改造

10.8.1　项目概况

1）遂宁海绵城市建设概况

2015 年 4 月,遂宁成功申报为全国首批 16 个海绵城市建设试点市之一。2019 年 6 月,国家第一批 16 个海绵城市建设试点城市 3 年绩效评估结果揭晓,遂宁被住房和城乡建设部、财政部、水利部确定为海绵城市试点优秀城市。

按照《遂宁市海绵城市实施计划(2015—2017 年)》,河东新区试点区域 21.9 km²,约占全市试点面积的 85%(其中河东一期 8.8 km²、河东二期 13.1 km²),新区海绵城市建设项目共五大类 263 个,其中建筑小区 167 个、市政道路 46 个、公园湿地 43 个、排水设施 3 个、生态修复 4 个,占全市海绵城市建设项目总数约 76%,海绵城市建设项目总投资 45.27 亿元,占全市海绵城市建设项目总投资约 78%。

河东新区属浅丘平坝区域,城市开发前是广袤的乡村农田,涪江与联盟河绕城而过,生态本底较好,年雨水径流量少,只有 10% 左右,内涝风险相对较小。实施开发以来,新区比较注重对自然山体、江河沿线的生态保护和城市景观建设,但是大片城市中心区域依然延续了传统的建设方式,地表大量硬质化,降雨无法渗入土壤。面对愈发复杂多变的极端天气,水多、水少、水脏等问题时有显现,城市建设对水生态的破坏不容回避。

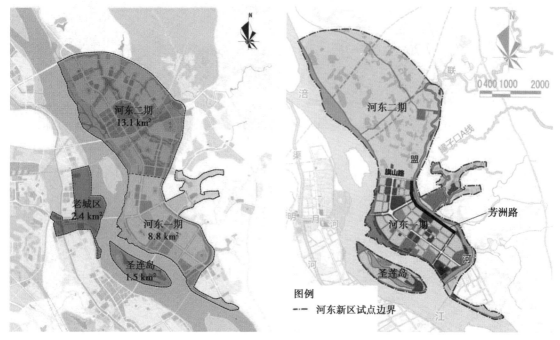

图 10.86　遂宁海绵城市规划总图及项目区位图

2)项目区概况

观音文化园及芳洲路海绵改造项目位于遂宁市河东新区一期东部,属于联盟河右岸汇水分区。该项目改造范围主要是市政道路及联盟河观音文化园公共景观带,改造路段总长2.3 km,占地面积为 15 万 m^2,汇水面积约 38 万 m^2。项目于 2017 年 3 月竣工,完成后年径流总量控制率达到 80%,对应降雨量为 32.1 mm。

观音文化园及芳洲路所在区域土层自上而下为填土、耕土、粉土、粉砂、砾石、卵石和泥岩,渗透性较好。项目所在区域表层土渗透系数为 3~40 m/d,多为 5~8 m/d,总体透水性较好。

10.8.2　现状分析

海绵城市建设前,观音文化园及芳洲路主要存在以下 4 个方面的问题:

1)局部路段雨天易积水

目前河东新区内有 2 处易涝点,分别位于五彩缤纷路、芳洲路与紫竹路交叉口处。芳洲路易涝点积水影响范围约 3.9 ha。芳洲路内涝积水点主要成因包括以下几方面。

①地势低洼:相对于最近的 3 处路口,芳洲路与紫竹路交叉口处高程偏低 0.2~0.4 m。

②城市下垫面过度硬化:河东新区硬质下垫面比例超过 70%,导致雨水汇集时间短,径流峰值流量大,持续时间长,管道排水压力大。

③管网排水能力不足:芳洲路现状雨水管道汇水面积较大,管道管径偏小,排水能力不足。

根据模型评估,现状排水管网仅可达到一年一遇排涝标准。

图 10.87　现状内涝图

2)雨污分流不彻底,影响联盟河水质

河东一期当前已开发建设面积约占区域总面积的 74%,排水体制为雨污分流制,但仍有部分老旧小区未完成雨污分离改造。例如,慈音寺小区与罐子口小区内雨污管道错接、混接问题较为严重,旱季混接、错接雨水管道存在污水直排现象,雨季合流制溢流污水排放对水体造成较大污染。

3)雨水资源化利用率低,景观水体自来水补给消耗大

目前观音文化园及芳洲路汇水范围内的雨水大部分直接排放到联盟河中,缺少有组织的资源化利用途径。而观音文化园及芳洲路沿线道路浇洒、绿地灌溉和景观水体补水需要消耗大量的自来水,仅联盟河观音文化园景观带内景观水体的自来水用量便接近 10 000 m^3,水资源匮乏与雨水资源浪费问题并存。

4)建设难点

传统的城市建设模式下,解决芳洲路现状问题的方式为重建排水管网,但因管道埋设较深,重建雨污管网需要将整条道路拆除重建,水、电、气、通信等专业管线需要迁改,道路两侧的公园绿地也有大面积景观工程需要恢复重建。重建排水管网工期较长、协调难度大、施工难度大,而且造价高昂。

为了保障工程整体质量、缩短建设周期、节约建设经费,遂宁市采用海绵城市的建设理念,将芳洲路、联盟河观音文化园及相邻小区的改造工作统一实施,避免工程碎片化。观音文化园及芳洲路海绵改造充分结合地形条件,利用现状水体、绿化、开放空间布局情况,设置雨水湿塘、滨水湿地、生物滞留设施、透水停车场、钢带波纹管、碎石渗透带、地下砂卵石层等海绵措施,在不改动现状排水管网的前提下实现雨水的就近收集、消纳、净化,同时充分利用现状排水管网和地形高差,将各海绵体有机衔接起来,确保海绵城市建设的连片效应,系统地解决区域问题。

10.8.3 设计思路和目标

1) 总体思路

在观音文化园及芳洲路海绵改造中,优先完善沿线小区雨污水收集系统,彻底实现雨污分流,并在完全实现雨污分流后,充分利用场地特征,使雨水以最快速度下渗,既能有效控制地表径流,防止城区发生内涝积水现象,又能回补地下水,缓解水资源匮乏压力。

2) 建设目标

全面消除区域内内涝积水、雨污混接、景观水体自来水补水量大等问题,系统提升项目区域水生态、水安全、水环境、水资源状况,营造人水和谐的健康人居环境。

（1）水生态目标

①年径流总量控制率。遂宁市海绵城市建设试点区年径流总量控制率目标为75%,对应设计降雨量为25.7 mm。该项目所在联盟河右岸汇水分区年径流总量控制率目标为73%,对应设计降雨量为22.5 mm。观音文化园及芳洲路海绵改造工程为联盟河右岸汇水分区内源头控制类重点工程,海绵改造基底条件良好,设计标准高于汇水分区目标均值。观音文化园及芳洲路海绵改造工程设计年径流总量控制率目标为80%,对应设计降雨量为32.1 mm。

②生态岸线修复。遂宁市海绵城市建设试点区内联盟河岸线应100%实现生态化改造,总长度14.7 km,位于观音文化园及芳洲路改造段内的联盟河生态岸线长度为2.3 km。

（2）水环境指标

①地表水体水质达标率。观音文化园及芳洲路海绵改造工程段联盟河水体水质达到地表水Ⅳ类标准,水质达标率达到100%。

②雨水径流污染控制。雨水径流污染物削减率目标为45%。

（3）水资源指标

雨水资源化利用率目标为2%。

（4）水安全指标

①内涝防治。消除项目所在区域内所有内涝点,项目区域满足30年一遇内涝防治标准(24 h降雨量268 mm)。

②防洪堤达标率。观音文化园及芳洲路海绵改造项目不破坏、不侵占、不影响现状联盟河堤,联盟河堤项目段达标率为100%。

③管网排水能力。雨水管网设计重现期达到3年一遇(2 h降雨量69 mm)。

10.8.4 总体设计

1) 技术路线

在进行海绵改造时,应基于项目区域内坡向、坡度、自然汇流路径、低洼区等原始地形情况,合理组织地表径流,统筹协调开发场地内建筑、道路、绿地、水体等平面布局和竖向组织,避免过度改造原始地貌,使地表径流最大程度地自流排入周边绿地和水体。

观音文化园及芳洲路海绵改造技术路线为:通过对芳洲路和道路侧边景观带进行海绵改

造,利用分散的海绵单体实现雨水径流和径流污染的源头削减;通过对芳洲路沿线小区进行雨污分流改造、对既有雨水管进行清掏疏浚、新建雨水管线,提升芳洲路整体排水能力,解决内涝积水问题;通过建设调蓄池、钢带波纹管等大型调蓄设施和联盟河滨河湿地,在排水系统末端实现雨水径流的滞蓄和净化。

观音文化园及芳洲路海绵改造工程雨水流程图如图 10.88 所示,雨水组织路径如下:

①路面雨水通过路侧渗透边沟汇集到雨水收集口,在雨水口前碎石净化带经初步过滤净化后排入透水停车场下的沉沙渗透井中,降雨初期雨量较小时雨水导入碎石海绵体中下渗回补地下水;雨量较大时在钢带波纹管中贮存起来,雨后回用于绿地灌溉、道路浇洒和景观水体补水;暴雨时,超出海绵设施蓄滞、渗透能力的雨水直接在雨水收集口处溢流进入雨水管网,最终排入联盟河中。

②道路两侧绿地中的雨水,通过植草沟自流至地势较低的下沉式绿地、生物滞留设施、旱溪等海绵体中,雨后回补景观水体;超标部分雨水溢流进入雨水管网,最终排入联盟河中。

③联盟河防洪堤堤面雨水,经生态防洪堤植物和沿岸湿地净化后汇入联盟河内,晴天时可从沿岸湿地中取水回补景观水体,节约自来水用量。

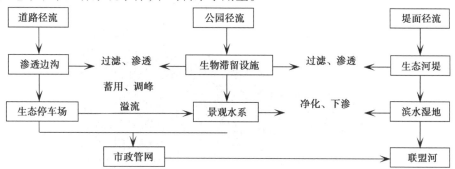

图 10.88　观音文化园及芳洲路海绵改造工程雨水流程图

2)设施布局

结合场地条件,观音文化园及芳洲路海绵改造工程因地制宜地采取了 3 类措施。

第一类,利用联盟河堤与芳洲路路面之间 2~3 m 的高差,将景观带内既有的旱溪、景观水体改造成生物渗透带、雨水湿塘或雨水调蓄池,截留来自上游汇水面的雨水。旱溪改造如图10.89所示,雨水湿塘和调蓄池如图 10.90 所示。

图 10.89　旱溪改造成渗透带

图 10.90　雨水湿塘、调蓄池

第二类,对联盟河防洪堤堤身采取种植池绿化,柔化、美化联盟河防洪堤,并打造堤外滨水湿地,实现堤面雨水的径流控制和径流污染净化。

位于观音文化园及芳洲路改造段的联盟河段全部完成生态岸线修复,生态岸线长度为2.3 km。联盟河生态岸线剖面如图10.91所示。

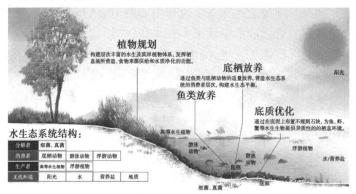

图 10.91 联盟河生态岸线断面图

图 10.92 联盟河滨水湿地

第三类,对分布在公园沿线的停车场及局部开敞空间进行了场地透水改造,在地下设置了钢带波纹管等海绵体,并通过路侧渗透边沟、景观水系将各海绵体有机衔接形成整体。

图 10.93 改造后的生态透水停车场

图 10.94 停车场下钢带波纹管调蓄设施

观音文化园及芳洲路海绵改造工程建设内容包括:透水铺装 4 763 m²,下沉式绿地 2 734 m²,碎石下渗带 4 943 m²,雨水调蓄池 1 231 m³,各类措施调蓄容积合计 3 124 m³。

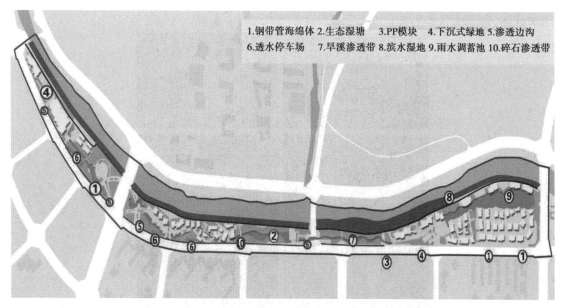

1.钢带管海绵体 2.生态湿塘　3.PP模块　4.下沉式绿地 5.渗透边沟
6.透水停车场　7.旱溪渗透带 8.滨水湿地 9.雨水调蓄池 10.碎石渗透带

图 10.95　海绵设施平面布置图

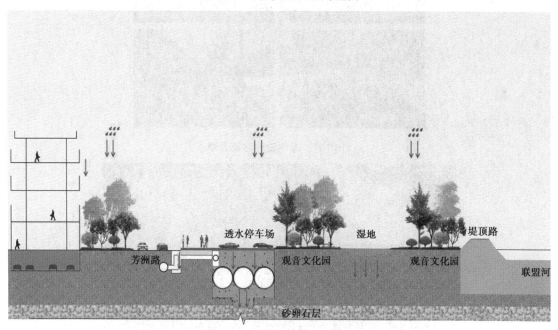

图 10.96　海绵设施剖面示意图

10.8.5　建设效果

项目建成后,有效解决了芳洲路内涝积水问题,完善了区域雨污水收集系统,杜绝了雨污混接现象,提高了雨水资源利用率,减少自来水用量,节约水资源。通过设置下沉式绿地、雨水调蓄池、钢带波纹管等调蓄设施,一方面可以有效削减洪峰、减少暴雨时地块外排雨量、滞蓄消纳雨水,控制雨水径流总量,减轻管网负担;另一方面可以为远期河东新区开发建设预留雨水调蓄空间,提升城市防洪排涝与安全运行能力。此外,大型调蓄空间还可作为今后雨水净化回用的载体,为建设节水型城市和促进雨洪资源化利用打下基础。

图 10.97　海绵设施建设效果

图 10.98　溢流式雨水口

观音文化园及芳洲路实际指标完成情况如下:

1）水生态指标

（1）年径流总量控制率

观音文化园及芳洲路海绵改造工程设计年径流总量控制率目标为 80%，对应设计降雨量为 32.1 mm。观音文化园及芳洲路海绵改造工程实施后年径流总量控制率达到了 83.1%，对应年径流总量控制率为 37.7 mm。

（2）生态岸线修复

位于观音文化园及芳洲路改造段的联盟河段全部完成生态岸线修复，生态岸线长度为 2.3 km，项目段生态岸线比例达到 100%。

图 10.99 联盟河生态堤岸

2）水环境指标

（1）地表水体水质达标率

观音文化园及芳洲路海绵改造工程完成后，有效解决了雨污混接问题，控制了面源污染，联盟河水体水质明显改善。2018 年 5 月和 7 月，遂宁市聘请第三方机构对联盟河进行了水质监测，水质达到地表水Ⅳ类标准，较 2015 年的Ⅴ类水有了明显改善。

（2）雨水径流污染控制

雨水径流污染物削减率（以 SS 计）目标为 45%。观音文化园及芳洲路海绵改造工程完成后，区域实际雨水径流污染削减率（以 SS 计）达到 48.5%。

3）水资源指标

观音文化园及芳洲路海绵改造项目完成后，每月可节省景观水体补水自来水用量 3 000 m³，雨水资源化利用率达到 2.2%。

图 10.100　市政水车在雨水调蓄池抽取存储的雨水

4）水安全指标

（1）内涝防治

观音文化园及芳洲路排水管网标准从改造前的 1 年一遇提升至 5 年一遇。以前 20 mm 以上降雨就会积水的路段，改造后在经历 76 mm 的降雨时都没有发生内涝。模型模拟结果显示，芳洲路沿线区域达到了 30 年一遇内涝防治标准（24 h 降雨量 268 mm）。

图 10.101　改造前后道路积水对比图

（2）防洪堤达标率

观音文化园及芳洲路海绵改造项目未破坏、侵占、干扰现状联盟河堤，联盟河堤项目段达标率为 100%。

（3）管网排水能力

观音文化园及芳洲路雨水管网设计重现期达到 5 年一遇。

10.9　遂宁海绵城市建设案例——芳洲路北延新建工程

10.9.1　项目概况

芳洲路北延新建海绵道路项目位于遂宁市河东新区河东二期东部,属于联盟河右岸汇水分区。芳洲路北延新建海绵道路项目是现有芳洲路的向北延伸段,道路等级为城市次干路,设计速度为 40 km/h。新建路段总长 618 m,宽 35 m,双向 4 车道;其中主车道宽 14 m,侧分绿化带各宽 2.5 m,两侧辅道各宽 4 m,两侧人行道各宽 4 m;道路横坡 2%,占地面积 21 625 m²。项目设计目标为年径流总量控制率达到 80%,对应设计降雨量 32.1 mm。该项目于 2018 年 10 月竣工,建成透水铺装 821 m²、下沉式绿地 4 900 m²,项目建成后年径流总量控制率达到 92%,对应降雨量 66 mm。芳洲路北延新建道路工程区位图如图 10.102 所示。

图 10.102　芳洲路北延新建道路工程区位图

10.9.2 设计要求和目标

1)设计要求

遂宁市河东新区对新建道路提出了高于既有道路改造的建设要求,具体包括如下几个方面:

①人行道尽量采用透水铺装,人行道路面下敷设碎石渗透带,消纳雨水径流。

②行道树不再以传统方式独立栽植,而是栽种多棵行道树连成整体绿带,以便设置下沉式绿地。整体绿带既能增加道路绿化量,又能减少随意停车、下车现象,有利于道路交通管理。

③取消路面传统雨水箅子,将雨水口移至绿化带内,雨水排放模式也从雨箅子直排改为溢流排放,可有效削减路面径流污染,防治河道面源污染。

④在开口路缘石进水口处布设消能碎石带(或消能卵石带),防止路面雨水冲刷导致道路侧分带内水土流失。

⑤路基做好防渗,防止雨水渗入导致路基变形。

2)设计思路

在新建市政道路的过程中,要认真落实海绵城市建设理念,根据道路断面形态、纵向坡度、绿地空间布局、排水系统规划等情况,合理组织路面雨水的径流路径,因地制宜地布置雨水湿塘、滨水湿地、生物滞留设施、透水停车场、钢带波纹管、碎石渗透带、地下砂卵石层等海绵措施,并充分利用现状排水管网和地形高差,将各海绵体有机衔接起来,确保形成海绵城市建设的连片效应,系统地发挥"渗""滞""蓄""净""用""排"等多重功能,控制雨水径流总量、削减峰值流量、减少面源污染。相对于传统道路雨水直接经由灰色排水管网设施的直排、快排模式,新建道路路面雨水采用"灰绿结合"的形式,"微"(源头低影响海绵设施)、"小"(雨水调蓄设施)、"大"(城市滨水湿地及河道)三套排水系统合理衔接,将雨水优先就近接入各类海绵设施消纳净化,超标雨水再进入管网排放。

芳洲路北延新建海绵道路所在区域土层自上而下为填土、耕土、粉土、粉砂、砾石、卵石和泥岩,渗透性较好。项目所在区域表层土渗透系数为 3~40 m/d,多为 5~8 m/d,总体透水性能较好。

芳洲路北延新建海绵道路工程建设时,优先考虑建设完善的雨污水彻底分流的收集管网,并与周边建筑与小区的雨污水管衔接,确保道路两边建筑与小区内已完成分流改造的雨水和污水完整地接入道路排水管网中。其次,考虑路面雨水径流的就地滞蓄、消纳与净化。机动车道雨水径流经开口路缘石流入侧分带内布置的下沉式绿地中得以初步过滤、下渗,超标雨水从另一侧开口路缘石溢流至辅道;利用辅道横坡(2%),使辅道雨水径流和机动车道超标雨水自流接入人行道侧的下沉式绿地内,该下沉式绿地与人行道下铺设的碎石海绵体连通,雨水以最快速度下渗,既能有效控制地表径流,防止城区发生内涝积水现象,又能回补地下水,缓解水资源匮乏压力。超过控制率的雨水,进入路侧公园绿带内的生态透水停车场,下设钢带波纹管雨水调蓄池,通过渗透井回到地下天然砂卵石层,再有多余的来不及调蓄渗透的雨水则通过市政排水管网进入联盟河畔的滨水湿地,净化后排入河道。再次,芳洲路北延作为新建海绵道路,注重景观品质,打造具有观赏性的新型城市道路。

3）建设目标

消纳项目自身范围内的雨水径流,减轻下游管网排水压力,实现"小雨不积水、大雨不内涝",缓解面源污染,系统提升项目区域水生态、水安全、水环境、水资源状况,营造人水和谐的健康人居环境。

（1）水生态目标

①年径流总量控制率。

遂宁市海绵城市建设试点区年径流总量控制率目标为 75%,对应设计降雨量为 25.7 mm。本项目所在联盟河右岸汇水分区年径流总量控制率目标为 73%,对应设计降雨量为 22.5 mm。芳洲路北延新建海绵道路工程为新建项目,应作为汇水分区内源头控制类重点示范工程打造,其设计标准高于所在汇水分区均值。芳洲路北延新建海绵道路工程设计年径流总量控制率目标为 80%,对应设计降雨量为 32.1 mm。

②生态岸线修复。

遂宁市海绵城市建设试点区内联盟河岸线应 100%实现生态化改造,总长 14.7 km,其中位于芳洲路北延新建海绵道路路段周边的联盟河生态岸线长度为 0.6 km。

（2）水环境指标

①地表水体水质达标率。

芳洲路北延新建海绵道路工程段周边的联盟河水体水质明显改善,达到地表水Ⅳ类标准,水质达标率达到 100%。

②雨水径流污染控制。

雨水径流污染物削减率目标为 45%。

（3）水安全指标

①内涝防治。

有组织地收集排放项目自身范围内产生的地表雨水径流,做到"小雨不积水、大雨不内涝",项目区域满足 30 年一遇内涝防治标准（24 h 降雨量 268 mm）。

②防洪堤达标率。

芳洲路北延新建海绵道路项目不破坏、不侵占、不影响现状联盟河堤,联盟河堤项目段达标率为 100%。

③管网排水能力。

新建路段雨水管网设计重现期达到 3 年一遇（2 h 降雨量 69 mm）。

10.9.3　总体设计

1）设计要点

在新建芳洲路北延海绵道路时,基于项目区域内坡向、坡度、自然汇水路径、低洼区等原始地形情况,合理组织地表径流,统筹协调开发场地内道路、绿地、水体等平面布局和竖向组织,避免过度改造原始地貌,使地表径流最大程度地自流排入周边绿地和水体。

芳洲路北延海绵道路新建项目设计要点包括以下 4 个方面:

①根据上位规划中试点区、汇水分区、排水分区的控制目标,结合理论计算和模型评估结

果,合理确定项目地块径流总量控制目标和径流污染控制目标。

②本着因地制宜的原则,尊重场地条件,合理确定海绵单体设施规模和平面分布。在道路侧分带内布置下沉式绿地,人行道路面做透水铺装。在土壤下渗能力不足的路段,在下沉式绿地下方或人行道下方碎石层内敷设渗排管,渗排管收集的雨水就近接入雨水管网。

③以城市道路规划、城市绿地规划、海绵城市专项规划为引导原则,根据机动车道、辅道、人行道各自的宽度,结合竖向设计,合理布置开口路缘石和雨水收集口间距。

④按项目地块的地形特征、管网分布等条件,合理规划地块内雨水径流组织路径。芳洲路北延新建海绵道路雨水组织路径为:车行道雨水经过开口路缘石进入道路侧分带内下沉式绿地,降雨初期雨量较小时,雨水在侧分带下沉式绿地处下渗回补地下水;雨量较大时,下沉式绿地来不及消纳的雨水从侧分带另一侧开口路缘石流至辅道,再流至透水人行道和人行道侧下沉式绿地内,通过人行道下碎石海绵体下渗回补地下水;暴雨时来不及下渗的雨水经碎石层过滤净化后流入钢带波纹管中贮存起来,雨后回用于绿地灌溉、道路浇洒和景观水体补水。超过控制量的雨水,经雨水收集口碎石净化带简单处理后进入市政排水管网,最终排放到联盟河中。

2)设施布局

芳洲路北延新建海绵道路工程主要包括以下几方面海绵设施:

(1)机动车道

芳洲路北延机动车道采用透水沥青铺设,路面雨水利用道路横坡(2%)自然流向机动车道两侧,通过开口路缘石进入道路侧分带内。透水沥青混凝土路面由上到下可分为面层、基层、垫层、路基4层。一般采用多孔沥青混合料作为面层材料,以高黏度沥青作为胶结材料,天然石子作为粗骨料形成道路骨架,掺入少量的细骨料调整混合物黏性,沥青包裹于骨料表面,形成黏结层将骨料颗粒黏结在一起。考虑到透水性能、承载力、稳定性,一般采用级配碎石层、多孔水泥混凝土层、大孔隙沥青稳定碎石层作为道路透水基层。道路透水垫层通常由粗砂、小颗粒集料或土工织物构成。本次芳洲路北延新建海绵道路工程采用多孔沥青混凝土做面层,面层厚度120 mm,级配碎石层做透水基层,透水基层厚度1 500~2 000 mm,砂砾石做透水垫层,建成后机动车道透水系数为0.5 mm/s。透水沥青路面如图10.103所示。

图 10.103　透水沥青路面

（2）道路侧分带

道路侧分带两侧设置开口路缘石,机动车道雨水经开口路缘石进入侧分带内的下沉式绿地消纳净化,超标雨水由另一侧开口路缘石流至辅道。芳洲路北延新建道路上开口路缘石间距小于 200 m,实际施工中可根据场地实际情况微调,开口路缘石进水口处铺设消能卵石带,防止由路面雨水冲刷导致的侧分带内水土流失。芳洲路北延道路侧分带内下沉式绿地下沉深度为 0.15 m,利用下沉空间存蓄雨水,减少地表径流外排。防冲刷的开口路缘石如图 10.104 所示。

（3）人行道绿化带

在人行道旁绿化带内设置下沉式绿地,下沉深度 0.15 m,利用下沉空间收集、滞蓄、净化绿化带内和辅道雨水,超标雨水通过绿化带内雨水溢流口溢流进入市政管网。人行道绿化带与人行道下碎石渗透层连通,下沉式绿地中存蓄的雨水可通过碎石层缓慢下渗,回补地下水。溢流式雨水口如图 10.105 所示。

图 10.104　道路侧分带开口路缘石

图 10.105　绿化带内溢流式雨水口

（4）人行道

人行道采用透水铺装,下设碎石渗透带。人行道路面雨水通过透水铺装层下渗至碎石渗透带,进一步净化后下渗回补地下水。

道路两侧各设置了 4 m 宽的人行道,每 1 m 路段下铺设有碎石海绵体 3 m³,可消纳 1 m³ 雨水;而按照年径流总量控制率目标 80% 对应设计降雨量 32.1 mm 计算,每米人行道产生雨水径流约 0.45 m³,碎石渗透带完全满足雨水径流控制需要。人行道绿化带与人行道下碎石渗透带连通,机动车道及辅道雨水经下沉式绿地滞蓄、净化后流入碎石渗透带,下渗回补地下水。雨量过大时,碎石渗透带内超标雨水通过人行道绿化带内溢流井溢流排入雨水管网。

图 10.106　人行道透水铺装

图 10.107　人行道下碎石渗透带

芳洲路北延新建海绵道路工程主要海绵设施建设内容包括:透水沥青路面 8 652 m²,下凹式绿地 1 854 m²,透水铺装 4 944 m²,项目内措施调蓄容积合计 1 514 m³。

(5)生态透水停车场(雨水调蓄渗透空间)

人行道下沉式绿地及碎石渗透带饱和后,雨水溢流进入道路旁公园绿地内的生态透水停车场,存储调蓄、净化渗透,当雨量过大时才进入市政雨水主管网。

(6)滨水湿地

雨水流入河道之前,先经滨水湿地净化处理,雨水进入口如图 10.108 所示。

10.9.4 建设效果

1)实现控制目标

芳洲路北延新建海绵道路实际指标完成情况如下:

(1)水生态目标

①年径流总量控制率。

芳洲路北延新建海绵道路工程设计年径流总量控制率目标为 80%,对应设计降雨量为 32.1 mm。项目建成后,实际年径流总量控制率达到 92%,对应设计降雨量为 66 mm。

②生态岸线修复。

本项目未侵占、破坏联盟河岸线,位于芳洲路北延新建海绵道路段周边的联盟河生态岸线长度为 0.6 km,生态岸线比例达到 100%。

图 10.108 河滨水湿地净化区的雨水进入口　　　　图 10.109 生态水岸线

(2)水环境指标

①地表水体水质达标率。

芳洲路北延新建海绵道路工程完成后,有效控制了面源污染,联盟河水体水质明显改善。2018 年 5 月和 7 月,遂宁市聘请第三方机构对联盟河进行了水质监测,水质达到地表水 Ⅳ 类标准,较 2015 年的 Ⅴ 类水有了明显改善,如图 10.110 所示。

②雨水径流污染控制。

雨水径流污染物削减率(以 SS 计)目标为 45%,实际雨水径流污染削减率(以 SS 计)达到 48.5%。

图 10.110　整治后的清澈河道

（3）水安全指标

①内涝防治。

项目自身范围内产生的地表雨水径流基本实现了就地消纳,做到"小雨不积水、大雨不内涝",项目区域满足 30 年一遇内涝防治标准（24 h 降雨量 268 mm）。

②防洪堤达标率。

芳洲路北延新建海绵道路项目未破坏、未侵占、未影响现状联盟河堤,联盟河堤项目段达标率为 100%。

③管网排水能力。

新建路段雨水管网达到 3 年一遇（2 h 降雨量 69 mm）设计标准。

2）有效节约造价

取消传统路面雨水口和雨水边沟,用溢流雨水井和 4 cm × 4 cm 的排水边槽代替,节约了建设和运营维护成本;因地制宜地利用道路侧分绿化带和人行道内的空间,缩短了建设工期,节约了土方开挖和垃圾清运的成本。

图 10.111　开口路缘石取代传统雨箅子

3）提升道路景观

侧分绿化带中的行道树不再像传统方式独立栽植,而是采取多棵连成整体绿带,以便设置下沉式绿地,增加了道路绿化量,美化了道路景观,为各种动物提供了更理想的栖息环境,提升了道路的景观价值和生态价值。

4)雨水多级控制海绵措施,提高雨水径流控制率及净化效果

新建道路采取"灰绿结合"的形式,通过建设道路红线内的下沉式绿地、人行道下碎石渗透带等源头控制措施,实现了雨水径流的第一道控制(32.1 mm)。

继而在道路红线外临近绿地开敞空间停车场区域设置雨水调蓄渗透设施,实现雨水径流的第二道控制(60~70 mm)。在市政主管进入河道之际又通过滨水湿地实现了第三道控制。"微""小""大"三套排水系统无缝衔接,层层减量、逐级净化,充分体现了系统化治理的思路。

图 10.112　海绵道路实景图　　　　　　　　图 10.113　滨河湿地

10.10　西咸新区海绵城市建设案例——秦皇大道改造工程

10.10.1　项目概况

秦皇大道位于陕西西咸新区沣西新城核心区,是南北向的城市主干道。道路北起统一路,南至横八路,全长 2.43 km,红线宽度 80 m,红线外两侧各有 35 m 绿化退让。2011 年开工建设,2012 年通车运行,承担着极为重要的区域交通枢纽功能。2015 年下半年,按照海绵城市建设规划的要求启动了改造工作,项目区位图如图 10.114 所示。

10.10.2　现状分析

1)气象条件

沣西新城属温带大陆性季风型半干旱、半湿润气候区,在大气环流和地形综合作用下,夏季炎热多雨,冬季寒冷干燥,四季干、湿、冷、暖分明。多年平均降水量约 520 mm,其中 7—9 月降雨量占全年降雨量的 50% 左右,且夏季降水多以暴雨形式出现,易造成洪、涝和水土流失等自然灾害。新城多年平均蒸发量约 1 065 mm,蒸发量大于降水量,如图 10.115 所示。

图 10.114 项目区位图

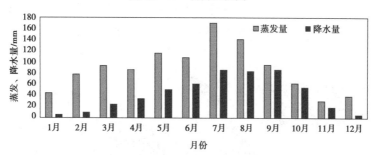

图 10.115 沣西新城降雨分布图

2) 水文地质条件

根据岩土工程勘察报告,拟建场地为非自重湿陷黄土场地,湿陷性等级为Ⅰ级。区域上层原状土中黄土状土与粉质黏土含量较高,下渗性能较差(双环法实测土壤饱和渗透速率约为$1.2 \times 10^{-7} \sim 4.6 \times 10^{-7}$ m/s),难以满足生物滞留设施雨水直接下渗要求。区域地下水潜水位平均埋深 12.9~16.1 m,水位年变幅 0.5~1.5 m。

3) 下垫面

秦皇大道改造前下垫面类型包括沥青路面、硬质铺装、绿地三类,改造前综合雨水径流系数为 0.745。秦皇大道改造前横断面如图 10.116 所示。

4) 竖向条件

秦皇大道整体地势平坦,场地内标高最低点为 387.43 m,最高点为 388.96 m,最大纵坡为0.75%,最小纵坡为 0.35%,最小坡长为 190 m。道路纵坡一方面会引导雨水向低点汇聚,在管网转输能力不足时,容易造成积涝;另一方面会对利用侧分带设置的海绵雨水设施有效调蓄功能发挥产生不利影响,对雨水在设施内流动速率及土壤冲刷侵蚀控制等带来困难。

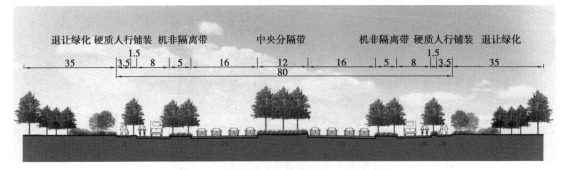

图 10.116　秦皇大道改造前横断面示意图

5) 管网条件

秦皇大道采用分流制排水,雨水管网系统已经建成,收集路面和道路两侧地块雨水径流,设计标准为 2 年一遇,设计埋深 2~4 m,管径 DN500~DN1000,设计服务面积 63 hm²。秦皇大道雨水管网分为 2 个排区,分别为渭河 2 号排水分区和绿廊排水分区,如图 10.117 所示。

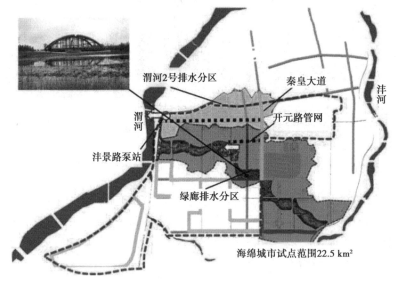

图 10.117　秦皇大道周边排水分区示意图

秦皇大道全段汇水面积较大,雨水无法下渗、滞蓄,通过雨水箅子直接排走,径流源头控制不足。强降雨条件下短时可汇集大量雨水,由于道路纵坡存在低洼,加之下游管网及泵站尚未建成,自建成以来多次发生积水问题,严重威胁交通安全。

6) 雨水受纳体水环境保护要求高,季节性面源污染风险大

秦皇大道南段雨水受纳体中心绿廊作为新城终端雨洪调蓄枢纽、生态廊道与水资源涵养利用中心,其水质近期为地表Ⅳ类,远期规划达到地表Ⅲ类水平。秦皇大道作为衔接源头地块、区域管网、中心绿廊的骨干纽带,其径流雨水携带大量下垫面污染物(SS、COD、TN、TP、油、脂等)输入绿廊,极易造成水系污染及生态系统破坏。

7）土壤地质环境特殊性为海绵城市设施设计带来挑战

秦皇大道所在区域原状土壤渗透性能较差,影响海绵雨水设施渗滞蓄功能发挥,如何对原状土进行改良,系统提升其透水、保水(基于景观植物生长需要)及截污净化(基于面源污染控制)等综合性能成为首要解决的问题;另一方面,区域地质属非自重湿陷性黄土,虽然湿陷性等级不高(Ⅰ级),然而浸水发生结构破坏、承载能力骤然下降、发生显著变形的风险依旧很大,这就为开展道路低影响开发设计时,如何处理好雨水下渗和道路基础安全关系带来挑战。

10.10.3　设计原则和目标

1）核心指标——年径流总量控制率确定

（1）径流体积控制

根据《海绵城市建设技术指南》,沣西新城位于我国城市年径流总量控制率第Ⅱ分区,雨水径流总量宜控制在 80% ~85%;结合新城开发建设前本地水文及地质特征,以开发后径流总量不大于开发前为目标,编制《沣西新城核心区低影响开发专项规划》。根据低影响开发总体力度控制及 LID 设施区域配置要求,确定不同地块年径流总量控制分解指标。其中秦皇大道年径流总量控制率为 85%,对应设计降雨量为 19.2 mm。

（2）径流污染控制

根据秦皇大道雨水排放受纳水体——中心绿廊近期地表水质Ⅳ类保护控制要求及径流污染外排总量不大于开发前的基本原则,以道路外排水水质(以 COD 计)优于地表水Ⅳ类标准限值为目标,计算所需年径流总量控制率不应低于 84.6%。

综合考虑,确定秦皇大道年径流总量控制率目标为 85%,对应设计降雨量为 19.2 mm。

2）设计原则

（1）系统设计,内外衔接

根据本项目面临的问题与需求,结合雨水净化、滞蓄与安全外排等多重目标,进行系统设计,统筹考虑道路和红线外场地条件,实现项目自身与周边地块的相互衔接。

（2）安全为本,因地制宜

充分考虑湿陷性地质构造特点,在确保不对道路基础及承载性能造成破坏性影响的前提下进行海绵城市改造;根据项目条件,选用适宜的雨水设施,并根据实际需求进行设计优化,搭配适宜本地气候特征的植物组合。

（3）保护优先,经济合理

充分保护绿地内既有乔木,采取局部改造,确保重要乔木不被破坏。同时,针对本项目的定位和特点,优选低建设成本、便于运营维护、环保、节地的技术措施和材料,合理利用地形、管网条件,科学布局,降低建设和运营维护难度。

（4）本地融合,技术创新

在上述原则基础上,结合项目自身条件和特征,对选用的各类雨水设施进行结构、功能以及布局形式创新与优化,适应项目条件的同时,充分发挥 LID、管网不同设施功能。

10.10.4　总体设计

1)竖向设计与子汇水分区划分

通过竖向分析,秦皇大道现状红线范围内共有6个相对高点、5个相对低点,按照"高—低—高"方式将秦皇大道划分为5个子汇水分区,分区域进行控制。各子汇水分区道路横断面、下垫面情况基本一致。秦皇大道排水分区图如图10.118所示。

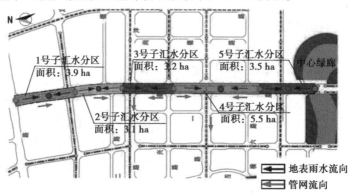

图10.118　排水分区图

2)工艺流程及选择

根据项目改造面临的问题和需求,结合所在地气候与水文地质条件,着力构建针对不同重现期降雨,兼顾"源头减排""管渠传输""排涝除险"不同层级相互耦合的雨水综合控制利用系统。雨水工艺流程设计图如图10.119所示。

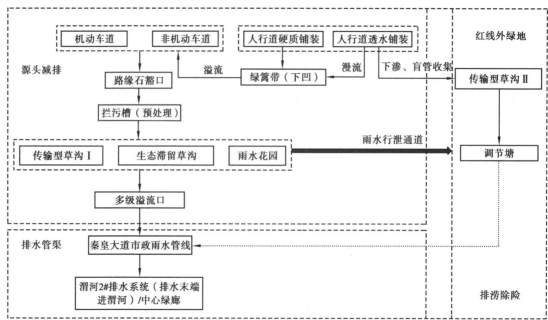

图10.119　雨水工艺流程图

设计中利用道路机非分隔带、绿篱带进行下凹处理;通过低点路缘石开口,将机动、非机动车道雨水引入侧分带,并在路缘石豁口后设置拦污槽进行截污、消能;机非分隔带内根据竖向变化,分段设置传输型草沟、生物滞留草沟和雨水花园,实现雨水分段传输、净化与下渗;人行步道有机更新,将不透水铺装改造为透水铺装。通过上述措施有效实现雨水径流及污染的源头减排。在侧分带内新增雨水溢流口,与现有雨水井连接,将超出 LID 设施容纳能力的雨水溢流排放至现状雨水管,充分发挥既有管网排水功能。此外,利用红线外 35 m 退让绿地,构建传输型草沟,并在易涝积水点处设置雨水塘;通过在人行道下设置暗涵构建雨水行泄通道,对超出 LID 调蓄及管网传输能力的径流进行调节,并通过溢流口、放空管与既有管网衔接,待管网传输能力恢复后,超出雨水塘调节水位的雨水溢流进入管网或经放空管排空,实现排涝除险。

3)设施布局

根据秦皇大道各子汇水分区所需调蓄容积及下垫面属性,统筹考虑红线内外绿地空间及降雨控制条件(设计降雨和 50 年一遇降雨情形),结合 LID 设施径流组织及管网衔接关系,合理开展设施布局。改造后的横断面如图 10.120 所示。

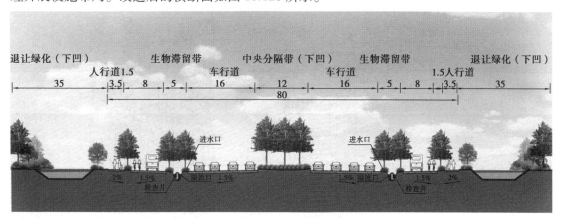

图 10.120　秦皇大道改造横断面布置图

在侧分带竖向高点处利用机非分隔带设置传输型草沟,在低点处设置生态滞留草沟和雨水花园,利用传输型草沟将高点雨水传输至低点进行控制;针对极端降雨条件下的积水内涝风险,利用道路两侧 35 m 退让绿地设置分散式雨水调节塘,对暴雨径流进行调蓄调节控制。

4)典型设施节点设计

（1）拦污框

径流雨水沿道路路缘石开口进入侧分带时会夹带垃圾、泥土等物质,长期可导致 LID 设施表层板结、透水性能下降,且易造成冲蚀。因此,在路牙开口处增设拦污槽(内填 10 ~ 25 mm 建筑垃圾再生碎石)可有效滤除雨水杂质,分散径流并消能。雨水拦污设计如图 10.122 所示。

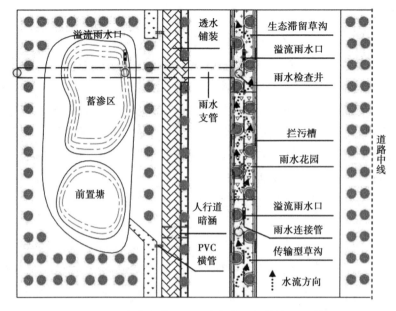

图 10.121　秦皇大道 LID 设施与管网衔接关系示意图

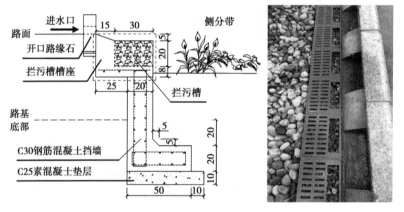

图 10.122　雨水拦污设计图

（2）L 形钢筋混凝土防水挡墙

鉴于湿陷性黄土地质雨水下渗威胁路基安全,工程改造时在集中进水口处设计了一种"L"形钢筋混凝土防水挡墙结构,用于路基侧向支挡及雨水侧渗规避。侧分带 LID 改造时可直接垂直下挖,减小对路基、路面影响。同时,挡墙紧贴路牙,可发挥靠背支撑作用。挡墙采用 C30 钢筋混凝土结构,8 m/节,设伸缩缝,结构底宽 50 cm,高度根据生物滞留设施尺寸调整,一般要求垫层底低于道路路基底 50 cm。与传统砖砌支护、防水土工布敷设(易破损)相比,混凝土挡墙隔水效果更好,抗弯能力更高,对路基支撑也更强。该结构较传统防水砖墙造价差异不大,且只在侧分带纵向低点土壤换填段(生态滞留草沟、雨水花园处)使用,不会大幅增加投资。

（3）传输型草沟

传输型草沟布置在侧分带起端入流处及树木、检查井等构筑物基础处,与道路纵坡同坡,用于转输雨水。草沟只做表面下凹,底部不换填,并种植 35~50 mm 地被植物,在草沟与车行道或辅道衔接处设置防渗土工布,保护路基。另一种布置在道路红线外绿化退让内,用于转输透水铺装排出的径流雨水。传输型草沟设计如图 10.124、图 10.125 所示。

图 10.123　L 形钢筋混凝土防水挡墙

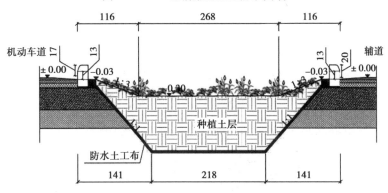

图 10.124　传输型草沟断面图

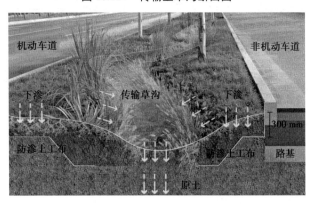

图 10.125　传输型草沟设计示意图

(4)生态滞留型草沟(下凹式绿地)

布置于侧分带内传输型草沟下游纵向低点处,与传输型草沟长度比为 1∶2.2。生态滞留型草沟自上而下为覆盖层、换填层、碎石层。

覆盖层位于土壤表层,由碎树皮、木屑组成,厚 5 cm,用以保持土壤水分,避免表面板结导致透气性降低。换填层(树、检查井、路灯基础等位置不换填),用于提高土壤渗蓄能力,厚 50 cm;改造中利用常见农林业废弃物椰糠,与原状土、沙子按 40%粗砂:40%原土:20%椰糠体积比混合,在模拟自然压实条件下,满足初始下渗率≥150 mm/h,稳态下渗率≥75 mm/h,TSS 去除率≥70%,适宜植物生长等要求。砾石层用于排水,厚 40 cm,内设透水盲管,遇树木或构筑物处适当弯曲,就近接入溢流口或雨水井内。

侧分带内雨水在生物滞留设施内下渗、滞蓄、净化并缓排,当遇到极端降雨时,来不及下渗的超标雨水则通过溢流雨水口进入管道系统;雨水口下游 1~2 m 处设置挡流堰(堰高与溢流雨水口齐平),以减缓流速,提高设施蓄渗及截污性能,如图 10.126、图 10.127 所示。

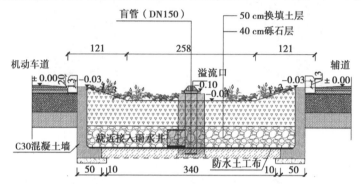

图 10.126　生态滞留型草沟断面图

图 10.127　生态滞留草沟(雨水花园)设计示意图

(5)植物搭配

植物是海绵雨水设施的重要组成。改造中,侧分带乔木保持不动,地被植物优先选用本土植物,适当搭配外来物种。

传输型植草沟选择抗雨水冲刷的草本植物及根系发达的植物,从而更利于稳固沟道土壤。实践中,沟底选用早熟禾草皮铺底,节点选用南天竹、紫叶矮樱、红叶石楠及置石点状搭配,沟坡选用地被石竹、狼尾草等,沟顶至绿化带边沿选用细叶麦冬种植。

生态滞留型草沟以适宜沙土种植的地被为主,沟底铺设河卵石,种植观赏植物,节点以狼尾草、矮蒲苇和景观置石组合,边坡种植豆瓣黄杨,沟顶至绿化带边沿种植细叶麦冬。

下凹式绿地以花灌木和草本花卉为主,沟底以大小砾石铺地,节点以银边草、迷迭香、白花松果菊、狼尾草、细叶芒及景观置石组合,边坡种植小龙柏,绿化带种植细叶麦冬。

图 10.128 植物搭配

（6）人行道透水铺装

秦皇大道两侧人行道下供电通信电缆管沟埋深较浅,仅有 0.3 m。设计时,在保障路基强度和稳定前提下,将人行道硬质铺装改造为浅层透水砖铺装结构(兼有孔隙和缝隙透水),透水基层内设置排水管并与红线外传输型草沟衔接,形成局部雨水源头渗滞系统。

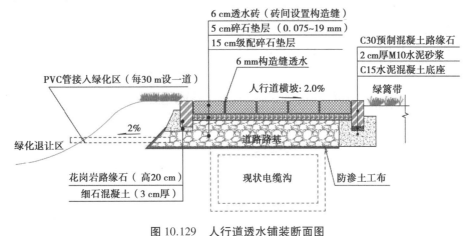

图 10.129 人行道透水铺装断面图

（7）低点行泄通道及调节塘做法

秦皇大道共有 5 处高程低点,采用 SWMM 软件进行内涝模拟发现:下游雨水管网通畅情况下,50 年一遇暴雨发生时,道路低点 K3+210、K3+585 和 K3+977 处内涝风险较大。

2016 年 8 月 25 日,沣西新城发生 50 年一遇暴雨时的路面积水情况,秦皇大道桩号 K3+585 有内涝产生,并将辅道和侧分带草沟淹没,因此本模拟分析结果接近实际情况。

充分利用项目红线外 35 m 绿化退让带,在三处低点的人行道下设置排水暗涵,经 LID 设施消纳、管网转输仍不能及时排除的雨水引至红线外绿化带中,通过分散式调节塘进行涝水调节。每个调节塘设前置塘(沉淀预处理)和蓄渗区(调节、下渗)两部分。涝水可通过调节塘内设置的放空管接入附近雨水井,雨量减小时,通过雨水管道将涝水排走;超出调节水位的溢流雨水则通过调节塘边缘的溢流雨水口排入管网。调节塘布置如图 10.130 所示。

图 10.130　调节塘布置图

10.10.5　建设效果

1)年径流总量控制率达标情况分析

年径流总量控制率基于多年日降雨量统计分析而来。考虑到降雨随机性,本项目采用 LID 设施年径流总量控制率对应的 24 h 降雨进行模拟。结果显示,24 h 降雨量≤19.2 mm 时,传统开发模式秦皇大道汇水区径流峰值流量 $q_1 = 0.32$ m³/s,LID 改造后无外排流量,削峰 100%。

经模拟分析,在 50 年一遇降雨条件下,传统模式径流峰值流量 $q_1 = 2.63$ m³/s,有 LID 措施后的径流峰值流量 $q_2 = 2.23$ m³/s,削峰流量 $\Delta q = 0.4$ m³/s,下降 15.2%;有 LID 设施径流峰值出现时间相比传统模式径流峰值出现时间滞后约 5 min。

2)道路积水改善情况分析

秦皇大道改造前,1~2 年一遇重现期降雨发生时,积水深度≥15 cm,时间≥2 h,面积≥500 m² 的内涝积水点共有 3 处。改造后,根据 6 场降雨监测,2 处积水得到消除,1 处积水显著改善。对比改造前 2015 年 8 月 2 日(30.4 mm,5 h,2 年一遇单峰降雨)与改造后 2016 年 6

月 23 日(31.4 mm,6 h,2 年一遇单峰降雨)两场相似暴雨,①②号积水点基本消除,③号积水点得到明显缓解,最大积水面积减少 70%,积水深度降低 53%,积水时间缩短 85% 以上。

3)径流污染削减效果分析

秦皇大道主体工程改造完成后,进行了 5 场降雨监测,结果显示侧分带 LID 设施对 TSS、TP、COD、NH3-H 等去除效果明显,径流污染负荷削减率分别可达:64% ~ 89%、56% ~ 74%、49% ~ 64% 和 70% ~ 88%。

秦皇大道完成侧分带 LID 改造后,经初步监测与模拟分析,已发挥出较佳的海绵效益。

①年径流总量控制率测算可达 87%,50 年一遇 24 h 降雨峰值流量模拟削减达 15.2%,可有效降低下游管网及末端泵站排水压力。

②有效实现径流污染源头控制,降低了末端受纳水体污染风险。

③道路积水状况得到显著改善,中小降雨无明显积水产生。随着下游管网及泵站工程建设完善,区域排水防涝能力将进一步提升。

④通过"L"型钢筋混凝土挡墙支护和生物滞留介质人工换填等技术手段较好解决了湿陷性黄土地质、原土渗透性能差等制约低影响设计的不利因素,后续将根据长效监测与模拟验证进一步优化改进。

⑤LID 改造完成后,秦皇大道综合实现了交通、景观、环境、雨水组织衔接与径流控制等多重功效,承载能力不断提升。

图 10.131 下凹式绿地实景图

图 10.132 溢流式雨水口实景图

图 10.133　秦皇大道改造后整体效果

10.11　西咸新区海绵城市建设案例——沣西新城中心绿廊

10.11.1　项目概况

沣西新城中心绿廊项目位于沣西新城核心区,与城市道路立体交叉,总长 6.8 km,宽 200~500 m,面积约 180 公顷,西起渭河、东至沣河,是沣西新城的核心绿色基础设施。绿廊中布有湖泊、湿地、森林等生态景观,既是生态廊道,又是城市通风带,同时也具有生物迁徙、生物栖息、公共休闲、雨洪调蓄、雨水收集和景观等多重功能。

中心绿廊一期景观工程是整个中心绿廊的示范段,位于秦皇大道以东,沣渭大道以西,天雄西路以北,天府路以南。项目一期占地约 23 公顷,总长 1 km,总投资为 6 900 万元。目前,绿廊内湖泊、湿地、森林等功能板块均已建成,绿化面积为 19.8 万 m^2,湿地面积为 4.2 万 m^2,其中营造景观的水泡面积为 2.8 万 m^2,作为下渗湿地的干泡面积为 1.4 万 m^2。

10.11.2　现状分析

西咸新区地处半干旱地区,水资源相对紧缺,降雨集中,洪涝风险偏高,西咸新区范围近年来多次发生内涝,制约城市可持续发展。

10.11.3　支撑体系的建设

1)管理机制

通过组织管控、规划管控、建设及财政制度管控、资金管控等,为项目推动提供保障。

(1)地块开发的规划管控制度

修订《西咸新区规划管理办法》,对超过一定规模并单独立项的海绵城市建设项目,需报西咸新区规划委员会审议通过。在《西咸新区海绵城市建设管理办法》中,结合现行管理体制和部门权责,针对海绵城市规划建设项目的全周期进行约束和管控,严格执行《西咸新区绿色建筑管理办法》。

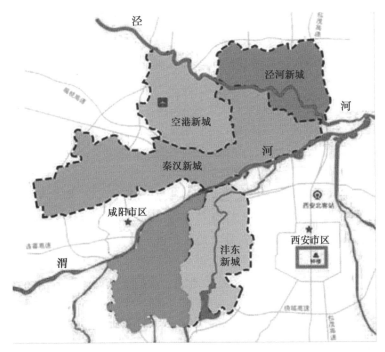

图 10.134　项目区位图

图 10.135　内涝情况

(2) 建设管控及财政保障制度

制定了《西咸新区沣西新城海绵城市建设项目管理办法》,理清了海绵城市建设管理职责,结合现行的管理体制和部门权责,针对海绵城市规划建设项目的全周期进行约束和管控。

制定了《西咸新区海绵城市与专项资金管理办法》,规范与专项资金管理和使用,为海绵城市建设提供资金保障。

制定了《沣西新城海绵城市建设项目资料管理办法》,对海绵城市建设项目影像、文本资料进行全周期的收集整理。

制定了《沣西新城海绵城市建设社会项目推进方案》,对项目的流程、设计、实施进行了详尽部署,有效推动社会项目实施沣西新城的海绵城市建设更加规范化、标准化。

2）工程实施

优化项目设计、创新工序工法,推进海绵城市标准化、精细化建设。

3）技术研究

为海绵城市建设设计和施工等提供了科学论证,为黑臭水体治理、面源污染防治等提供了理论指导。成立了海绵城市技术中心,实现工程全过程覆盖。

①协调组:梳理海绵城市建设内容、建立协调机制。
②研究组:对海绵城市有关的研究、建立监测体系。
③技术组:海绵城市相关设计管理、建立技术标准。
④现场组:海绵城市项目质量验收、建立施工标准。

强化基础研究支撑,近期坚持问题导向,重点解决设计、施工环节亟须解决,却缺乏现成标准规范指导,需要通过科学实验来论证的技术难题。远期坚持目标导向,以推动海绵建设理论和技术进步为落脚点,形成具有西咸特色、可复制、可推广的理论、技术等创新成果体系,在科学指导项目设计、施工同时,也为切实解决城市雨洪频发、水资源短缺、水污染加剧及水生态系统退化等问题提供西咸方案。

4）监测评估

海绵城市考核评估信息化平台对考核指标绩效评价(6 类 18 项)进行系统化、定量评价,向公众展示新城海绵城市建设理念及成果。

5）招标采购

在现有采购模式的基础上,整合分类、加快海绵城市项目推动进度。

10.11.4 设计目标

根据《西咸新区沣西新城核心区低影响开发与项规划》的确定:
①年径流总量控制率为 85%,对应设计降雨量为 19.2 mm。
②可有效应对规划区内 50 年一遇的暴雨。
③对于 50 年一遇日最大降雨量的设计暴雨开发后暴雨径流量和径流峰值小于传统开发径流量及峰值 2/3。
④年 SS 总量去除率达到 80% 以上。

10.11.5 总体设计

西咸新区沣西新城低影响开发雨水系统的建设主要分为规划、设计、建设、维护 4 个层次。通过构建有效的低影响开发雨水系统构建路线,保障海绵城市建设目标实现。因地制宜地开展了多个低影响开发和雨水综合利用试点项目实践,初步构建起包括建筑小区、市政道路、景观绿地及中央雨洪(中心绿廊)在内的四级雨水收集利用系统,如图 10.136 所示。

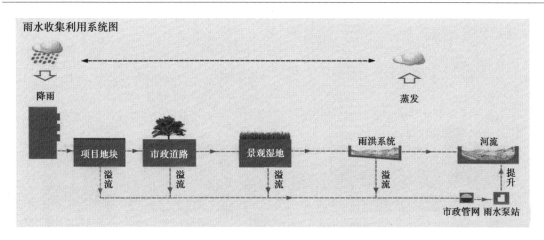

图 10.136　项目区域雨水收集利用系统图

1)建筑与小区应收尽收

依据各项雨水控制指标要求,运用 LID 设施组合,对屋顶、地面雨水进行汇流、滞蓄、下渗、净化并回用。

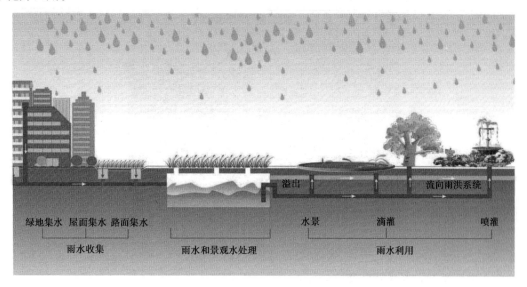

图 10.137　建筑与小区雨水收集利用系统图

2)市政道路确保绿地集水

依据土壤特性,探索实践双侧收集滞渗,单侧收集存蓄,分段收集净化 3 种道路收水方式,结合道路断面,采用防水措施,在保证道路结构安全的前提下,实现雨水的有效收集。

3)景观绿地依托地形自然收集

充分发挥绿地雨水调蓄能力,将建筑小区、市政道路的溢流雨水传输至城市绿地中调蓄消纳。

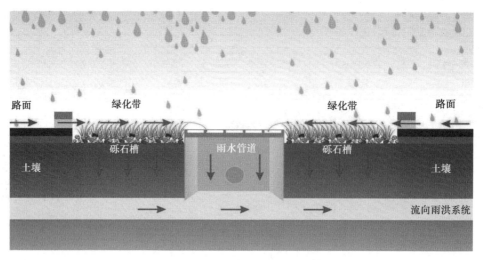

图 10.138　道路雨水收集利用系统图

图 10.139　绿地植草沟

4)中央雨洪系统形成调蓄枢纽

通过构建下沉式整体空间,使周边雨水尽量靠重力流汇入绿廊,发挥终端雨洪生态调蓄枢纽功能。

5)绿廊雨水系统设计

(1)道路雨水边沟

雨水边沟是种植有植被的地表沟渠,可收集、输送、下渗径流雨水并具有一定的雨水净化作用,可控制径流总量、减小径流污染。

绿廊周边的城市道路采用生态的断面形式,道路两侧设有下凹式雨水边沟;道路雨水边沟与绿廊内的雨水廊道相连通,可将收集到的道路雨水初步净化后汇入绿廊的核心湿地。

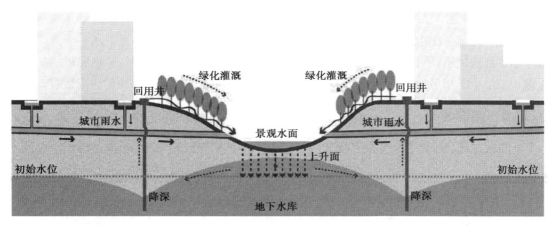

图 10.140　中央雨洪系统形成调蓄枢纽

（2）市政雨水管网接入口

城市地块中的雨水,通过雨水管网,汇入绿廊的雨水廊道。雨水管网是城市的灰色基础设施,按照传统的雨水规划方式,城市地块中的雨水会通过雨水管网排放至周边河流中,造成雨水资源流失及面源污染。在绿廊设计中,将灰色与绿色雨水基础设施相结合。市政管网中雨水,通过接入口汇入绿廊,实现雨水的收集利用。此外,接入口所有雨水井均按沉泥井做法设置,将引入的雨水进行沉淀,然后排入雨水廊道进一步净化。

（3）地块雨水浅管

绿廊周边地块中的雨水,通过预埋的雨水浅管,直接汇入绿廊。在邻近绿廊的地块中,设置下沉绿地、雨水花园等 LID 设施,收集地块中的雨水;雨量较大时,过量雨水溢流至预埋的浅管中,直接汇入绿廊。与将雨水流入市政管网再接入绿廊的方式相比,雨水浅管收集到的雨水水质更好,在绿廊周边的地块使用可行性也更高。

（4）雨水廊道

绿廊中设置一系列楔形的雨水廊道,将收集到的城市雨水进行过滤、净化、传输,最终汇入绿廊的核心湿地。雨水廊道结合地形设计,形成一系列梯级水面,每一级下垫面都做防渗处理,下垫面以上主要利用土壤、植物的渗滤、吸附等净化功能,去除雨水中的污染物。道路雨水边沟、市政雨水管网、地块雨水浅管收集到的三部分雨水,从廊道顶部汇入,经过逐级的物理过滤与生物净化,最后汇入绿廊中心的人工湿地。

（5）渗排沟

绿廊内部的雨水,沿地形汇入渗排沟,进行净化、下渗、输送。在绿廊内景观地形的底部,结合园路设置连续的渗排沟。渗排沟可截留携带泥沙的雨水,保持园路清洁,收集到的雨水经过碎石和植物的简单净化,少量就地下渗,剩余雨水沿沟输送至绿廊的核心湿地。

（6）雨水湿地

城市雨水与绿廊雨水,分别经由雨水廊道与渗排沟汇入绿廊底部的雨水湿地,并利用防渗技术(钠离子膨润土防水毯),形成稳定水景,进而被场内地形划割为若干相互连通的蓄滞水泡(水泡总面积为 2.8 万 m^2,平均水深为 0.5~1.0 m,最大水深为 1.5 m)。利用收集到的雨水提升整个廊道的景观效果。

（7）下渗湿地

绿廊的海绵系统中设置了一系列可渗透的湿地，用于雨水下渗回补地下水。下渗湿地布置于雨水湿地周围，不设防渗且采用利于雨水下渗的结构；在暴雨情况下，过量的雨水从雨水湿地中溢出至下渗湿地；在下渗湿地中入渗回补地下水，实现绿廊涵养水源的生态效益。

10.11.6　建设效果

①沉式绿地、透水铺装、生物滞留设施等对雨水减排缓释效果明显。切实达到了"小雨不积水"。

图 10.141　下凹式绿地及透水铺装实景图

图 10.142　生态滤沟实景图

②富余雨水汇入绿廊进行集中消纳，保障了城市排水安全，充分实现了"大雨不内涝"。

图 10.143　中央绿化带实景图

图 10.144　溢流雨水口实景图

③雨水削减净化、雨污分流，湿地的自然净化、河湖水系的修复，保障了"水体不黑臭"。

图 10.145　雨水湿地实景图

④城市绿网、透水铺装，降低了空气温度，减少了热量反射；绿廊的保育不连通，加快热力循环，并保障通风，实现了"热岛有缓解"。

图 10.146　综合措施实景图

第*11*章
SWMM 暴雨水管理软件

11.1 概述

暴雨水管理模型(Storm Water Management Model,简称 SWMM)是受美国环境保护局(EPA)资助,由 Lewis A.Rossman 和 Michelle A.Simon 教授开发的一种动态降雨-径流模拟模型,用于单一事件或长期(连续)模拟主要来自城市地区的径流数量和水质。SWMM 的径流部分运行在接收降水并产生径流和污染物负荷的子集水区集合上。SWMM 的路由部分通过管道、渠道、存储/处理设备、泵和调节器系统传输这些径流。在由多个时间步骤组成的模拟期间,SWMM 跟踪每个子流域产生径流的数量和水质,以及每个管道和渠道的流量、流量深度和水质。

SWMM 提供了一个集成的环境,用于编辑研究区域数据,运行水文、水力和水质模拟,并可以各种格式查看结果,包括彩色编码的排水区域和运输系统图、时间序列图和表格、剖面图和统计频率分析。

SWMM 是排水系统设计、运行和管理的重要工具,可以用于雨水径流、联合下水道和卫生下水道以及其他排水系统有关的规划、分析和设计。作为一套功能齐全、界面友好、易于使用的优秀免费软件,为排水系统的规划设计和科学研究提供了便利。本章简要介绍 SWMM 的功能及入门教程,详细操作及步骤可参见暴雨水管理模型用户手册。

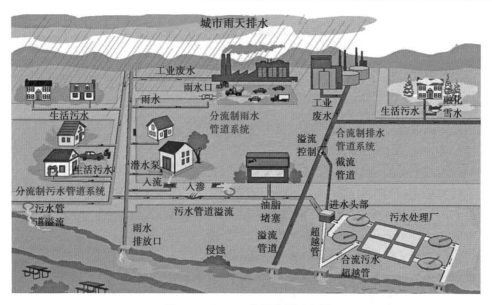

图 11.1　SWMM 模拟范围示意图

11.2　功能介绍

11.2.1　模拟能力

SWMM 考虑了城市区域产生径流的各种水文过程,包括:

①时变降雨;

②地表水的蒸发;

③降雪累积和融化;

④洼地蓄水的降雨截留;

⑤未饱和土壤层的降雨下渗;

⑥渗入水向地下含水层的渗透;

⑦地下水和排水系统之间的交叉流动;

⑧地表漫流的非线性水库演算;

⑨污水管道中的雨水渗透和流入(RDII);

⑩结合各种类型低影响开发(LID)实践的降雨/径流捕获和滞留。

所有这些过程的空间变化,通过将研究区域分成较小的均匀子汇水面积获得,每一子汇水面积包含了各自的渗透和不渗透子面积部分。可以在子面积之间、子汇水面积之间或者在排水系统进水点之间演算地表漫流情况,利用各种低影响开发(LID)方法捕获和保留降雨/径流。

SWMM 也包含了灵活的水力模拟能力,用于演算流经由管道、渠道、蓄水/处理设施和分流构筑物构成的排水管网的径流和外部进流。这些能力包括:

①处理无限制尺寸的网络；

②利用各种标准封闭和敞开的渠道形状，以及自然通道；

③模拟特殊的元素，例如蓄水/处理设施、路缘和排水沟入口、涵洞、分流板、泵、堰和孔口；

④利用来自地表径流、地下水流入、降雨依赖的渗入/进流，旱季污水流的外部流量和水质，以及用户指定的进流；

⑤使用运动波或完全动态波流量演算方法；

⑥模拟各种流态，例如壅水、超载流、逆向流和地表积水；

⑦利用用户定义的动态控制规则来模拟泵、孔口开口和堰顶水位的操作。

除了模拟径流量的产生和输送，SWMM 也可以评价与该径流相关的污染物负荷。对于任意数量用户定义的水质成分，可以模拟以下过程：

①不同土地利用下的旱季污染物增长；

②降雨过程中来自特定土地利用的污染物冲刷；

③降雨沉积的直接贡献；

④减少街道清洁造成的旱季污水沉积；

⑤BMP(Best Management Practices)引起的冲刷负荷降低；

⑥排水系统中任何位置旱季污水流量和用户指定外部进流量的输入；

⑦整个排水系统内的水质成分演算；

⑧通过储存单元处理或管道和通道中的自然过程降低成分浓度。

11.2.2　SWMM 的典型应用

从出现以来，SWMM 已在全世界用于数千项排水管道和雨水研究中，典型应用包括：

①控制洪水的排水系统组件设计和尺寸确定；

②为控制洪水和保护水质的滞留设施及其组件尺寸确定；

③自然渠道系统泛洪区的地图绘制；

④最小化合流制排水管道溢流而设计的控制策略；

⑤评估进流量和渗入对污水管道溢流的影响；

⑥生成污染物负荷分配研究中的面源污染物负荷；

⑦评价 BMP 降低预计污染物负荷的有效性。

11.3　快速入门教程

11.3.1　研究面积示例(Example Study Area)

以模拟服务 12 英亩居民区的排水系统为例。系统布置如图 11.2 所示，它包含了子汇水面积 S1 到 S3，雨水管渠 C1 到 C4，和管渠汇接点 J1 到 J4。系统在 Out1 处排向河流。首先需要创建 SWMM 研究面积地图中显示的对象，并设置这些对象的各种属性；然后响应于 80 mm、6 h 降雨事件，以及连续多年降雨记录的水量和水质模拟。

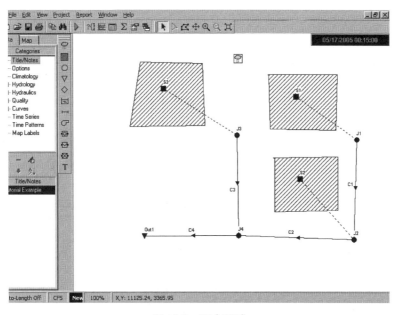

图 11.2　汇水区域

11.3.2　工程设置(Project Setup)

第一步,是先创建新的 SWMM 工程,并设置特定的缺省选项。利用这些缺省,将可以简化后续的数据输入任务。

①如果还没有运行,则启动 SWMM,从主菜单条选择文件>>新建,创建新的工程。

②选择工程>>缺省,打开工程缺省对话框。

③在对话框的 ID 标签页,设置如图 11.3 所示的 ID 前缀。SWMM 将利用指定的前缀连续号码,对新的对象自动编号。

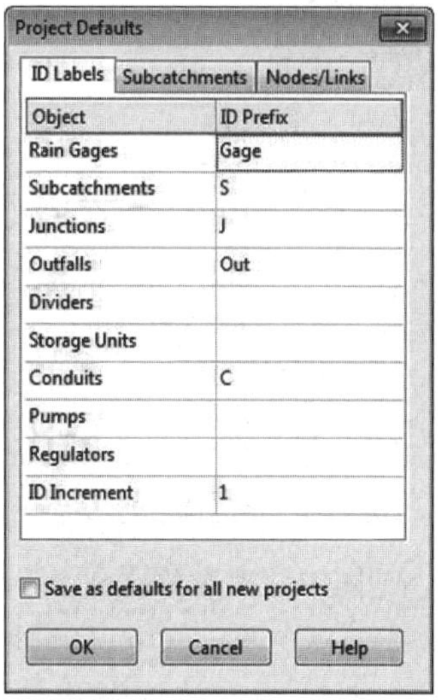

④在对话框的子汇水面积页,设置以下缺省数值:

面积	4
宽度	400
坡度(%)	0.5
不渗透面积百分比(%)	50
不渗透面积粗糙系数 N 值	0.01
渗透面积粗糙系数 N 值	0.10
不渗透面积洼地蓄水	0.05
渗透面积洼地蓄水	0.05
不渗透面积非洼地蓄水百分比(%)	25
下渗模型	<点击以编辑>
-方法	Green-Ampt
-吸入水头	3.5

图 11.3　教程示例的缺省 ID 标签

-导水率	0.5
-初始亏损	0.26

⑤在节点/管段页中,设置以下缺省值:

节点内底	0
节点最大深度	4
节点积水面积	0
管渠长度	400
管渠几何尺寸	<点击以编辑>
-筒数	1
-形状	CIRCULAR
-最大高度	1.0
管渠粗糙系数	0.01
流量单位	CFS
管段偏移	DEPTH
演算模型	运动波

⑥单击确定,接受这些选项并关闭对话框。如果希望为所有将来新的工程保存这些选项,可以在接受之前,检查对话框下部的选择框。

下一步将设置一些地图显示选项,以便在研究面积地图中添加对象时,显示 ID 标签和符号,并使管段具有流向箭头。

图 11.4　地图选项对话框

a.选择工具>>地图显示选项,启动地图选项对话框(图 11.4)。

b.选择子汇水面积页,设置填充方式为斜线,符号尺寸为 5。

c.然后选择节点页,设置节点尺寸为 5。

d.选择标注页,选中子汇水面积 ID、节点 ID 和管段 ID 标签;其他选项不选。

e.最后,选择流向箭头页,选择实心箭头形式,设置箭头尺寸为 7。

f.单击确定按钮,接受这些选择并关闭对话框。

地图中放置对象之前,应首先设置它的尺寸:

a.选择视图>>尺寸,启动地图尺寸对话框。

b.本例采用它们的缺省数值。

最后,查看主窗口底部的状态条,自动长度特征设置为关闭。

11.3.3　绘制对象(Drawing Objects)

接着,将组件添加到研究面积地图。在地图中绘制对象,是创建工程的一种方式,对于大型工程,方便的是首先在程序外构建 SWMM 工程文件。工程文件是利用特定格式描述每一对象的文本文件。各种数据源包括 CAD 绘图或 GIS 文件,它们可用于创建工程文件。

①首先从子汇水面积开始。

a.从选择项目浏览器面板(在主窗口的左侧)中子汇水面积类(在水文下)开始。

b.其次单击项目面板中所列对象类之下工具条中的 ✚ 按钮(或者从主菜单选择工程添加新子汇水面积)。注意鼠标光标在地图上移动时,怎样将形状变为铅笔状。

c.将鼠标移向子汇水面积 S1 的各个角点地图位置,并单击鼠标左键。

d.对于其他 3 个角同样操作,然后单击鼠标右键(或者敲击输入(Enter)键),封闭表示区域 S1 的矩形。如果希望取消部分绘制区域,并重新开始,可以敲击 Esc 键。不要担心对象的形状或者位置是否准确。随后将返回,并说明怎样固定它。

e.对于子汇水面积 S2 和 S3,重复该过程。如果在添加子汇水面积轮廓线的第一个点之后单击鼠标右键(或者敲击 Enter 键),子汇水面积将仅显示为一个点。

在地图中添加对象时,注意观察怎样自动产生连续的 ID 标签。

②下一步将添加组成排水管网的汇接点和排放口节点。

a.为了添加汇接点,从项目浏览器选择汇接点类(在水力->节点下),单击 ✚ 按钮或从主菜单选择工程添加新汇接点。

b.将鼠标移到汇接点 J1 的位置,点击左键。汇接点 J2 到 J4,采用相同动作。

c.为了添加排放口节点,从项目浏览器中选择排放口,单击 ✚ 按钮或从主菜单选择工程添加新排放口,将鼠标移向地图中的排放口位置。注意排放口怎样自动给出名称 Out1。

这时地图看上去应如图 11.5 所示。

③下一步,将添加雨水管渠,使排水系统节点相互连接。创建管段之前,应在已经创建了前面描述的管段两端节点。首先从管渠 C1 开始,连接 J1到 J2。

a.从项目浏览器中选择管渠(在水力->管段下),单击 ✚ 按钮,或者从主菜单选择工程添加新管渠。当在地图中移动时,鼠标光标变为十字形状。

b.用鼠标左键单击汇接点 J1。注意鼠标光标怎样变为铅笔形状。

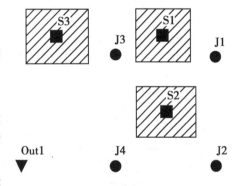

图 11.5　示例研究面积的子汇水面积和节点

c.将鼠标移向汇接点 J2(注意移动鼠标时,怎样绘制管渠的轮廓线),并单击左键以创建管渠。通过单击右键或者敲击<Esc>键,可以取消该操作。

d.管渠 C2 到 C4 的绘制,重复该过程。

尽管所有渠道绘制为直线形式,通过在单击终端节点之前,在管段方向改变的中间点单击鼠标左键,也可绘制成弯曲管段。

④为完成研究面积示意图的构建,需要添加一个雨量计。

a.从项目浏览器面板选择雨量计类型(在水文下),单击 ✚ 按钮或者从主菜单选择工程添加新雨量计。

b.在研究面积地图上,将鼠标移向雨量计的设置位置,单击鼠标左键。

⑤目前已完成了示例研究区域的绘制。如果雨量计、子汇水面积或者节点不在正确位置,可以按照以下步骤移动这些对象:

a.为了在对象选择模式下定位地图,如果没有按下 按钮,单击它。

b.单击需要移动的对象。

c.利用鼠标左键拖动对象,在到达新的位置前保持鼠标为按下状态。

⑥为了重新设置子汇水面积的轮廓,可做如下操作:

a.在对象选择模式地图下,单击子汇水面积中心(通过子汇水面积中的实心小方块表示),以选择它。

b.单击地图工具条中的▷按钮,使地图进入顶点选择模式。

c.通过单击,选择汇水区域轮廓上的顶点(注意怎样通过实心方块表示选择的顶点)。

d.保持鼠标左键按下,将顶点拖到新的位置。

e.如果需要,可以单击鼠标右键从显示的弹出式菜单中选择合适的选项,在轮廓线上添加或删除顶点。

f.完成时,单击▶按钮,返回到对象选择模式。

相同的过程也可用于设置管段的形状。

11.3.4 设置对象属性(Setting Object Properties)

①当将可视化对象添加到工程中时,SWMM 赋以它们缺省的属性集。为了改变对象指定属性值,必须将对象选入到属性编辑器(图 11.6)。有多种不同方式可以使用。如果编辑器也是可见的,那么可以简单点击对象,或者从项目浏览器选择它。如果编辑器不可见,那么通过以下操作之一使它显示:

a.在地图上双击对象;

b.在对象上单击右键,从显示的弹出式菜单中选择属性;

c.从项目浏览器中选择对象,然后单击浏览器的🔩按钮。

无论属性编辑器何时具有焦点,可以通过单击 F1 键,获得所列属性的更详细描述。

②子汇水面积需要设置的两个关键属性为提供子汇水面积降雨数据的雨量计,以及接收子汇水面积径流的排水系统节点。由于所有子汇水面积利用了相同的雨量计 Gagel,可以使用快捷方法,设置所有子汇水面积的这个属性:

a.从主菜单选择编辑>>全选。

b.然后选择编辑>>组编辑,显示组编辑对话框,如图 11.7 所示。

图 11.6　示例研究面积的子汇水面积和节点

图 11.7　组编辑对话框

c.选择子汇水面积作为待编辑的对象类型,雨量计作为待编辑的属性,并输入 YLJ1 作为新值。

d.单击确定,所有子汇水面积的雨量计将改为 YLJl。将显示确认对话框,注意已经改变了 3 个子汇水面积的属性。当回答是否继续编辑时,选择"否"。

③因为出水口节点随着子汇水面积变化,必须按以下方式单独设置:

a.双击子汇水面积 S1 或者从项目浏览器中选择它,并单击浏览器的🔧按钮,显示属性编辑器。

b.出水口域中的键入 J1,单击回车键(Enter)。注意怎样在汇水面积和节点之间绘制虚线。

c.单击子汇水面积 S2,输入 J2 作为它的出水口。

d.单击子汇水面积 S3,输入 J3 作为它的出水口。

④与其他相比子汇水面积相比,希望面积 S3 表示较低的开发性。因此将 S3 选入属性编辑器,设置其不渗透百分比为 25。

⑤需要对排水系统汇接点和排放口的内底标高赋值。当在子汇水面积上操作时,将每一汇接点选入属性编辑器,并设置它的内底标高为下值,属性编辑器中从给定类型对象依次移到下一个(或者移到前一个)的另一种方式,是通过敲击 Page Down(或者 Page Up)键。

节点	内底
J1	96
J2	90
J3	93
J4	88
Out1	85

示例系统中仅有一条管渠具有非缺省属性值。这是管渠 C4(出水管道),其直径应为 1.5 而不是 1ft。为了改变其直径,将管渠 C4 选入属性编辑器,设置最大深度值为 1.5。

⑥为了提供工程的降雨输入源,需设置雨量计属性。将 YLJl 选入属性编辑器,设置以下属性:

雨量格式	INTENSITY
雨量间隔	1:00
数据源	TIMESERIES
系列名称	TS1

⑦如前所述,希望模拟研究面积为 3 英寸、6 h 设计暴雨的响应。名称为 TS1 的时间序列将包含了每小时的降雨强度,以便构成该暴雨。于是需要创建时间序列对象,设置其数据。为此:

a.从项目浏览器中选择对象的时间序列类。

b.单击浏览器中的➕按钮,显示时间序列编辑器对话框,如图 11.8 所示。时间序列编辑器也可以直接从雨量计属性编辑器激活,通过选择编辑器的系列名称域并双击之。

c.在时间序列名称域中输入 TS1。

d.将如图 11.8 中的数值输入到网格中的时间列和数值列(日期列保持空值)。时间序列

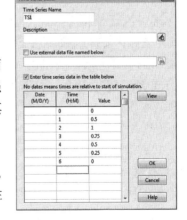

图 11.8　时间序列编辑器

的空日期,意味着 SWMM 将时间数值解释为模拟开始后的小时数。否则,时间序列遵从用户指定的日期/时间数值。

　　e.单击对话框中的显示按钮,查看时间序列值图。单击确定按钮,接受新的时间序列。

　　⑧完成示例工程初步设计后,可以给它一个标题,并将工作保存到一个文件。为此:

　　a.从项目浏览器中选择标题/备注类,并单击🔄按钮。

　　b.在显示的工程标题/备注对话框中(图 11.9),输入"教程示例"作为工程的标题,并单击确定按钮,关闭对话框。

图 11.9　标题/备注编辑器

c.从文件菜单中选择另存为选项。

d.在显示的工程另存为对话框中,选择保存工程的文件夹和文件名。建议命名为 tutorial.inp(如果未提供扩展名,将在文件名之后添加扩展名.inp)。

e.单击保存,将工程保存到文件。

工程数据以可读文本格式保存到文件。通过从主菜单选择工程>>细节,可以显示文件的内容。为了随后打开工程,需要从文件菜单中选择打开命令。

11.3.5　执行模拟(Running a Simulation)

(1)设置模拟选项

在分析排水系统性能,确定怎样执行分析之前,需要设置一些选项:

①从项目浏览器中选择选项类,并单击🔄按钮。

②在显示的模拟选项对话框常用页(图 11.10)中,选择运动波作为流量演算方法,下渗方法设置为 Modified Green-Ampt。不检查允许积水选项。

③在对话框的日期页,设置结束分析时间为 12:00:00。

④在时间步长页,设置演算时间步长为 60 s。

⑤单击确定,关闭模拟选项对话框。

(2)执行模拟

准备执行模拟。为此,选择工程>>执行模拟(或者单击🗲按钮)。如果模拟出现问题,状态报告将显示发生哪种错误的描述。成功运行后,具有多种方式显示模拟结果。这里仅对其中一些进行说明。

(3)显示状态报告

状态报告包含了关于模拟运行质量的有用信息,包括降雨、下渗、蒸发、径流和输送系统进流量/出流量的质量守恒。为了显示报告,选择报告>>状态(或者单击标准工具条中的🖼按钮,然后从下拉式菜单中选择状态报告)。

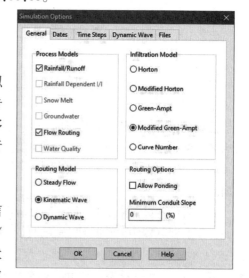

图 11.10　模拟选项对话框

对于刚才分析的系统,报告说明了模拟质量很好,径流和演算具有可忽略的质量守恒连续性误差(如果所有输入正确,分别为-0.05%和-0.06%)。降落到研究区域的雨水为 3 英寸,其中 1.75 英寸下渗到地下,剩余形成了径流。

(4)总结报告显示

总结报告包含了列出排水系统中每一子汇水面积、节点和管段的总结结果的表格。每一子汇水面积总降雨量、总径流量和高峰径流量,每一节点的高峰水深和积水时间,以及每一管渠的高峰流量、流速和水深,为包含在总结报告中的一些输出。系统总结报告的一部分如图 11.11 所示。

```
EPA STORM WATER MANAGEMENT MODEL - VERSION 5.2 (Build 5.2.0)
------------------------------------------------------------


  Tutorial Example


  ****************
  Analysis Options
  ****************
  Flow Units ............... CFS
  Process Models:
    Rainfall/Runoff ........ YES
    RDII ................... NO
    Snowmelt ............... NO
    Groundwater ............ NO
    Flow Routing ........... YES
    Ponding Allowed ........ NO
    Water Quality .......... NO
  Infiltration Method ...... MODIFIED_GREEN_AMPT
  Flow Routing Method ...... KINWAVE
  Starting Date ............ JUN-27-2002 00:00:00
  Ending Date .............. JUN-27-2002 12:00:00
  Antecedent Dry Days ...... 0.0
  Report Time Step ......... 00:15:00
  Wet Time Step ............ 00:15:00
  Dry Time Step ............ 01:00:00
  Routing Time Step ........ 60.00 sec


  **************************     Volume        Depth
  Runoff Quantity Continuity    acre-feet      inches
  **************************    ---------      -------
  Total Precipitation ......       3.000        3.000
  Evaporation Loss .........       0.000        0.000
  Infiltration Loss ........       1.750        1.750
  Surface Runoff ...........       1.246        1.246
  Final Storage ............       0.016        0.016
  Continuity Error (%) _____      -0.386


  **************************     Volume        Volume
  Flow Routing Continuity       acre-feet      10^6 gal
  **************************    ---------      ---------
  Dry Weather Inflow .......       0.000        0.000
  Wet Weather Inflow .......       1.246        0.406
  Groundwater Inflow .......       0.000        0.000
```

图 11.11　初始模拟运行后的部分状态报告

为了显示总结报告,从主菜单中选择报告|总结(或者单击标准工具条中的█按钮,然后从下拉式菜单中选择总结报告)。报告窗口具有下拉式列表,从中选择需要显示的特定报告。

针对示例,节点积水总结表(图 11.12)说明了,系统中节点 J2 处具有内部积水,需引起注意。管渠超载总结表(图 11.13)说明管渠 C2,处于节点 J2 的下游,具有完全能力,因此说明了它具有略微小的尺寸。

SWMM 中,当节点处的水面超过了最大赋值水深时,将出现积水。通常这些水量从系统中损失掉。也存在选项,使得该水量存积在节点顶部,当排水系统具有能力时,将重新引入排水系统。

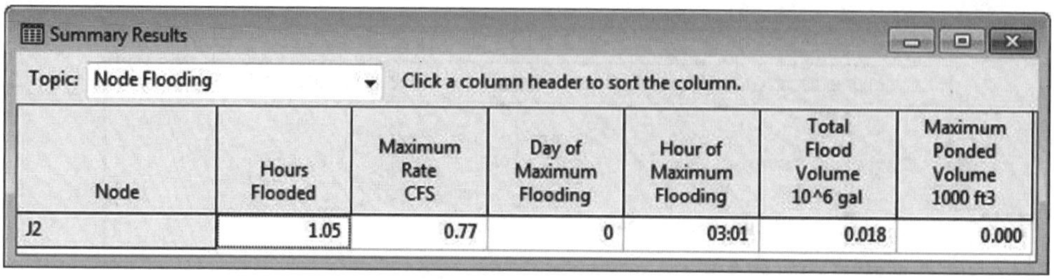
Summary Results

Topic: Node Flooding   Click a column header to sort the column.

Node	Hours Flooded	Maximum Rate CFS	Day of Maximum Flooding	Hour of Maximum Flooding	Total Flood Volume 10^6 gal	Maximum Ponded Volume 1000 ft3
J2	1.05	0.77	0	03:01	0.018	0.000

图 11.12　节点积水总结表

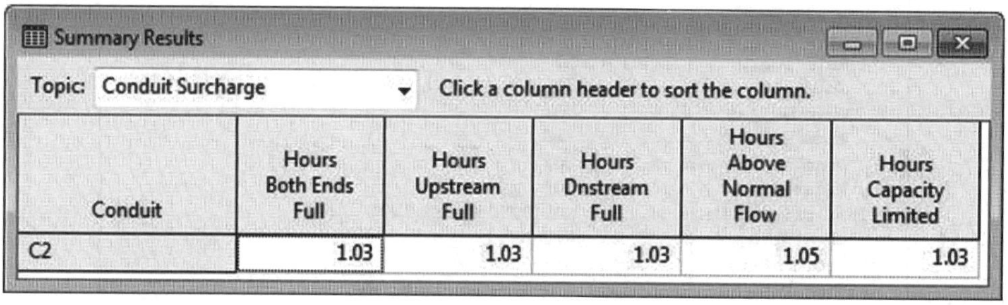
Summary Results

Topic: Conduit Surcharge   Click a column header to sort the column.

Conduit	Hours Both Ends Full	Hours Upstream Full	Hours Dnstream Full	Hours Above Normal Flow	Hours Capacity Limited
C2	1.03	1.03	1.03	1.05	1.03

图 11.13　管渠超载总结表

(5)地图中显示结果

模拟结果以及一些设计参数(例如子汇水面积,节点内底标高和管段最大深度),可以用不同颜色显示在研究面积地图中。为了以这种方式显示特定变量,进行如下操作:

①选择浏览器面板中的地图页。

②从主题面板的下拉式组合框中选择需要显示的子汇水面积、节点和管段变量。如图 11.14所示,显示了所选子汇水面积的径流和管段流量。

③颜色显示用于研究面积地图具有图例的特定变量。为了转换图例的显示,选择视图>>图例。

④利用鼠标左键保持按下状态拖动,可将图例移向另一位置。

⑤为了改变颜色编码,且改变数值点使用不同颜色的设置,选择视图>>图例>>修改,然后单击相关对象类(或者已可见的图例,简单利用右键点击)。为了将变量的数值显示在地图中,选择工具>>地图选项,然后选择地图选项对话框中的标注页。使用子汇水面积数值、节点数值和管段数值的检查框,指定需要添加标注的类型。

⑥地图浏览器中日期//一日内的时间/已过去的时间控件,可用于按照时间移动模拟结果。

⑦可以利用地图浏览器动画面板中的控件,如图 11.15(a)所示。动画显示地图随时间的变化。例如,单击▶按钮,将执行随时间前进的动画显示。

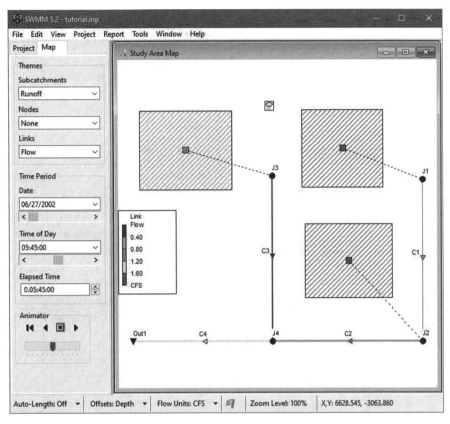

图 11.14　研究面积地图结果的颜色显示

(6)显示时间序列图

为了产生模拟结果的时间序列图,进行如下操作:

a.选择报告>>图形>>时间序列,或者简单在标准工具条上单击。

b.将显示时间序列图对话框,用于选择绘制的对象和变量。

对于示例,时间序列图对话框绘制管渠 C1 和 C2 的流量图形步骤如下[参考图 11.14(a)]:

a.单击对话框中的添加按钮,限制数据序列选择对话框[图 11.15(b)]。

b.选择管渠 C1(在地图中或者在项目浏览器中),并选择流量作为要绘制的变量。单击接受按钮,返回时间序列图选择对话框。

c.针对管渠 C2,重复步骤 1 和 2。

d.单击确定,创建图形,如图 11.16 所示。

创建图形之后,可以:

a.选择报告>>定制,或者单击标准工具条中的按钮,或者右键单击图形,定制它的外观。

b.选择编辑>>复制到或者单击标准工具条中的,可将它复制到剪贴板,并可粘贴到另一应用程序中。

c.选择文件>>打印或者文件>>打印预览(首先利用文件>>页面设置,设置边界、方向等),进行打印操作。

 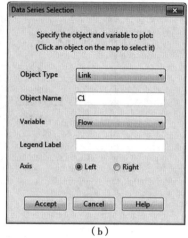

（a）　　　　　　　　　　　（b）

图 11.15　时间序列图对话框

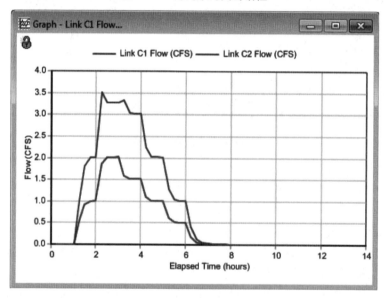

图 11.16　管段流量时间序列图

（7）显示剖面线图

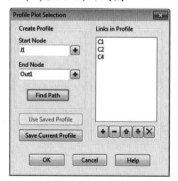

图 11.17　剖面线图对话框

SWMM 可以产生剖面线图，说明水深怎样沿着节点和管段的次序连接路径变化。为了创建示例排水系统中汇接点 J1 到排放口 Out1 之间的剖面线图：

①选择主菜单中的报告>>图形>>剖面线或者单击标准工具条中的 。

②在显示的剖面线图选择对话框的起始节点域中，输入 J1（图 11.17），或者在地图或者项目浏览器中选择它，并单击靠近该域的 ✚ 按钮。

③执行相同的操作过程,在对话框中终止节点域输入节点 Out1。

④单击查找路径按钮,在指定起始和终止节点之间形成一条连接路径的管段有序表,显示剖面线框中的管段。如果需要,可以编辑该框的入口。

⑤单击确定按钮,使用当前地图浏览器中选择的模拟时间,创建水面剖面线图(如图 11.18 所示,时间为 02:45)。

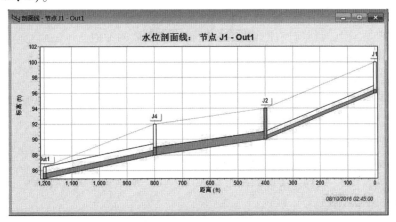

图 11.18　剖面线图示例

利用地图浏览器或者动画显示控件移动时,图中水深剖面将会更新。观测节点 J2 怎样在暴雨事件中的 2 时和 3 时之间产生积水。剖面线图的外观可以定制,也可以利用与时间序列图相同的过程复制或者打印。

(8)执行完整的动态波分析

分析中利用运动波方法演算了整个排水系统。这是简单有效的方法,但难以处理壅水效应、压力流、流向逆转和非树状布置的情况。SWMM 也包含了动态波演算过程,可以表示这些状态。可是该过程需要更长的计算时间,为维护数值稳定性需要较小的时间步长。

本例没有使用以上所述的多数效应。可是其中一条管渠 C2 为满流,会造成上游汇接点出现积水。该管道可能是有压的,因此能够输送比使用运动波演算下的更多流量。现在看一下如果利用动态波演算将会发生什么。

为了结合动态波演算执行分析,进行如下操作:

①从项目浏览器中选择选项类,并单击 按钮。

②在显示的模拟选项对话框的常用页,选择动态波作为流量演算方法。

③在对话框的动态波页,使用如图 11.19 的设置。执行动态波分析时,也通常希望缩短演算时间步长(对话框的时间步长页)。本例中继续使用 60 s 的时间步长。

④单击确定,关闭窗口并选择工程>>执行模拟(或单击 按钮),重新执行分析。

如果查看执行的状态报告,将不再会看到任何汇接点处的积水,通过管渠 C2 输送的高峰流量已经从 3.51cfs 增加到 4.04cfs。

图 11.19　动态波模拟选项

11.3.6 模拟水质

下一阶段,将水质分析添加到示例工程。SWMM 具有分析任何数量水质成分累积、冲刷、迁移和处理的能力。需要执行的步骤为:

①确定需要分析的污染物。

②定义产生这些污染物的土地利用类型。

③设置确定每一土地利用径流水质的增长和冲刷函数的参数。

④将土地利用混合体赋给每一汇水区域。

⑤定义排水系统内包含处理设施的节点污染物去除函数。

现在将以上除了步骤 5 外的每一步骤用于示例工程。除了地表径流,SWMM 允许通过用户定义的直接进流量、旱季进流量、地下水交流和降雨依赖进流/渗入的时间序列,将污染物引入排水系统的节点。

以下将定义两类径流污染物:总悬浮固体(TSS),以 mg/L 计;总铅,以 μg/L 计。此外指定径流中铅(Lead)浓度为 TSS 浓度的固定分数(0.25)。为了将这些污染物添加到工程,做如下操作:

①在项目浏览器的水质类下,选择其下的污染物子类。

②单击✚按钮,将新污染物添加到工程。

③在显示的污染物编辑器对话框中(图 11.20),污染物名输入 TSS,其他数据域处于它们的缺省设置。

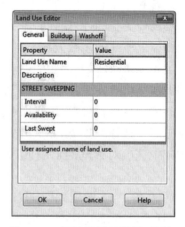

图 11.20　污染物编辑器对话框　　图 11.21　用地性质编辑器对话框

④单击确定按钮,关闭编辑器。

⑤再次单击项目浏览器的✚按钮,添加另一污染物。

⑥在污染物编辑器中,污染物名输入 Lead,选择浓度单位为 UG/L,输入 TSS 作为协同污染物名称,输入 0.25 作为协同分数值。

⑦单击确定按钮,关闭编辑器。

在 SWMM 中,由赋给子汇水面积的特定土地利用产生与径流相关的污染物。在例子中,将定义两类土地利用:住宅(Residential)和未开发(Undeveloped)的。为了将这些用地性质添加到工程,做如下操作:

①在项目浏览器的水质类下,选择用地性质子类,并单击╋按钮。

②在显示的用地性质对话框(图 11.21)名称域内输入 Residential,然后单击确定按钮。

③对于创建 Undeveloped 用地性质类,重复步骤 1 和 2。

下一步需要定义每一用地性质类型中的 TSS 累积和冲刷函数。铅的函数是不需要的,因为它的径流浓度定义为 TSS 浓度的固定分数。这些函数通常需要针对现场进行校核。

本例中假设住宅区的悬浮固体累积以常速率进行,为 1 磅每英亩每日,直至达到 50 lbs 每英亩的限值。对于未开发面积,将假设累积是它的一半。冲刷函数假设具有恒定事件平均浓度,住宅区土地为 100 mg/L,未开发土地为 50 mg/L。当径流发生时将维持这些浓度,直至消耗完可用的累积。为了定义住宅类土地利用的这些函数,进行如下操作:

①从项目浏览器选择 Residential 用地性质类,单击按钮。

②移向用地性质编辑对话框中的累积页(图 11.22)。

③选择 TSS 作为污染物,POW(幂函数)作为函数类型。

④最大累积函数赋值为 50,速率常数为 1.0,幂为 1,并选择 AREA 作为正规化器。

⑤移向对话框的冲刷页,选择 TSS 作为污染物、EMC 作为函数类型,系数输入 100,其他域填充 0。

⑥单击确定按钮,接受选择。

对于未开发用地性质类,执行同样的过程。其中利用最大累积为 25,速率常数为 0.5,增长幂为 1,以及冲刷 EMC 为 50。

图 11.22　定义住宅用地性质的 TSS 累积函数

水质示例的最后一步是将不同用地性质赋值给每一子汇水面积:

①将子汇水面积 S1 选入属性编辑器。

②选择用地性质属性并单击省略号按钮(或者敲击输入 Enter 键)。

图 11.23　土地利用布局对话框

③在显示的用地类型布局对话框中,Residential 面积百分比输入 75,Undeveloped 面积百分比输入 25(图 11.23)。然后单击确定按钮,关闭对话框。

④对于子汇水面积 C2,执行以上相同的 3 个步骤。

⑤对于子汇水面积 C3,除了用地类型赋值住宅 25% 和未开发 75%,重复相同步骤。

模拟研究面积内 TSS 和铅的径流水质之前,应定义 TSS 的初始累积,因此可以在单一降雨事件中冲刷走。使用前面的方法,指定模拟之前的前期干旱天数,或者直接指定每一子汇水面积的初始累积质量:

①从项目浏览器的选项类中,选择日期子类并单击 ✎ 按钮。

②在显示的模拟选项对话框中,将 5 输入到前期干旱天数域内。

③其他模拟选项与刚才完成的动态波流量演算相同。

④单击确定按钮,关闭对话框。

下一步,选择工程>>执行模拟或者单击标准工具条中的 🕏 ,执行模拟。

当运行完成时,显示它的状态报告。注意增加的两个新节为径流水质连续性和水质演算连续性。根据径流水质连续性表,可以看出研究区域 TSS 具有的初始累积为 47.5 lbs,在模拟的旱季阶段具有额外 2.15 lbs 的累积。在降雨事件过程中,冲刷大约有 47.9 lbs。铅冲刷的量指定为 TSS 固定百分比(25%的 0.001,将 mg 转化为 μg)。

在相同的时间序列图中,如果绘制了子汇水区域 S1 和 S3 的 TSS 径流浓度,如图 11.24 所示,将会看到这两个子汇水面积中来自不同用地类型下的浓度差异。也可以看到污染物冲刷的时段要比整个径流量过程线的历时短(即 1 h 对 6 h)。这是因为 TSS 的可用累积在该时段被消耗完。

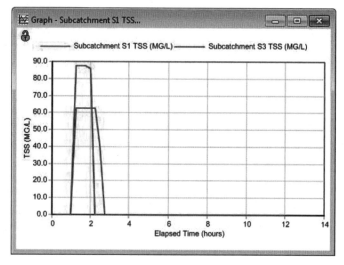

图 11.24 所选子汇水面积内径流的 TSS 浓度

11.3.7 执行连续模拟

作为教程的最后练习,演示怎样利用历史降雨记录执行长期的连续性模拟;以及怎样执行结果的统计频率分析。降雨记录来自名称为 sta310301.dat 的文件,包含在由 SWMM 提供的示例数据集中。它包含了从 1998 年 1 月开始的数年每小时降雨。数据存储为 SWMM 可以对其自动识别的国家气候数据中心 DSI3240 格式。

为了利用该降雨记录执行连续性模拟,做如下操作:

①将雨量计 Gagel 选入到属性编辑器。

②将数据源的选择改为 FILE。

③选择文件名数据域,并单击省略号按钮(或者敲击输入 Enter 键),显示标准 Windows 文件选择对话框。

④导向 SWMM 示例存储的文件夹,选择名为 sta310301.dat 的文件,单击打开,选择文件并

关闭对话框。

⑤在属性编辑器的站点 ID 域中,输入 310301。

⑥选择项目浏览器的选项类,单击  按钮,显示模拟选项窗口。

⑦在窗口的常用页,选择运动波作为演算方法(将有助于加速计算)。

⑧在窗口的日期页,设置分析开始和报告开始日期为 01/01/1998,并设置分析结束日期为 01/01/2000。

⑨在窗口的时间步长页中,设置演算时间步长为 300 s。

⑩单击确定按钮,关闭模拟选项窗口;选择工程>>执行模拟(或者单击标准工具条的),开始模拟。

完成连续模拟后,可以执行任何输出变量的统计频率分析。例如,为了确定两年模拟时段内每一次暴雨事件中的降雨量分布:

①选择报告>>统计或者单击标准工具条的 Σ 按钮。

②在显示的统计选择对话框中,输入如图 11.25 中的数值。

③单击确定按钮,关闭窗口。

该请求的结果将为统计报告窗口(图 11.26),其中包含了 4 个标签页:总结页;包含了每一事件顺序排列的事件页;包含了出现频率与事件程度绘图的历史过程图页;绘制事件程度与累积频率的频率图页。

图 11.25　统计选择对话框

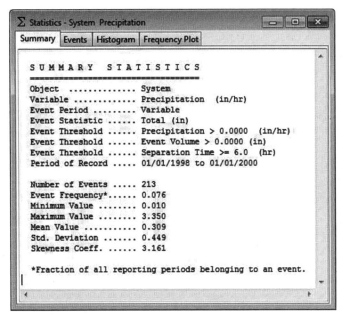

图 11.26　统计分析报告

总结页说明共具有 213 次降雨事件。事件页说明了最大降雨事件具有的容积为 3.35 英寸,且在 24 h 时段出现。没有事件匹配于前面产生了一些内部积水、单事件分析的 6 h、3 英寸设计暴雨事件。事实上,该连续模拟的总结报告说明,在模拟时段没有出现积水或者超载。

上述教程仅仅运用了 SWMM 的表层能力。程序的一些格外有用特征包括:

①使用额外类型的排水元素,例如蓄水设施,分流器,水泵和调节器,模拟更复杂类型的系统;

②将控制规则用于模拟水泵和调节器的实时运行;

③在排水系统节点,利用不同类型的外部进流量,例如直接时间序列进流量、旱季进流量和降雨导入渗入/进流量;

④模拟子汇水面积以下含水层与排水系统节点之间的交互流动;

⑤模拟子汇水面积内的降雪累积和融化;

⑥将校验数据添加到工程,便于模拟结果与测试数值的比较;

⑦利用背景街道、场地平面图或者地形图,协助布置系统的排水元素,有助于将模拟结果与实际位置关联。

更多其他特征的信息可以参照暴雨水管理模型用户手册。

附录 **1**
城市排水（雨水）防涝综合规划编制大纲

一、规划背景与现状概况

（一）规划背景

1.区位条件
描述城市位置与区位情况。
2.地形地貌
描述城市地形地貌概况。
3.地质水文
描述城市气候、降雨、土壤和地质等基本情况。
4.经济社会概况
描述城市人口、经济社会情况等。
5.上位规划概要
①城市性质、职能、结构、规模等内容。
②城市发展战略和用地布局等内容。
③城市总体规划中与城市排水防涝相关的绿地系统规划、城市排水工程规划、城市防洪规划等内容。
6.相关专项规划概要
重点分析城市防洪规划、城市竖向规划、城市绿地系统专项规划、城市道路（交通）系统规划、城市水系规划等与城市排水与内涝防治密切相关的专项规划的内容。

（二）城市排水防涝现状及问题分析

1.城市排水防涝现状

（1）城市水系

城市内河（不承担流域性防洪功能的河流）、湖泊、坑塘、湿地等水体的几何特征、标高、设计水位及城市雨水排放口分布等基本情况。

城市区域内承担流域防洪功能的受纳水体的几何特征、设计水（潮）位和流量等基本情况。

（2）城市雨水排水分区

城市排水分区情况，每个排水分区的面积，最终排水出路等。

（3）道路竖向

城市主次干道的道路控制点标高。

（4）历史内涝

描述近10年城市积水情况，积水深度、范围等，以及灾害造成的人员伤亡和直接、间接经济损失。

（5）城市排水设施

城市现有排水管渠长度，管材，管径，管内底标高，流向，建设年限，设计标准，雨水管道和合流制管网情况及城市雨水管渠的运行情况。

城市排水泵站位置，设计流量，设计标准，服务范围、建设年限及运行情况。

表1　现状市政管渠系统

现状人口（万人）	现状建成区面积（km²）	雨污合流管网长度（km）	雨水管网长度（km）	合流制排水明渠长度（km）	雨水明渠长度（km）

表2　现状城市排水管网设计重现期

小于1年一遇（km）	1年一遇（km）	1~3年一遇（包括1和3，km）	3年一遇（km）	3~5年一遇（不包括3和5，km）	5年一遇（km）	大于5年一遇（km）

表3　现状城市排水泵站

泵站名称	泵站位置	泵站性质（雨水泵站或雨污合流泵站）	服务范围（km²）	设计重现期	设计流量（m³/s）

(6)城市内涝防治设施

城市雨水调蓄设施和蓄滞空间分布及容量情况。

2.问题及成因分析

从体制、机制、规划、建设、管理等方面进行分析。

二、城市排水能力与内涝风险评估

(一)降雨规律分析与下垫面解析

按照《室外排水设计标准》(GB 50014)的要求,对暴雨强度公式进行评估。简述原有暴雨强度公式的编制时间、方法及适用性。

根据降雨统计资料,建立步长为 5 分钟的短历时(一般为 2~3 h)和长历时(24 h)设计降雨雨型,长历时降雨应做好与水利部门设计降雨的衔接。

对城市地表类型进行解析,按照水体、草地、树林、裸土、道路、广场、屋顶和小区内铺装等类型进行分类。也可根据当地实际情况,选择分类类型。下垫面解析成果应做成矢量图块,为后续雨水系统建模做准备。

(二)城市现状排水防涝系统能力评估

1.排水系统总体评估

①城市雨水管渠的覆盖程度。

②城市各排水分区内的管渠达标率(各排水分区内满足设计标准的雨水管渠总长度与该排水分区内雨水管渠总长度的比值)。

③城市雨水泵站的达标情况(满足设计标准的雨水泵站排水能力与全市泵站总排水能力的比值)。

④按照住房和城乡建设部《城市排水防涝设施普查数据采集与管理技术导则》以及《城镇排水管道检测与评估技术规程》(CJJ 181)等国家有关标准规范的要求,对城市排水管渠现状的评估情况。

2.现状排水能力评估

在排水防涝设施普查的基础上,推荐使用水力模型对城市现有雨水排水管网和泵站等设施进行评估,分析实际排水能力。

表 4　现状排水管网排水能力评估

经评估排水能力小于 1 年一遇管网(km)	经评估排水能力1~2 年一遇管网(包括 1 不包括 2,km)	经评估排水能力2~3 年一遇管网(包括 2 不包括 3,km)	经评估排水能力3~5 年一遇管网(包括 3 不包括 5,km)	经评估排水能力大于等于 5 年一遇管网(km)

（三）内涝风险评估与区划

推荐使用水力模型进行城市内涝风险评估。通过计算机模拟获得雨水径流的流态、水位变化、积水范围和淹没时间等信息，采用单一指标或者多个指标叠加，综合评估城市内涝灾害的危险性；结合城市区域重要性和敏感性，对城市进行内涝风险等级进行划分。

基础资料或手段不完善的城市，也可采用历史水灾法进行评价。

表5　城市内涝风险评估

城市现状易涝点个数(个)	内涝高风险区面积(km^2)	内涝中风险区面积(km^2)	内涝低风险区面积(km^2)

三、规划总论

（一）规划依据

国民经济和社会发展规划、城市总体规划、国家相关标准规范。

（二）规划原则

各地可自行表述规划原则，但应包含以下内容：

①统筹兼顾原则。保障水安全、保护水环境、恢复水生态、营造水文化，提升城市人居环境；以城市排水防涝为主，兼顾城市初期雨水的面源污染治理。

②系统性协调性原则。系统考虑从源头到末端的全过程雨水控制和管理，与道路、绿地、竖向、水系、景观、防洪等相关专项规划充分衔接。城市总体规划修编时，城市排水防涝规划应与其同步调整。

③先进性原则，突出理念和技术的先进性，因地制宜，采取蓄、滞、渗、净、用、排结合，实现生态排水，综合排水。

（三）规划范围

城市排水防涝规划的规划范围参考城市总体规划的规划范围，并考虑雨水汇水区的完整性，可适当扩大。

（四）规划期限

规划基准年为2012年。

规划期限宜与城市总体规划保持一致，并考虑长远发展需求。

近期建设规划期限为5年。

（五）规划目标

①发生城市雨水管网设计标准以内的降雨时，地面不应有明显积水。

②发生城市内涝防治标准以内的降雨时,城市不能出现内涝灾害。(各地可根据当地实际,从积水深度、范围和积水时间三个方面,明确内涝的定义)

③发生超过城市内涝防治标准的降雨时,城市运转基本正常,不得造成重大财产损失和人员伤亡。

(六)规划标准

1.雨水径流控制标准

根据低影响开发的要求,结合城市地形地貌、气象水文、社会经济发展情况,合理确定城市雨水径流量控制、源头削减的标准以及城市初期雨水污染治理的标准。

城市开发建设过程中应最大程度减少对城市原有水系统和水环境的影响,新建地区综合径流系数的确定应以不对水生态造成严重影响为原则,一般宜按照不超过 0.5 进行控制;旧城改造后的综合径流系数不能超过改造前,不能增加既有排水防涝设施的额外负担。

新建地区的硬化地面中,透水性地面的比例不应小于 40%。

2.雨水管渠、泵站及附属设施规划设计标准

城市管渠和泵站的设计标准、径流系数等设计参数应根据《室外排水设计标准》(GB 50014)的要求确定。其中,径流系数应该按照不考虑雨水控制设施情况下的规范规定取值,以保障系统运行安全。

3.城市内涝防治标准

通过采取综合措施,直辖市、省会城市和计划单列市(36 个大中城市)中心城区能有效应对不低于 50 年一遇的暴雨;地级城市中心城区能有效应对不低于 30 年一遇的暴雨;其他城市中心城区能有效应对不低于 20 年一遇的暴雨;对经济条件较好、且暴雨内涝易发的城市可视具体情况采取更高的城市排水防涝标准。

(七)系统方案

根据降雨、气象、土壤、水资源等因素,综合考虑蓄、滞、渗、净、用、排等多种措施组合的城市排水防涝系统方案。

在城市地下水水位低、下渗条件良好的地区,应加大雨水促渗;城市水资源缺乏地区,应加强雨水资源化利用;受纳水体顶托严重或者排水出路不畅的地区,应积极考虑河湖水系整治和排水出路拓展。

对城市建成区,提出城市排水防涝设施的改造方案,结合老旧小区改造、道路大修、架空线入地等项目同步实施。

明确对敏感地区如幼儿园、学校、医院等地坪控制要求,确保在城市内涝防治标准以内不受淹。

推荐使用水力模型,对城市排水防涝方案进行系统方案比选和优化。

四、城市雨水径流控制与资源化利用

(一)径流量控制

根据径流控制的要求,提出径流控制的方法、措施及相应设施的布局。

对控制性详细规划提出径流控制要求,作为城市土地开发利用的约束条件,明确单位土地开发面积的雨水蓄滞量、透水地面面积比例和绿地率等。

根据城市低影响开发(LID)的要求,合理布局下凹式绿地、植草沟、人工湿地、可渗透地面、透水性停车场和广场,利用绿地、广场等公共空间蓄滞雨水。

除因雨水下渗可能造成次生破坏的湿陷性黄土地区外,其他地区应明确新建城区的控制措施,确保新建城区的硬化地面中,可渗透地面面积不低于40%;明确城市现有硬化路面的改造路段与方案。

(二)径流污染控制

根据城市初期雨水的污染变化规律和分布情况,分析初期雨水对城市水环境污染的贡献率;按照城市水环境污染物总量控制的要求,确定初期雨水截流总量;通过方案比选确定初期雨水截流和处理设施规模与布局。

(三)雨水资源化利用

根据当地水资源禀赋条件,确定雨水资源化利用的用途、方式和措施。

五、城市排水(雨水)管网系统规划

(一)排水体制

除干旱地区外,新建地区应采用雨污分流制。

对现状采用雨污合流的,应结合城市建设与旧城改造,加快雨污分流改造。暂时不具备改造条件的,应加大截流倍数。

对于雨污分流地区,应根据初期雨水污染控制的要求,采取截流措施,将截流的初期雨水进行达标处理。

(二)排水分区

根据城市地形地貌和河流水系等,合理确定城市的排水分区;建成区面积较大的城市,可根据本地实际将排水分区进一步细化为次一级的排水子分区(排水系统)。

(三)排水管渠

结合城市地形水系和已有管网情况,合理布局城市排水管渠。充分考虑与城市防洪设施和内涝防治设施的衔接,确保排水通畅。

对于集雨面积 2 km^2 以内的,可以采用推理公式法进行计算;采用推理公式法时,折减系数 m 值取 1。对于集雨面积大于 2 km^2 的管段,推荐使用水力模型对雨水管渠的规划方案进行校核优化。

根据城市现状排水能力的评估结果,对不能满足设计标准的管网,结合城市旧城改造的时序和安排,提出改造方案。

（四）排水泵站及其他附属设施

结合排水管网布局,合理设置排水泵站;对设计标准偏低的泵站提出改造方案和时序。有条件的地区,应结合泵站或其他相关排水设施设置雨量自动观测设施。

六、城市防涝系统规划

（一）平面与竖向控制

结合城市内涝风险评估的结果,优先考虑从源头降低城市内涝风险,提出用地性质和场地竖向调整的建议。

（二）城市内河水系综合治理

根据城市排水和内涝防治标准,对现有城市内河水系及其水工构筑物在不同排水条件下的水量和水位等进行计算,并划定蓝线;提出河道清淤、拓宽、建设生态缓坡和雨洪蓄滞空间等综合治理方案以及水位调控方案,在汛期时应该使水系保持低水位,为城市排水防涝预留必要的调蓄容量。

（三）城市防涝设施布局

1.城市涝水行泄通道

推荐使用水力模型,对涝水的汇集路径进行分析,结合城市竖向和受纳水体分布以及城市内涝防治标准,合理布局涝水行泄通道。

行泄通道应优先考虑地表的排水干沟、干渠以及道路排水;对于建设地表涝水行泄通道确有困难的地区,在充分论证的基础上,可考虑选择深层排水隧道措施。

2.城市雨水调蓄设施

优先利用城市湿地、公园、下凹式绿地和下凹式广场等,作为临时雨水调蓄空间;也可设置雨水调蓄专用设施。

（四）与城市防洪设施的衔接

统筹防洪水位和雨水排放口标高,保障在最不利条件下不出现顶托,确保城市排水通畅。

七、近期建设规划

根据规划要求,梳理管渠、泵站、闸阀、调蓄构筑物等排水防涝设施及内河水系综合治理的近期建设任务,按附表的要求填报相关表格。

八、管理规划

（一）体制机制

按照《国务院办公厅关于做好城市排水防涝设施建设工作的通知》(国办发〔2013〕23 号)

要求,建立有利于城市排水防涝统一管理的体制机制,城市排水主管部门要加强统筹,做好城市排水防涝规划、设施建设和相关工作,确保规划的要求全面落实到建设和运行管理上。

(二)信息化建设

按照住房和城乡建设部《城市排水防涝设施普查数据采集与管理技术导则(试行)》,结合现状普查,加强普查数据的采集与管理,确保数据系统性、完整性、准确性,为建立城市排水防涝的数字信息化管控平台创造条件。

直辖市、省会城市和计划单列市及有条件的城市要尽快建立城市排水防涝数字信息化管控平台,实现日常管理、运行调度、灾情预判和辅助决策,提高城市排水防涝设施规划、建设、管理和应急水平;其他城市要逐步建立和完善排水防涝数字化管控平台。

(三)应急管理

强化应急管理,制定、修订相关应急预案,明确预警等级、内涵及相应的处置程序和措施,健全应急处置的技防、物防、人防措施。

发生超过城市内涝防治标准的降雨时,城建、水利、交通、园林、城管等多部门应通力合作,必要时可采取停课、停工、封闭道路等避免人员伤亡和重大财产损失的有效措施。

九、保障措施

(一)建设用地

将排水防涝设施建设用地纳入城市总体规划和土地利用总体规划,确保用地落实。

(二)资金筹措

多渠道筹措资金,加强城市排水防涝设施建设。

(三)其他

各地根据实际情况,提出其他有针对性的保障措施。

十、相关附件

附件1　现状管网泵站改造

现状管网改造(性质不变)			泵站改造			雨污分流改造			
现状管网改造(km)	管网改造单价(万元/km)	管网改造投资(万元)	改造泵站数量(个)	新增流量(m^3/s)	泵站改造投资(万元)	雨污分流改造面积(km^2)	雨污分流改造管网长度(km)	雨污分流改造单价(万元/km)	雨污分流改造投资(万元)

附件 2 规划新建排水管渠

现状人口 (万人)	5 年内新增 人口(万人)	5 年内新增 用地面积(km²)	新建雨水管 网总长度(km)	新建雨水管 渠单价(万元/km)	新建雨水管 网投资(万元)

附件 3 规划新建泵站

泵站名称	泵站位置	设计流量(m³/s)	设计重现期(年)	汇水区面积(km²)	泵站投资(万元)

附件 4 规划新建雨水调蓄设施

新建调蓄设施位置	占地面积(m²)	设施规模(m³)	单价(万元/m³)	调蓄设施投资(万元)

附件 5 城市内河水系综合治理

城市内河治理长度(km)	单价(万元/km)	河道投资(万元)

附件 6 规划新建城市大型涝水行泄通道

城市大型涝水行泄通道长度(km)	截面积(m²)	设计流量(m³/s)	单价(万元/km)	投资(万元)

附件 7 落实低影响开发(LID)工程措施

新建下凹式绿地(m²)	新建下凹式绿地投资(万元)	新建人工湿地(m²)	新建人工湿地投资(万元)	现状可渗透地面(m²)	新增可渗透地面(m²)	可渗透地面改造投资(万元)	新增透水性广场面积(m²)	透水性广场投资(万元)	新增透水性停车场(m²)	透水性停车场投资(万元)

附件8　信息化与管理建设任务投资估算

城市排水设施 GIS 系统投资(万元)	城市水力模型投资 (万元)	城市排水防涝数字 信息化管控平台 投资(万元)	在线雨量站投资 (万元)	模型后期每年维护 与更新投资(万元)

附录 2
海绵城市专项规划编制暂行规定

第一章 总则

第一条 为贯彻落实《中共中央、国务院关于进一步加强城市规划建设管理工作的若干意见》(中发〔2016〕6号)、《国务院关于深入推进新型城镇化建设的若干意见》(国发〔2016〕8号)和《国务院办公厅关于推进海绵城市建设的指导意见》(国办发〔2015〕75号),做好海绵城市专项规划编制工作,制定本规定。

第二条 海绵城市专项规划是建设海绵城市的重要依据,是城市规划的重要组成部分。

第三条 编制海绵城市专项规划,应坚持保护优先、生态为本、自然循环、因地制宜、统筹推进的原则,最大限度地减小城市开发建设对自然和生态环境的影响。

第四条 编制海绵城市专项规划,应根据城市降雨、土壤、地形地貌等因素和经济社会发展条件,综合考虑水资源、水环境、水生态、水安全等方面的现状问题和建设需求,坚持问题导向与目标导向相结合,因地制宜地采取"渗、滞、蓄、净、用、排"等措施。

第五条 海绵城市专项规划可与城市总体规划同步编制,也可单独编制。

第六条 海绵城市专项规划的规划范围原则上应与城市规划区一致,同时兼顾雨水汇水区和山、水、林、田、湖等自然生态要素的完整性。

第七条 承担海绵城市专项规划编制的单位,应当具有乙级及以上的城乡规划编制资质,并在资质等级许可的范围内从事规划编制工作。

第二章 海绵城市专项规划编制的组织

第八条 城市人民政府城乡规划主管部门会同建设、市政、园林、水务等部门负责海绵城市专项规划编制具体工作。海绵城市专项规划经批准后,应当由城市人民政府予以公布;法律、法规规定不得公开的内容除外。

第九条 编制海绵城市专项规划,应收集相关规划资料,以及气象、水文、地质、土壤等基础资料和必要的勘察测量资料。

第十条 在海绵城市专项规划编制中,应广泛听取有关部门、专家和社会公众的意见。有关意见的采纳情况,应作为海绵城市专项规划报批材料的附件。

第十一条　海绵城市专项规划经批准后,编制或修改城市总体规划时,应将雨水年径流总量控制率纳入城市总体规划,将海绵城市专项规划中提出的自然生态空间格局作为城市总体规划空间开发管制要素之一。

编制或修改控制性详细规划时,应参考海绵城市专项规划中确定的雨水年径流总量控制率等要求,并根据实际情况,落实雨水年径流总量控制率等指标。

编制或修改城市道路、绿地、水系统、排水防涝等专项规划,应与海绵城市专项规划充分衔接。

第三章　海绵城市专项规划编制内容

第十二条　海绵城市专项规划的主要任务是:研究提出需要保护的自然生态空间格局;明确雨水年径流总量控制率等目标并进行分解;确定海绵城市近期建设的重点。

第十三条　海绵城市专项规划应当包括下列内容:

(一)综合评价海绵城市建设条件。分析城市区位、自然地理、经济社会现状和降雨、土壤、地下水、下垫面、排水系统、城市开发前的水文状况等基本特征,识别城市水资源、水环境、水生态、水安全等方面存在的问题。

(二)确定海绵城市建设目标和具体指标。确定海绵城市建设目标(主要为雨水年径流总量控制率),明确近、远期要达到海绵城市要求的面积和比例,参照住房和城乡建设部发布的《海绵城市建设绩效评价与考核办法(试行)》,提出海绵城市建设的指标体系。

(三)提出海绵城市建设的总体思路。依据海绵城市建设目标,针对现状问题,因地制宜确定海绵城市建设的实施路径。老城区以问题为导向,重点解决城市内涝、雨水收集利用、黑臭水体治理等问题;城市新区、各类园区、成片开发区以目标为导向,优先保护自然生态本底,合理控制开发强度。

(四)提出海绵城市建设分区指引。识别山、水、林、田、湖等生态本底条件,提出海绵城市的自然生态空间格局,明确保护与修复要求;针对现状问题,划定海绵城市建设分区,提出建设指引。

(五)落实海绵城市建设管控要求。根据雨水径流量和径流污染控制的要求,将雨水年径流总量控制率目标进行分解。超大城市、特大城市和大城市要分解到排水分区;中等城市和小城市要分解到控制性详细规划单元,并提出管控要求。

(六)提出规划措施和相关专项规划衔接的建议。针对内涝积水、水体黑臭、河湖水系生态功能受损等问题,按照源头减排、过程控制、系统治理的原则,制定积水点治理、截污纳管、合流制污水溢流污染控制和河湖水系生态修复等措施,并提出与城市道路、排水防涝、绿地、水系统等相关规划相衔接的建议。

(七)明确近期建设重点。明确近期海绵城市建设重点区域,提出分期建设要求。

(八)提出规划保障措施和实施建议。

第十四条　海绵城市专项规划成果应包括文本、图纸和相关说明。成果的表达应当清晰、准确、规范,成果文件应当以书面和电子文件两种方式表达。

第十五条　海绵城市专项规划图纸一般包括:

（一）现状图（包括高程、坡度、下垫面、地质、土壤、地下水、绿地、水系、排水系统等要素）。

（二）海绵城市自然生态空间格局图。

（三）海绵城市建设分区图。

（四）海绵城市建设管控图（雨水年径流总量控制率等管控指标的分解）。

（五）海绵城市相关涉水基础设施布局图（城市排水防涝、合流制污水溢流污染控制、雨水调蓄等设施）。

（六）海绵城市分期建设规划图。

第四章　附则

第十六条　设市城市编制海绵城市专项规划，适用本规定。其他地区编制海绵城市专项规划可参照执行本规定。

第十七条　各省、自治区、直辖市住房和城乡建设主管部门可结合实际，依据本规定制订技术细则，指导本地区海绵城市专项规划编制工作。

第十八条　各城市应在海绵城市专项规划的指导下，编制近期建设重点区域的建设方案、滚动规划和年度建设计划。建设方案应在评估各类场地建设和改造可行性基础上，对居住区、道路与广场、公园与绿地，以及内涝积水和水体黑臭治理、河湖水系生态修复等基础设施提出海绵城市建设任务。

第十九条　本规定由住房和城乡建设部负责解释。

第二十条　本规定自发布之日起施行。

附录 3
系统化全域推进海绵城市建设示范城市实施方案编制大纲（供参考）

为系统化全域推进海绵城市建设，在组织领导、工作机制、政策措施等方面形成具有示范意义的经验，以点带面，带动一定区域内其他城市稳步推进海绵城市建设，制定本大纲。

一、基本情况

（一）城市基础特征。

简述本市地形地貌、山水格局、土壤地质、气候水文等特征。

（二）城市建设有关情况。

简述本市经济社会、人口、用地情况，以及城市防洪排涝设施建设等情况。

二、已开展的工作和成效

总结海绵城市建设方面已经取得的成效、经验和体会等，并从以下方面简述已经开展的工作：

（一）海绵城市建设的组织领导、工作机构或协调机制建立情况。

（二）海绵城市建设专项规划编制和实施情况；相关地方标准制定情况。

（三）海绵城市建设相关的法律法规、政策制度文件制定和实施情况，包括规划建设管控制度、设计施工、工程质量控制、验收管理、运行维护、投融资等方面。

（四）城市内涝治理工作情况。

（五）海绵城市建设方面的投融资情况。包括：财政投入、社会资本引入、建立收费制度等。

（六）海绵城市建设评价机制建立情况、评价工作开展情况。

（七）落实海绵城市建设理念相关工程项目实施情况和效果。

三、"十四五"期间工作目标

坚持问题导向和目标导向，从治理城市内涝、提升城市排水防涝能力、加强雨水利用等方面,制定"十四五"期间通过海绵城市建设拟达成的工作目标。

四、建设目标和工作思路

(一)工作目标。

以海绵城市建设为统领,聚焦城市内涝治理成效,统筹实施城市防洪排涝设施建设,围绕高质量发展的要求,构建健康的城市水循环系统,提高城市的承载力宜居性包容度、人民群众获得感幸福感等角度,提出到示范期末的工作目标。

(二)指标体系。

坚持结果导向,因地制宜将工作目标分解形成内涝防治、雨水收集和利用、城市生活污水集中收集率、海绵城市建设满意度等方面的量化指标,以及制度和机制方面的定性指标。可结合本地实际情况参考附1的指标项确定。

(三)技术路线。

提出系统化全域开展海绵城市建设示范的技术路线。

五、统筹谋划系统化实施方案

在区域流域、城市、设施、社区等不同层级进行系统研究。统筹区域流域生态环境治理和城市建设,统筹城市水资源利用和防灾减灾,统筹城市防洪和排涝工作,在所有新建、改建、扩建项目中落实海绵城市建设要求,构建健康的城市水循环系统,体现区域流域、城市、设施、社区等不同层面的建设内容,实施方案应遵循简约适用、因地制宜的原则,坚决避免"大引大排""大拆大建"等铺张浪费情况。可结合本地实际需求,参考以下方面,突出重点和特色。

(一)区域流域。

识别山、水、林、田、湖、草等生命共同体的空间分布,分析本城市的生态本底、自然地理条件禀赋。保护流域区域现有雨洪调蓄空间,扩展城市建成区外的自然调蓄空间。针对沿河、沿海及有山洪入城风险城市,提出防洪(潮)工程等方案。

(二)城市。

新建城区应提出规划建设管控方案,统筹城市内涝治理、污水提质增效等工作要求,高起点规划、高标准建设城市排水设施,并与自然生态系统有效衔接。老城区结合城市更新,针对积水内涝、公共空间品质不高等问题,有针对性地加强排水管网、雨水泵站、调蓄设施等排水防涝设施的改造建设,有效缓解城市内涝问题。建设信息化平台,对城市降雨、防洪、排涝、蓄水、用水等信息进行综合采集、实时监测和系统分析等。

(三)设施体系。

建设生态、安全、可持续的城市水循环系统,在各类建设项目中落实海绵城市建设要求,整体提升水安全保障水平和防灾减灾能力。建立"源头减排、管网排放、蓄排并举、超标应急"的城市排水防涝工程体系,增强城市防洪排涝能力。结合城市更新"增绿留白",在城市绿地、建筑、道路、广场等新建改建项目中,因地制宜建设屋顶绿化、植草沟、干湿塘、旱溪、下沉式绿地、地下调蓄池等设施,推广城市透水铺装,建设雨水下渗设施,不断扩大城市透水面积,整体提升城市对雨水的蓄滞、净化能力。恢复城市内外河湖水系的自然连通,增强水的畅通度和流动性,因地制宜恢复因历史原因封盖、填埋的天然排水沟、河道等。

（四）社区。

结合实施城市更新行动、老旧小区改造等工作，充分运用"渗、滞、蓄、净、用、排"等措施，优先解决排水管网不完善、影响居民生活的积水点问题，充分利用居住社区内的空地、荒地和拆违空地增加海绵型设施，实现雨水的就地积存、消纳、滞蓄，发挥削峰错峰作用，实现防灾减灾、景观休闲等综合功能。

六、资金筹措和使用方案

依据有关财务规定要求，提出资金筹措和使用方案，充分发挥中央资金的引导带动作用，充分发挥水利、生态环保等方面资金"一钱多用"综合效益。鼓励吸引社会资本参与，在财政承受能力、债务风险可控的前提下，可将相关项目纳入本省当年新增专项债券项目需求清单。建立公共基础设施收费制度，合理确定收费标准及收缴机制。

七、建设任务和项目清单

按照轻重缓急，逐年列出 3 年建设任务，明确任务主要内容、工程量、资金需求、时序安排、责任部门等，编制项目清单（样式见附2）。

八、长效机制建设

（一）工作机制。

已建立的机制，应在示范期内通过立法、建立规章等方式予以明确；尚未建立的机制，可先通过行政规范性文件予以明确，并在示范期完成立法或建立规章。

1.工作组织方面：如，海绵城市建设组织领导、法规制度保障、督查考核、资金投入保障等方面的机制。

2.统筹推进方面：如，政府相关部门统筹协调推进海绵城市建设的工作机制，政府、企业、社会力量协调配合、合作共赢的机制，各类工程的空间布局和建设时序优化安排机制，海绵城市规划建设成果与相关规划的协调和反馈机制等。

3.制度创新方面：如，海绵城市规划建设管控、设计施工、工程质量监督、竣工验收等方面的机制。

4.运营模式方面：如，"厂网河（湖）一体"专业化运营机制、政府和社会资本合作"绩效考核、按效付费"等。

5.其他有利于推进海绵城市建设的机制。

（二）保障措施。

结合本地实际提出。

1.组织保障：包括组织领导、管理体制、监督考核等。

2.制度保障：包括责任落实、规划建设、维护管理、资金、用地、鼓励市场主体参与等。

3.宣传培训：包括科技支撑、人才培养、宣传培训等。

4.其他：有利于海绵城市建设的其他措施。

九、项目清单

可参考附 2 样式。

十、附件

将已发布文件、各类支撑材料和佐证材料作为附件。

(一)专项规划类。

海绵城市建设、城市防洪、排水防涝等相关规划。

(二)规范性文件类。

海绵城市建设相关的规范性文件。

(三)技术标准类。

关于海绵城市建设的地方标准、图集、导则等。

(四)其他。

反映海绵城市建设工作情况的资料、视频等。

附表:1.第二批海绵城市建设示范城市指标体系

2._____市系统化全域推进海绵城市建设项目清单(2022—2024 年)

附表1　第二批海绵城市建设示范城市指标体系

序号	一级指标	二级指标	三级指标	指标属性
1	产出绩效	内涝防治	内涝防治标准	定量
2			内涝积水区段消除比例	定量
3			城市防洪标准	定量
4			天然水域面积比例	定量
5			可透水地面面积比例	定量
6		雨水收集和利用	雨水资源化利用	定量
7		其他	城市生活污水集中收集率	定量
8			城市污水处理厂进水BOD平均浓度	定量
9			黑臭水体消除比例	定量
10	管理绩效	立法及长效机制	拟完成的立法或长效机制	定量
11		规划建设管控制度	拟建立的海绵城市规划建设管控制度	定性
12		绩效考核制度	市政府对各区、各部门的绩效考核制度	定性
13		投融资机制	拟制定的投融资机制	定性
14		培训宣传及公众参与	拟开展的海绵城市建设培训、宣传次数	定量
15	资金绩效	资金下达及时性	中央奖补资金及时下达到项目	定量
16		资金的协同性	地方按方案筹集资金，充分带动社会资金参与	定性
17		资金使用的有效性	中央资金合规使用，有力支撑项目建设	定性
18	满意度		公众对海绵城市建设满意度	定量

附表2　____市系统化全域推进海绵城市建设项目清单（2022—2024年）

序号	类别【注1】	建设内容【注2】	工程量	责任部门	项目起止年月（×年×月—×年×月）	项目进展【注3】	投融资安排情况（万元）【注4】							备注
							海绵城市建设项目投资	投资批复文件名称（已批复项目填写）	地方政府及社会资本拟投入资金小计	地方政府计划投入资金	社会资本计划投入资金	其中：		
												银行贷款	地方发债	
合计														
1														
2														
3														
……														

注：
1. "类别"填写：[1]居住社区海绵城市改造；[2]海绵型道路广场；[3]海绵型公园绿地；[4]城区水系治理；[5]雨水调蓄设施或自然调蓄空间建设；[6]雨水管网及泵站改造与建设；[7]管网排查与修复项目；[8]GIS平台建设、监测设施等；[9]其他。

2. "建设内容"可按单体项目或项目包填写，若项目属于随道路、建筑等主体工程配套建设的，填写"项目总投资"时不应包含主体工程部分的投资。

3. "项目进展"填写：[1]尚未立项；[2]项目前期—尚未完成初步设计概算；[3]项目前期—已完成初步设计概算，尚未完成招投标；[4]项目前期—已完成招投标，尚未开工；[5]已开工。

4. "投融资安排情况"中，尚未明确落实资金来源渠道的，可仅填写"海绵城市建设项目投资"。海绵城市建设项目投资指具有海绵城市"渗、滞、蓄、净、用、排"等功能部分的投资，不含建筑主体工程部分的投资。

· 301 ·

附录 **4**
规范文件

[1]《海绵城市建设技术指南——低影响开发雨水系统构建》(试行)

[2]《上海市海绵城市建设技术导则》

[3]《杭州市海绵城市建设低影响开发雨水系统技术导则》

[4]《石家庄市海绵城市规划设计导则》

[5]《遂宁市海绵城市规划设计导则》

[6]《四川省海绵城市建设技术导则》(试行)

[7]《重庆市海绵城市规划与设计导则》(试行)

[8]《天津市海绵城市设施运行维护技术规程》DB/T 29-275—2019

[9]《厦门市海绵城市设施维护及运行标准》

[10]北京市《海绵城市建设设计标准》DB11/T 1743—2020

[11]上海市《海绵城市设施施工验收与运行维护标准》DG/TJ 08-2370—2021

[12]深圳市《海绵城市建设项目施工、运行维护技术规程》DB 4403/T 25—2019

[13]秦皇岛市《海绵城市设施运行及维护规范》DB 1303/T 328—2022

[14]《东莞市海绵城市建设项目施工及运行维护技术指引》(试行)

[15]GB/T 51345—2018《海绵城市建设评价标准》[S].

[16]GB 50014—2021《室外排水设计标准》[S].

[17]GB 50513—2009《城市水系规划规范》[S].

[18]GB T 50805—2012《城市防洪工程设计规范》[S].

[19]DB 11685—2013《雨水控制与利用工程设计规范》[S].

[20]GB 51222—2017《城镇内涝防治技术规范》[S].

[21]GB 51174—2017《城镇雨水调蓄工程技术规范》[S].

[22]SZDB/Z 145—2015《低影响开发雨水综合利用技术规范》[S].

[23]GB 50596—2010《雨水集蓄利用工程技术规范》[S].

[24]SZJG 32—2010《再生水、雨水利用水质规范》[S].

[25]SZDB/Z 49—2011《雨水利用工程技术规范》[S].

[26]CJJ 6—2009《城镇排水管道维护安全技术规程》[S].

［27］CJJ 181—2012《城镇排水管道检测与评估技术规程》［S］.

［28］CJ/T 51—2018《城镇污水水质标准检验方法》［S］.

［29］GB 50773—2012《蓄滞洪区设计规范》［S］.

［30］GB 50268—2008《给水排水管道工程施工及验收规范》［S］.

［31］GB 50141—2008《给水排水构筑物工程施工及验收规范》［S］.

［32］CJJ 37—2012《城市道路工程设计规范》（2016 年版）［S］.

［33］CJJ/T 135—2009《透水水泥混凝土路面技术规程》［S］.

［34］CJJ/T 188—2012《透水砖路面技术规程》［S］.

［35］CJJ/T 190—2012《透水沥青路面技术规程》［S］.

［36］CJJ 194—2013《城市道路路基设计规范》［S］.

［37］CJJ1—2019《城镇道路工程施工与质量验收规范》［S］.

［38］CECS 353：2013《生态格网结构技术规程》［S］.

［39］CECS 361：2013《生态混凝土应用技术规程》［S］.

［40］CECS 456：2016《格网土石笼袋、护坡工程袋应用技术规程》［S］.

［41］GB/T 50378—2019《绿色建筑评价标准》［S］.

［42］GB 50400—2016《建筑与小区雨水控制及利用工程技术规范》［S］.

［43］GB 50345—2012《屋面工程技术规范》［S］.

［44］JGJ 155—2013《种植屋面工程技术规程》［S］.

［45］GB 50563—2010《城市园林绿化评价标准》［S］.

［46］GB 51192—2016《公园设计规范》［S］.

［47］CJJ 82—2012《园林绿化工程施工及验收规范》［S］.

［48］CJJ/T 236—2015《垂直绿化工程技术规程》［S］.

［49］CJ/T 340—2016《绿化种植土壤》［S］.

［50］CJJ/T 287—2018《园林绿化养护标准》［S］.

［51］10SS705《雨水综合利用》

［52］14J206《种植屋面建筑构造》

［53］15J012-1《环境景观—室外工程细部构造》

［54］15S412《屋面雨水排水管道安装》

［55］15SS510《绿地灌溉与体育场地给水排水设施》

［56］15MR105《城市道路与开放空间低影响开发雨水设施》

［57］15MR205《城市道路—环保型道路路面》

［58］16S518《雨水口》

［59］16MR201《城市道路—透水人行道铺设》

［60］《西咸新区海绵城市低影响开发技术标准图集》

［61］《厦门市海绵城市建设技术标准图集》

［62］《海绵城市建设技术》湖南省工程建设标准设计图集

［63］《昆明市海绵城市建设工程设计指南》

［64］《南宁市海绵城市建设技术—低影响开发雨水控制与利用工程设计标准图集》

参考文献

[1] 车伍,李俊奇.城市雨水利用技术与管理[M].北京:中国建筑工业出版社,2006.

[2] 季民.城市雨水控制工程与资源化利用[M].北京:化学工业出版社,2017.

[3] 张智.城镇防洪与雨洪利用[M].北京:中国建筑工业出版社,2009.

[4] 张智.排水工程(上)[M].5版.北京:中国建筑工业出版社,2015.

[5] 张自杰.排水工程(下)[M].5版.北京:中国建筑工业出版社,2015.

[6] 李圭白,张杰.水质工程学[M].3版.北京:中国建筑工业出版社,2021.

[7] 雷晓玲,吕波.山地海绵城市建设理论与实践[M].北京:中国建筑工业出版社,2017.

[8] 吕波,雷晓玲.山地海绵城市建设案例[M].北京:中国建筑工业出版社,2017.

[9] 刘娜娜,张婧,王雪琴.海绵城市概论[M].武汉:武汉大学出版社,2017.

[10] 杨庆华.城市防洪防涝规划与设计[M].成都:西南交通大学出版社,2016.

[11] 王建辉.智慧水务技术与解决方案[M].成都:西南交通大学出版社,2020.

[12] 李俊奇,张毅,王文亮.海绵城市与城市雨水管理相关概念与内涵的探讨[J].建设科技,2016(1):30-36.

[13] 李俊奇,王文亮.基于多目标的城市雨水系统构建与展望[J].给水排水,2015,41(4):1-3.

[14] 雷凯元.生态城市概念下的城市可持续雨水管理绿地系统研究[J].四川建筑,2014(34)(1):16-21.

[15] 李俊奇,王耀堂.城市道路用于大排水系统的规划设计方法与案例[J].给水排水,2017,43(4):18-24.

[16] 车伍.我国城市排水(雨水)防涝综合规划剖析[J].中国给水排水,2016,32(10):15-21.

[17] 车伍,等.中国城市内涝防治与大小排水系统分析[J].2013,29(16):13-19.

[18] 李晓宇.基于大排水系统构建的城市竖向规划研究[D].北京:北京建筑大学,2020.

[19] 王耀堂.道路用于城市大排水系统规划设计方法与案例研究[D].北京:北京建筑大学,2017.

［20］周宏.我国城市内涝防治现状及问题分析［J］.灾害学,2018,33（3）:147-151.

［21］丁光宏,柳兆荣.血管位移波的理论分析［R］//生物力学研究和应用第三届全国生物力学学术会议,珠海,1990.

［22］李建宁.遂宁河东海绵城市建设探索［R］.遂宁:四川职业技术学院,2016.

［23］王欣.迁安海绵城市试点建设［R］.北京:住房和城乡建设部城乡规划管理中心,2017.

［24］赵杨.安徽地州海绵城市建设案例［R］.北京:住房和城乡建设部城乡规划管理中心,2017.

［25］刘民.萍乡市海绵城市建筑与小区改造项目案例［R］.北京:住房和城乡建设部城乡规划管理中心,2017.

［26］刘凯.济南市海绵城市建设建筑与小区改造项目案例［R］.北京:住房和城乡建设部城乡规划管理中心,2017.

［27］翟伟奇.南宁那考河（植物园段）片区海绵城市建设［R］.北京:住房和城乡建设部城乡规划管理中心,2017.

［28］张春洋.南宁石门森林公园及周边小区联动海绵化改造［R］.北京:住房和城乡建设部城乡规划管理中心,2017.

［29］马越.西咸新区沣西新城秦皇大道排涝除险改造［R］.北京:住房和城乡建设部城乡规划管理中心,2017.

［30］马越.西咸新区海绵城市建设实践及探索［R］.青岛:《中国给水排水》杂志社有限公司,2019.

［31］王文亮.海绵城市建设效果评价［R］.青岛:《中国给水排水》杂志社有限公司,2019.